建筑地图——上海

The Architectural Map of Shanghai

蔡军 张健 编著
Edited by Cai jun & Zhang jian

The Architectural Map of Shanghai

中国建筑工业出版社
CHINA ARCHITECTURE & BUILDING PRESS

图书在版编目（CIP）数据

建筑地图——上海 / 蔡军，张健编著.—北京：中国建筑工业出版社，2012.4
ISBN 978-7-112-14035-0

Ⅰ.①建…　Ⅱ.①蔡…②张…　Ⅲ.①建筑艺术—上海市—图集　Ⅳ.①TU-881.2

中国版本图书馆CIP数据核字（2012）第020554号

责任编辑：王莉慧　李　鸽
责任设计：张　虹
责任校对：王誉欣

建筑地图——上海
蔡军　张健　编著
*
中国建筑工业出版社出版、发行（北京西郊百万庄）
各地新华书店、建筑书店经销
北京嘉泰利德公司制版
北京中科印刷有限公司印刷
*
开本：787×960毫米　1/16　印张：18　字数：700千字
2012年12月第一版　2012年12月第一次印刷
定价：48.00元
ISBN 978-7-112-14035-0
　　（22063）

前　言

　　上海是一座现代化大都市。从建筑的角度来讲，她不仅有着标志着现代化程度、凝聚着当今世界顶尖建筑师智慧的高楼大厦，还有着为世人津津乐道、代表着世界各国建筑风情的近代优秀历史建筑，以及蕴涵着中国几千年历史、特别是江南地区传统建筑特色的中国古典式建筑。因此，我们有责任也有义务编写一本比较全面的、真实的、从各个层面能反映上海建筑风貌的建筑地图。同时它应该还是实用的，不论对于本地人、上海各高校师生及来沪旅游人员，不论你是自驾车、还是利用公共交通，在本书有限篇幅中展示你最需要的信息，让所有对建筑感兴趣的朋友一书在手，能方便快捷地了解更多的上海建筑。

　　本书以上海市目前所辖区（县）为地域范围，涵盖了浦东新区、黄浦区、卢湾区、徐汇区、长宁区、静安区、普陀区、闸北区、虹口区、杨浦区、宝山区、闵行区、嘉定区、金山区、松江区、青浦区、奉贤区及崇明县。由于2010 年在上海举办了举世闻名的世界博览会，我们还特意另辟一个世博园区。世博园区沿着上海城区黄浦江两岸布局，由浦东新区、黄浦区和卢湾区部分地段所组成。对每一个区（县），我们将其分为若干地块，地块的多少、大小不等，主要依据其中所收录的建筑物多少及疏密程度来决定。地块的命名也不刻意追求统一，有以其中的主要建筑物命名，或以围合地块的路网命名等，总之给人以大的方位就可以了。

　　书中建筑的选取原则为：①著名建筑；②著名设计师（设计单位）的代表性建筑作品；③优秀历史建筑；④作者认为有价值有特色的建筑。其中还包含少量正在建或即将建的建筑，并加以标示。其中所有场馆均附有照片，并将永久性建筑加以特别介绍。我们亲自走访每一个列在书中的建筑，进行资料收集、拍照、绘制图表，并在必要时与相关部门直接沟通联系，力争获取比较权威的第一手资料。

对于收录入书中的建筑，主要介绍其以下几个方面的基本内容：关于建筑与环境基本信息，包括建筑名称、用途、地理位置、开放时间及电话、公共交通及停车场等；建筑自身特点则包括设计者、建成时间、面积、层数、结构等，最后还附有一个简短的介绍。

关于建筑名称，常用名称或现用名称写在前面，原名称、曾用名称放在后面括弧内，对于古代和近代建筑，还标出其是否是全国重点文物保护单位、上海市文物保护单位或上海市优秀历史建筑等信息。按建筑使用功能把所选建筑分为办公、标识、城市广场、城市综合体、工业、观演、纪念、交通、景观、居住、桥梁、商业、体育、文化、医疗、园林、展览、宗教建筑等类型，但实际上有些建筑功能并不十分单纯，可能包含几种建筑功能，本书则选取最能代表其特性的主要功能。对于传统建筑如功能发生了转换，则选取其现在的功能。如果建筑功能种类繁多，体量巨大，我们则称为城市综合体。地理位置则标出建筑所位于的具体路名及号码。对于公共性建筑还表示出其开放时间及常用电话。指出建筑附近有哪些主要交通线路，包括轨道交通和公交等。同时对于自驾车参观者，还标示出方便停车的位置，目的是让读者更便捷地实地参观建筑。对于设计者的标注，主要以设计单位为主，对于中外合资或有合作单位的，则用"+"来表示，排名不分先后。以上资料的获得主要以作者实际调研为主，同时参考查阅大量资料和各大主要设计公司网站。

本书共收录上海市 642 处（幢）建筑。其中按地块来说，黄浦区所占比例最大，并且主要集中了上海优秀历史建筑。浦东新区排第二位，并以现代高层建筑著称。另外还有两个区值得一提，即青浦区和嘉定区。本书收录的建筑数量并不多，但其中的建筑以设计手法新颖、新锐建筑师的作品为一大特色。按建成年代来说，从1920年开始以10年为一段，1920年以前则以建筑物最早建成时代进行阶段划分。1911年（清朝末年）以前的建筑为64幢，1912~1919年的建筑为20幢。并且可以看出上海市优秀历史建筑以20世纪30年代为最盛，而21世纪初开始上海又掀起了大规模现代建筑建设的高潮。从建筑功能来看，本书收录的建筑又以办公、居住、城市综合体及商业占据多数，而办公、居住以近代建筑为主，城市综合体和商业以现代建筑为主。从设计者来看则更能反映出上海的海派文化。近代开始，上海涌入大量的外国设计师，他们将先进的西方建筑理念及材料、技术、设备带入上海，设计建造了大量的优秀建筑，同时留学回国的建筑师和本土建筑师也运用自身优势，积极向上，同样创造了大量的意味深长的不朽建筑。而今天上海的城市建设同样融汇了世界建筑大师的智慧，安藤忠雄、保罗·安德鲁等大师及世界各大顶尖设计事务所的参与，为上海的城市建设添色不少，更加体现了上海海纳百川的城市文化特色。

目 录

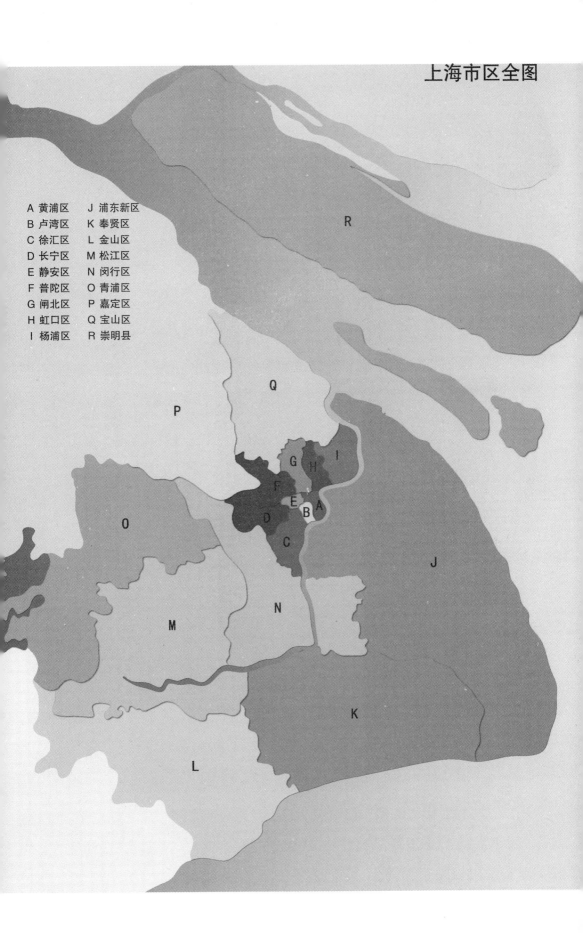

上海市区全图

A 黄浦区　　J 浦东新区
B 卢湾区　　K 奉贤区
C 徐汇区　　L 金山区
D 长宁区　　M 松江区
E 静安区　　N 闵行区
F 普陀区　　O 青浦区
G 闸北区　　P 嘉定区
H 虹口区　　Q 宝山区
I 杨浦区　　R 崇明县

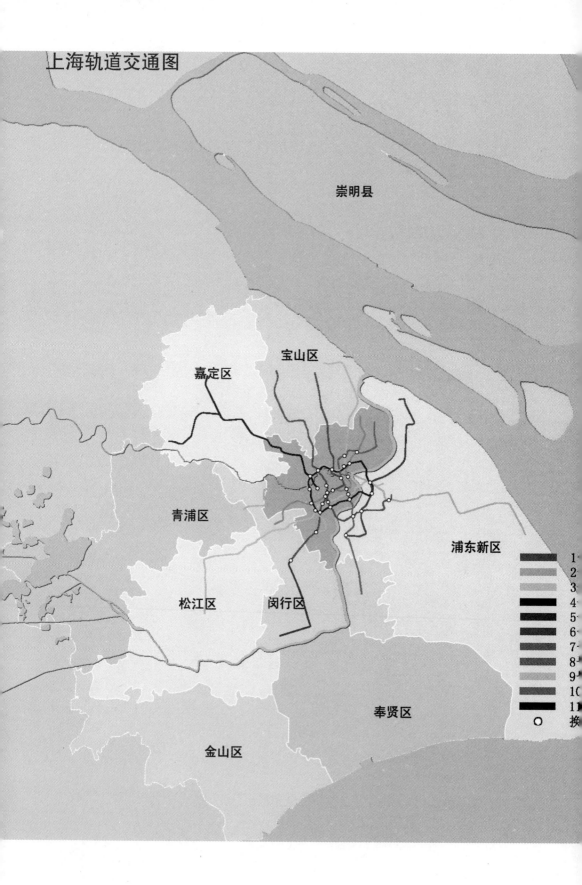

上海轨道交通图

崇明县

嘉定区

宝山区

青浦区

松江区

闵行区

浦东新区

奉贤区

金山区

1
2
3
4
5
6
7
8
9
10
11
○ 换

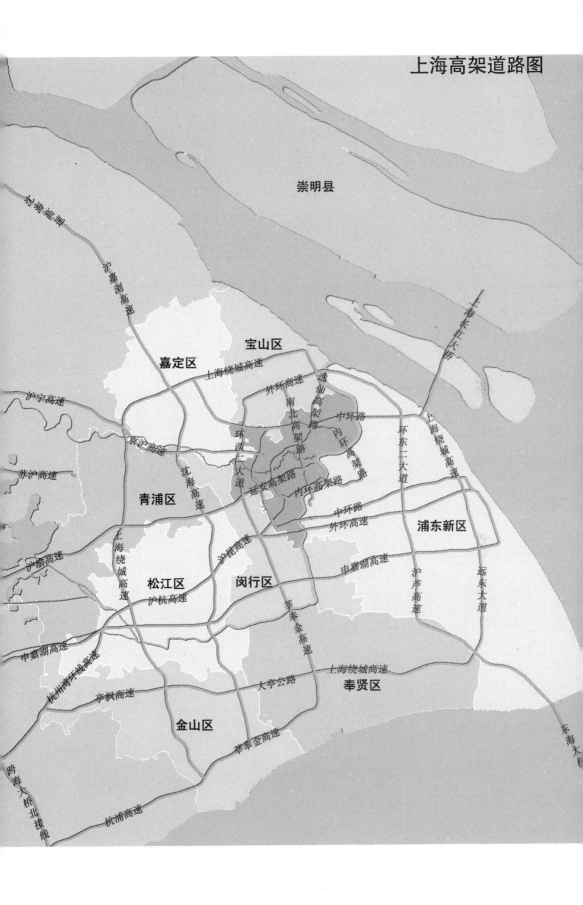

上海高架道路图

浦东新区

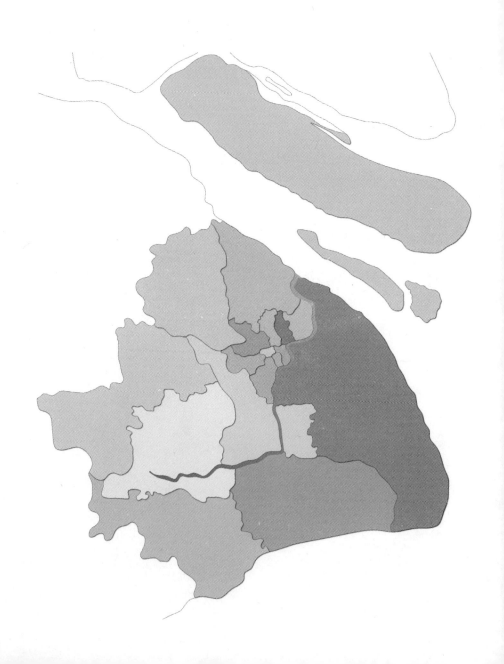

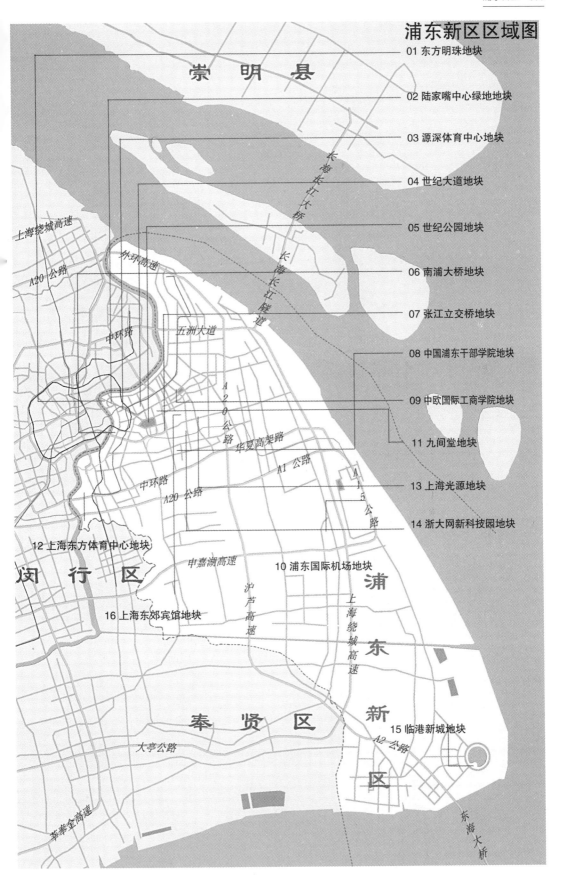

浦东新区区域图

01 东方明珠地块

02 陆家嘴中心绿地地块

03 源深体育中心地块

04 世纪大道地块

05 世纪公园地块

06 南浦大桥地块

07 张江立交桥地块

08 中国浦东干部学院地块

09 中欧国际工商学院地块

11 九间堂地块

13 上海光源地块

14 浙大网新科技园地块

崇明县

上海绕城高速

A20公路

外环高速

中环路

五洲大道

长海东江大桥

长海长江隧道

A20公路

华夏高架路

A1公路

A15公路

中环路

A20公路

12 上海东方体育中心地块

闵行区

申嘉湖高速

沪芦高速

10 浦东国际机场地块

浦东

上海绕城高速

16 上海东郊宾馆地块

新

奉贤区

大亭公路

区

15 临港新城地块

A2公路

莘奉金高速

东海大桥

01 东方明珠地块图

黄浦江

818、630、990、792、钦东专线

14 浦

597

11 新天哈瓦那大酒店

13 中融碧玉蓝

银城东路

滨江大道

明珠公园

陆家嘴观光线

10 汇亚大厦

12 时代金融中心

01 上海国际会议中心　港务大厦

东园路

中国平安金融大厦

09 上海银行大厦

银城北路

2号线

揆二路　明珠塔路

02 东方明珠

银城中路

陆家嘴观光线

08 交银金融大厦

314、795、583、82、蔡陆专线

陆家嘴站

07 中国银行

陆家嘴中心绿地

985、583、870、961、996、774

陆家嘴西路

799、870、蔡陆专线、陆家嘴观光线

银城西路

陆家嘴东路

正大广场

世纪大道

延安东路隧道

06 上海国金中心*

陆家嘴观光线

浦东香格里拉大酒店

花园石桥路

04 未来资产大厦

延安东路隧道

03 震旦国际大楼

银城中路

陆家嘴环路

05 花旗银行大厦

汤臣一品

滨江大道

黄浦江

01 上海国际会议中心
建筑用途：城市综合体
地理位置：滨江大道 2727 号
电话：021-50370000、45338543
公共交通：轨道交通 2 号线，公交
82、583、774、795、799、870、
961、985、996 路，蔡陆专线，陆家
嘴旅游观光线
停车场：上海国际会议中心东方滨江大
酒店停车场

设计：浙江省建筑设计研究院
建成时间：1999 年
建筑面积：110000 平方米
建筑层数：地上 11 层、地下 2 层
建筑结构：框架结构、钢结构
Shanghai International Convention
Center
Construction purposes：Urban Complex
Location：2727 Binjiang Avenue

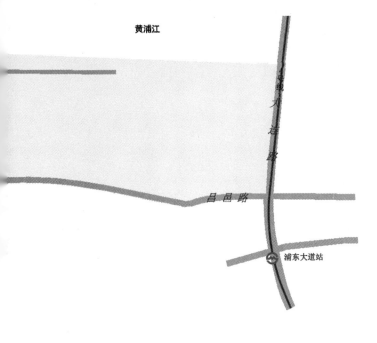

黄浦江

昌邑路

浦东大道站

02 东方明珠——上海广播电视塔
建筑用途：城市综合体
地理位置：浦东新区陆家嘴金融贸易区
开放时间及电话：8：30～21：30，
021-58791888
公共交通：轨道交通2号线，公交
82、583、774、795、799、870、
961、985、996路，蔡陆专线，陆家
嘴旅游观光线
停车场：东方明珠停车场
设计：华东建筑设计研究院
建成时间：1995年
建筑面积：70000平方米
建筑层数：地上38层、地下2层
建筑结构：钢筋混凝土结构、钢结构
Oriental Pearl Radio & TV Broadcasting
Tower
Construction purposes：Urban
Complex
Location：the Financial Trade Zone of
Lujiazui Ring Area

01 上海国际会议中心
上海国际会议中心是集展览、酒店、餐饮、会议、健身、娱乐、休闲于一体的建筑综合体。其中包括一个可容纳800人的多功能厅、两个200人的圆形会议厅、一个3000人的多功能宴会厅、一个2000多平方米的大型新闻中心大厅、20多个中小会议室。其内的东方滨江大酒店拥有300间客房及配套服务设施。建筑高度40米，两球直径分别为50米和38米。方形与球形体有机结合，活泼而端庄。采用微晶银幕墙、花岗石幕墙、玻璃幕墙等外墙材料，凝重而典雅。

02 东方明珠——上海广播电视塔
东方明珠广播电视塔坐落在浦东新区陆家嘴黄浦江畔，与外滩隔江相望。除具有广播电视信号发射功能外，还具有观光、娱乐、购物、餐饮、展览等多种功能，为大型公共性的城市综合体。穿梭于三根直径达9米的擎天柱中的高速电梯，以及立在擎天柱之间的透明观光电梯，使游客能充分领略外滩、黄浦江以及陆家嘴风光。带斜撑的多筒体巨型空间框架结构，不仅具有良好的抗风抗震性能，而且使建筑造型具有了鲜明特点。东方明珠自建成以来，已成为上海著名的标志性建筑。

03 震旦国际大楼
建筑用途：办公建筑
地理位置：富城路99号
电话：021-58859999
公共交通：轨道交通2号线，公交
583、774、870、961、985、996、
799路，旅游3号线，蔡陆专线，陆家
嘴旅游观光线
停车场：震旦国际大楼停车场
设计：日本日建设计株式会社＋同济
大学建筑设计研究院
建成时间：2001年
建筑面积：101000平方米
建筑层数：地上37层、地下3层
建筑结构：框筒结构
Aurora Beading
Construction purposes：Office
Location：99 Fucheng Road

03 震旦国际大楼
震旦国际大楼为国际A级智能型写字楼，建筑总高180米。外立面采用弧形的金色玻璃幕墙，在低层部分配以古典式的花岗石墙饰，一方面与滨江大道的黄浦江弧形岸线相呼应，另一方面则运用折线与陆家嘴的高楼大厦相呼应。体现了现代技术与古典艺术的融合，不仅增添了柔美的韵律，而且强调了建筑物的沉稳。

04 未来资产大厦（合生国际大厦）

未来资产大厦为超高层5A甲级写字楼，总高180米。主体为方筒状，角部呈柔美的弧形，不显尖锐之感。主体由纯玻璃幕墙打造，玻璃幕墙的竖线条与楼板的横线条交错，构成丰富的格子，大气而细腻，显得十分优美。

05 花旗银行大厦

花旗银行大厦是由美国花旗集团在上海投资建造的首家集银行俱乐部、金融贸易、商务、会议中心、金融贸易于一体的办公大楼，位于上海浦东陆家嘴金融贸易区，占地面积为11892平方米，主建筑高度为180余米，裙楼高度约为15米。大楼采用纯玻璃幕墙体系，并形成错落的方格状肌理，显得现代而亲切。入口处用挑深远的雨篷，与挺拔的主体形成对比。

06 上海国金中心

上海国金中心拥有超过20万平方米的写字楼、10万平方米的商场和9万平方米的酒店设施。从外形上看，整个项目的造型是两座双塔结构，南座高250米，北座260米，两塔底座由裙房连接。双塔外型由简单方正的平面开始，一直延展到塔顶的多方位斜角和削角，塑造出雕刻艺术的美感。

07 中国银行（浦东国际金融大厦）

占地面积为9919平方米，建筑总高度为258米，是一幢集办公、餐饮、休闲于一体的超高层甲级智能化办公楼。大厦建筑造型优雅简洁、设计手法新颖。上半部分线条展现柔和的弧形，基座部分则蕴含深刻的文化意义，两者巧妙结合，达到了传统与现代的完美结合。

04 未来资产大厦（合生国际大厦）
建筑用途：办公建筑
地理位置：陆家嘴环路166号
开放时间及电话：8：00～18：00，
021-58406536
公共交通：轨道交通2号线，583、774、870、961、985、996、797、799、81、993路，旅游3号线，蔡陆专线，陆家嘴旅游观光线
停车场：未来资产大厦停车场
建成时间：2008年
建筑面积：85700平方米
建筑层数：地上33层、地下3层
建筑结构：框筒结构
Mirae Asset Beading（Hesheng International Building）
Construction purposes：Office
Location：166 Lujiazui Ring Road

06 上海国金中心
建筑用途：城市综合体
地理位置：世纪大道8号
公共交通：轨道交通2号线，公交82、583、774、795、799、870、961、985、996路，蔡陆专线，陆家嘴旅游观光线
停车场：上海国金中心停车场
设计：西萨·佩里（美）
建成时间：2010年
建筑面积：390000平方米
建筑层数：53层（南座）、56层（北座）
建筑结构：框筒结构
Shanghai IFC
Construction purposes：Urban Complex
Location：8 Century Avenue

05 花旗银行大厦
建筑用途：办公建筑
地理位置：花园石桥路33号
电话：8008301880
公共交通：轨道交通2号线，公交583、774、870、961、985、996、799路，旅游3号线，蔡陆专线，陆家嘴旅游观光线
停车场：花旗银行大厦停车场
设计：上海建筑设计研究院
建成时间：2005年
建筑面积：120000平方米
建筑层数：42层
建筑结构：框筒结构
Citibank Building
Construction purposes：Office
Location：33 Huayuanshiqiao Road

07 中国银行（浦东国际金融大厦）
建筑用途：办公建筑
地理位置：银城中路200号
电话：021-38824500
公共交通：轨道交通2号线，公交82、795、792、607、630路，陆家嘴旅游观光线
停车场：中国银行停车场
设计：日本日建设计株式会社＋上海现代华建建筑设计院
建成时间：2000年
建筑面积：120000平方米
建筑层数：地上53层、地下3层
建筑结构：钢框架、钢筋混凝土核心筒
Bank of China（Pudong International Finance Building）
Construction purposes：Office
Location：200 Yincheng Road（M）

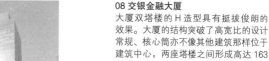

08 交银金融大厦
建筑用途：办公建筑
地理位置：银城中路 188 号
开放时间及电话：8：00～18：00，
021-58406918
公共交通：轨道交通 2 号线，公交 82、
795、796、818、792、607、630、
792B 路，陆家嘴旅游观光线
停车场：交银金融大厦停车场
设计：德国 ABB/OBERMEYER 设计事
务所＋华东建筑设计研究院
建成时间：2002 年
建筑面积：105000 平方米
建筑层数：北塔楼地上 55 层、南塔楼
地上 47 层、裙房地上 5 层、地下 4 层
建筑结构：框架剪力墙结构
Bank of Communications
Construction purposes：Office
Location：188 Yincheng Road（M）

10 汇亚大厦（新资大厦）
建筑用途：办公建筑
地理位置：陆家嘴环路 1233 号
开放时间及电话：8：30～18：00，
021-58883986
公共交通：轨道交通 2 号线，公交
82、85、795、796、818、792、607、
630、792B 路，陆家嘴旅游观光线
停车场：汇亚大厦停车场
设计：美国 KPF 建筑师事务所
建成时间：2005 年
建筑面积：70000 平方米
建筑层数：地上 33 层、地下 4 层
建筑结构：框筒结构
AZIA Center（New Finance Building）
Construction purposes：Office
Location：1233 Lujiazui Ring Road

08 交银金融大厦
大厦双塔楼的 H 造型具有挺拔俊朗的效果。大厦的结构突破了高宽比的设计常规，核心筒亦不像其他建筑那样位于建筑中心，两座塔楼之间形成高达 163 米的中庭。北塔楼高 230 米，南塔楼高 197 米。大厦通过拱廊与相邻的建筑相连并有通道直到地铁车站。构思独特，设计巧妙。

09 上海银行大厦
上海银行大厦总高度约为 230 米，逐渐向上收缩的体量、分割精细的立面及对称式构图，体现了日本现代高层办公建筑的一贯风格。大堂挑高 38 米，独有的中庭广场水景为大厦增添了高雅氛围。上海银行大厦以素美的色彩，端庄的外形与周围的高楼大厦形成鲜明对比。

10 汇亚大厦（新资大厦）
汇亚大厦外部体块十分简洁，接近底层时立面被分裂开来，给人以强烈的视觉冲击。外墙采用纯玻璃幕墙体系，竖线条的玻璃幕墙与横向的楼板交错，使立面更加富有层次感。绿色玻璃幕墙晶莹剔透，大厦内部依稀可见。

11 新天哈瓦那大酒店
上海哈瓦那大酒店是一座高贵典雅、极具雕塑感的建筑。其紧临黄浦江，多彩的身姿在陆家嘴高层建筑群中亭亭玉立。设计者巧妙地运用平面和曲面结合的幕墙形式，以其动静均衡、韵律和谐的态势，突破宾馆建筑的形象定式，于浪漫中不乏理性，尊重章法又不失活泼。

09 上海银行大厦
建筑用途：办公建筑
地理位置：银城中路 168 号
开放时间及电话：8：00～19：00，
021-54222484
公共交通：轨道交通 2 号线，公交
82、85、795、796、818、792、607、
630、792B 路，陆家嘴旅游观光线
停车场：上海银行大厦停车场
设计：日本丹下健三都市建筑设计研究
所＋华东建筑设计有限公司
建成时间：2006 年
建筑面积：108000 平方米
建筑层数：地上 46 层、地下 3 层
建筑结构：框筒结构
Bank of Shanghai
Construction purposes：Office
Location：168 Yincheng Road（M）

11 新天哈瓦那大酒店
建筑用途：商业建筑
地理位置：陆家嘴环路 1288 号
开放时间及电话：全天，021-38678888
公共交通：轨道交通 2 号线，公交 82、
314、583、630、792、798、818、
990 路，旅游 3 号线，蔡陆专线，陆家
嘴旅游观光线
停车场：新天哈瓦那大酒店停车场
设计：西班牙阿尔瓦多建筑师事务所＋
同济大学建筑设计研究院
建成时间：2008 年
建筑面积：88158 平方米
建筑层数：地上 28 层、地下 2 层
建筑结构：框架结构
Havana Hotel
Construction purposes：Commerce
Location：1288 Lujiazui Ring Road

12 时代金融中心
建筑用途：办公建筑
地理位置：银城中路 68 号
开放时间及电话：8：00 ～ 18：00，
021-58821111
公共交通：轨道交通 2 号线，公交
630、792、818、990 路，陆家嘴旅游
环线，钦东专线
停车场：时代金融中心停车场
设计：日本日建设计株式会社
建成时间：2007 年
建筑面积：110000 平方米
建筑层数：地上 51 层、地下 3 层
建筑结构：框筒结构
Time Financial Center
Construction purposes：Office
Location：68 Yincheng Road（M）

14 浦江双辉大厦
建筑用途：商业建筑
地理位置：银城中路、浦东南路
公共交通：轨道交通 2 号线，799、
985、573 路，陆家嘴旅游环线
停车场：浦东双辉大厦停车场
设计：美国 ARQUITECTONICA 建筑
设计事务所 + 华东建筑设计研究院
建成时间：2010 年
建筑面积：400000 平方米
建筑层数：地上 25 层、地下 2 层
建筑结构：框架结构
Pujiang Shuanghui Building
Construction purposes：Commerce
Location：Yincheng Road（M），
Pudong Road（S）

13 中融碧玉蓝天
建筑用途：办公建筑
地理位置：银城中路 10 号
开放时间及电话：周一到周五
8：00 ～ 18：00，021-58880638
公共交通：轨道交通 2 号线，公交
607、630、792、818、990 路，陆家
嘴旅游环线
停车场：中融碧玉蓝天停车场
设计：美国 GS&P 建筑工程设计有限
公司 + 上海江欢成建筑设计有限公司
建成时间：2008 年
建筑面积：100000 平方米
建筑层数：地上 43 层、地下 4 层
建筑结构：框筒结构
Zhongrong Biyu Lantian Building
Construction purposes：Office
Location：10 Yincheng Road（M）

12 时代金融中心
时代金融中心外观恢弘典雅，内部方正
实用，核心筒采用十字通道，巧妙设计
了公共空间。中心高达 269 米。建筑
物裙房坡顶与陆家嘴中心绿地呈 45°，
大堂特有的木饰内装修如绿地衍生至室
内的巨型树桩，彰显天人合一的人性化
办公空间，自然与建筑浑然一体，使人
仿佛来到了钢筋水泥丛林中的绿洲。

13 中融碧玉蓝天
该建筑高 220 米，是一幢集现代化、
智能化、多功能为一体的国际级金融商
务办公楼宇。立面设计现代、简洁、独
特、富有标志性，外墙采用高性能隔热
反射玻璃幕墙，色彩温润、典雅、富有
生命力。大厦建筑主体采用曲线三角形
设计，其独特而优美的外观如玉石般晶
莹剔透，宛如一块擎天碧玉，在蓝天白
云下璀璨夺目、熠熠生辉。

14 浦江双辉大厦
浦江双辉大厦由 2 幢 25 层的五星级酒
店和酒店式公寓组成，两幢高楼相对处
理成弧形，遥相呼应，形体独特。大厦
外部为纯玻璃幕墙配合着纤细的石材做
装饰，整个大厦显得晶莹剔透且富有韵
律感。

02 陆家嘴中心绿地地块图

05 中国民生银行大厦
华夏银行
798
雅诗阁
金穗大厦
04 汇丰大厦
07 新上海国际大厦　09 世纪金融大厦
华能联合大厦
上海船舶大厦
06 世界金融大厦
中国人民银行
08 上海招商局大厦　11 上海东方医院
10 中国保险大厦
13 上海证券大厦
12 渣打银行
14 上海信息大厦　15 浦东发展银行
03 环球金融中心
房地大厦
16 上海通用汽车商务楼
17 世界广场

607
银城中路
昌邑路
昌邑路
荣成路
浦东大道站
935
浦东大道
313、981、799、630、钦东专线
永华大厦
971、455、上川专线、新川专线
招远路
小石桥路
栖霞路
崎山路
施崎专线
南泉北路
乳山路
陆家嘴东路
世纪大道
陆家嘴中心绿地
浦东南路
陆家嘴观光线
东
607
东昌路站
大运路

01 金茂大厦
建筑用途：城市综合体
地理位置：世纪大道 88 号
开放时间及电话：10：00 ～ 22：00，
021-50475501
公共交通：轨道交通 2 号线，公交 82、
85、574、583 路，陆家嘴旅游观光线
停车场：金茂大厦停车场
设计：美国 SOM 建筑设计事务所＋上
海建筑设计研究院
建成时间：1999 年
建筑面积：289500 平方米
建筑层数：地上 88 层、地下 3 层
建筑结构：型钢配筋混凝土框架－核
心成束筒结构
Jinmao Tower
Construction purposes：Urban
Complex
Location：88 Century Avenue

02 上海中心
建筑用途：城市综合体
地理位置：陆家嘴金融贸易区
公共交通：轨道交通 2 号线，公交 61、
85、8、574 路，蔡陆专线，陆家嘴旅
游观光线
停车场：上海中心停车场
设计：美国 Gensler 建筑设计事务所＋
同济大学建筑设计研究院
建成时间：2014 年
建筑面积：558800 平方米
建筑层数：主楼 127 层、裙房 5 层
建筑结构：核心筒、筒外巨柱、悬臂梁
Shanghai Center
Construction purposes：Urban
Complex
Location：the Financial Trade Zone of
Lujiazui Ring Area

01 金茂大厦
金茂大厦是融办公、商务、宾馆等多功
能为一体的智能化高档楼宇，三至五十
层为可容纳 10000 多人同时办公、宽
敞明亮的无柱空间；五十一至五十二层
为机电设备层；五十三至八十七层为超
五星级金茂君悦大酒店，其中第五十六
层至塔顶层的核心内是一个直径 27 米、
阳光可透过玻璃折射进来的净空高达
142 米的"空中中庭"，环绕中庭四周
的是大小不等、风格各异的 555 间客
房和各式中西餐厅等；第八十六层为企
业家俱部；第八十七层为空中餐厅；
第八十八层为观光层，可容纳 1000 多
名游客，极目眺望，上海新貌尽收眼底。

02 上海中心
占地面积为 30370 平方米，高 632 米。
为一幢集写字楼、酒店、零售、娱乐功
能于一体的超高层综合体。上海中心像
一条盘旋上升的巨龙，直冲云霄。建筑
内部将打造 9 个空中花园。上海中心
大厦规划为五大功能区域，以写字楼
为主，但将同时集合大众商业城和娱乐区、
企业会馆区、精品酒店区以及顶部的功
能体验（观光）空间。

03 环球金融中心

总建筑高度 492 米。塔楼主要造型被设计成一块弧线分割的突出方形，顶部逐渐变成一条单线。楼层平面的逐渐变化，形成对低层的办公室和上部的酒店套房颇为理想的构造，平面的变化将塔楼的朝向旋转 45°。塔楼部采用玻璃幕墙反射天空，给人以轻巧感，同时采用高性能的 Low-e 玻璃组合单元，达到环境优化和环保标准，水平的金属翅片使幕墙富有韵律感和尺度感。

04 汇丰大厦（森茂大厦）

汇丰大厦是日本森大厦集团集中了在东京建筑经营达 40 年而孕育出的专业技术，推出的智能化大厦，现代办公空间以"无国境"与"时间"之概念，具备与办公室多样化需要相匹配的空间、功能与使用舒适度。建筑高 210 米。造型简洁匀称、稳重大方，体现了现代技术与古典艺术的融合，不仅增添了柔美的韵律，而且强调了建筑物的沉稳。建筑外墙面采用了自然石板，呈现出朴素庄重的风格。

05 中国民生银行大厦

中国民生银行大厦是对原中商大厦进行改扩建而成。在高楼林立的浦东陆家嘴金融贸易区，原本只有 35 层高的中商大厦只是一个"小个子"，由于大厦单层面积小，且设计不合理，中商大厦建成 10 年却一直空置，无人租用。后中商大厦易主中国民生银行，并通过科技创新增加了 10 层，加高了 57.1 米，并对原有建筑结构做了改变，扩大了 27743 平方米建筑面积，把整个建筑物整合成一个冲天的方形塔楼和一个小型的裙房。建筑顶部利用四片独立的玻璃帷幕，围合成一个半露天的屋顶花园。

06 世界金融大厦

世界金融大厦是一座智能化、现代化、综合性的办公大楼，高为 168 米。大厦呈椭圆柱形、扇形裙房、皇冠形楼顶。主体采用两种不同的材质，光滑的浅灰绿色玻璃和粗糙的石材在立面上形成强烈的对比构成横向线条，且配合上扇子形状的顶部，显得十分端庄典雅。设计融合了西方现代建筑与中国传统建筑的各自特点，呈现出庄重和稳固的基调。

03 环球金融中心

建筑用途：城市综合体
地理位置：世纪大道 100 号
开放时间及电话：8：00～22：30，
021-68777878
公共交通：轨道交通 2 号线，公交 61、85、8、574 路，蔡陆专线，陆家嘴旅游观光线
停车场：环球金融中心停车场
设计：美国 KPF 建筑师事务所 + 日本株式会社入江三宅设计事务所 + 华东建筑设计研究院
建成时间：2008 年
建筑面积：381610 平方米
建筑层数：地上 100 层、地下 3 层
建筑结构：钢结构、钢筋混凝土
Shanghai World Financial Center
Construction purposes：Urban Complex
Location：100 Century Avenue

05 中国民生银行大厦

建筑用途：办公建筑
地理位置：浦东南路 100 号
电话：021-68492336
公共交通：轨道交通 2 号线，公交 607、630、798、818、990 路，陆家嘴旅游环线
停车场：中国民生银行大厦停车场
设计：天华建筑设计有限公司
建成时间：2002 年
建筑面积：98000 平方米
建筑层数：地上 45 层、地下 2 层
建筑结构：框筒结构
China Minsheng Bank Building
Construction purposes：Office
Location：100 Pudong Road（S）

04 汇丰大厦（森茂大厦）

建筑用途：办公建筑
地理位置：陆家嘴环路 1000 号
电话：021-52402912
公共交通：轨道交通 2 号线，公交 607、798 路，陆家嘴旅游环线
停车场：汇丰大厦停车场
设计：日本森株式会社设计研究所 + 藤田株式会社 + 大林组株式会社 + 华东建筑设计研究院
建成时间：1997 年
建筑面积：113000 平方米
建筑层数：地上 46 层、地下 4 层
建筑结构：核心筒为钢筋混凝土、外柱及梁为 SRC 结构
HSBC Building（Mori Building）
Construction purposes：Office
Location：1000 Lujiazui Ring Road

06 世界金融大厦

建筑用途：办公建筑
地理位置：陆家嘴环路 900 号
开放时间及电话：周一～周五
9：00～18：00，021-58880000
公共交通：轨道交通 2 号线，公交 583、870、961、985、996、798、993 路，旅游 3 号线，蔡陆专线，陆家嘴旅游观光线
停车场：世界金融大厦停车场
设计：香港利安建筑设计及工程开发顾问（中国）有限公司
建成时间：2007 年
建筑面积：87758 平方米
建筑层数：地上 43 层、地下 3 层
建筑结构：框筒结构
World Finance Tower
Construction purposes：Office
Location：900 Lujiazui Ring Road

07 新上海国际大厦
建筑用途：办公建筑
地理位置：浦东南路 360 号
电话：021-58408344
公共交通：轨道交通 2 号线，公交
971、455 路，上川专线，陆家嘴旅游
观光线
停车场：上海国际大厦停车场
设计：加拿大 B+H 建筑事务所
建成时间：1996 年
建筑面积：81000 平方米
建筑层数：地上 40 层、地下 3 层（局
部 4 层）
建筑结构：框筒结构
New Shanghai International Building
Construction purposes：Office
Location：360 Pudong Road（S）

09 世纪金融大厦（巨金大厦、中国工商银行上海市分行）
建筑用途：办公建筑
地理位置：浦东大道 9 号
电话：021-58885888
公共交通：轨道交通 2、4 号线，公交
973、981、983、985、993、996 路，
隧道 3、4、6、8、9 线
停车场：世纪金融大厦停车场
设计：美国 FFGL 建筑师事务所 + 华东
建筑设计研究院
建成时间：2001 年
建筑面积：64569 平方米
建筑层数：地上 28 层、地下 2 层
建筑结构：框架剪力墙结构
Century Financial Building（Jujin
Building, Industrial and Commerce
Bank of China Shanghai Municipal
Branch）
Construction purposes：Office
Location：9 Pudong Avenue

07 新上海国际大厦
新上海国际大厦是一座现代化、智能型、综合性的金融办公大楼，占地面积为 6781 平方米。主楼采用低反射且防紫外线的双层中空镀膜玻璃。主立面为浅绿色，四角局部为银灰色，两者相映，衬托出大厦的挺拔修长。裙房外墙由大块灰白花岗石镶嵌褐色花岗石构成，亭亭玉立的塔楼耸立在坚实稳重的基座上，倒锥形的直升机停机坪顶面赋予大厦明显的识别性。

08 上海招商局大厦
上海招商局大厦总高度约为 150 米，无裙房，干净利落，体块简洁，雕塑感强。外墙采用喷镀铝板和高级镀膜玻璃幕墙，高贵典雅，极富现代感。平面为工字形，方正实用，建筑物内外和谐统一。大厦一至五层设有商务、邮局、银行、餐饮、康乐等各种类型的配套设施，充分满足大厦办公人员的各项使用要求。

09 世纪金融大厦（巨金大厦、中国工商银行上海市分行）
占地面积为 8560 平方米，高约 121 米，为中国工商银行上海市分行办公大楼。除标准化办公设施外，内有银行博物馆、电视电话会议厅和多功能会议中心等。大厦由北部裙房板块、中部花岗石实体板块和主楼南侧弧形玻璃板块所组成。舒展的板式立面造型较好地融入了城市的文脉，充分地感受了城市街区的空间气息。建筑的细部处理，使大厦的时代风格和技术特征被进一步强化，具有很强的韵律感。

10 中国保险大厦
中国保险大厦正前方有开阔的视野带，可纵观浦江两岸，亦可饱览楼前十多公顷中央花园。建筑高达 166 米，为 38 层白花岗石玻璃帷幕的双塔型大楼。顶部双灯塔的遮阳悬桃，隐喻着中国古典建筑特有形式，中西合璧，独具韵味。标准办公楼层采用无柱空间设计，可充分利用空间的自由灵活规划，办公环境彰显优越。双扇型裙房里，容纳着餐饮、休闲、银行营业厅等各类商务设施。

08 上海招商局大厦
建筑用途：办公建筑
地理位置：陆家嘴环路 66 号
电话：021-58768100
公共交通：轨道交通 2 号线，公交
971、455 路，陆家嘴旅游观光线
停车场：上海招商局大厦停车场
设计：香港关善明建筑师事务所有限公司 + 上海建筑设计研究院
建成时间：1996 年
建筑面积：71000 平方米
建筑层数：地上 40 层、地下 2 层
建筑结构：框筒结构
Shanghai Merchants Tower
Construction purposes：Office
Location：66 Lujiazui Ring Road

10 中国保险大厦
建筑用途：办公建筑
地理位置：陆家嘴东路 166 号
电话：021-58787819
公共交通：轨道交通 2 号线，公交
971、455 路，上川专线，新川专线
停车场：中国保险大厦停车场
设计：加拿大 WZMH 建筑设计事务所 + 华东建筑设计研究院
建成时间：1999 年
建筑面积：74000 万平方米
建筑层数：地上 38 层、地下 3 层
建筑结构：钢筋混凝土、局部钢结构
China Insurance Building
Construction purposes：Office
Location：166 Lujiazui Road（E）

11 上海东方医院

东方医院占地面积为 23300 平方米，650 张病床。建筑外形运用了弧形流线，配合着横向的线条，创造出了和谐静谧的气氛。大楼设备的信息化管理系统体现了当代医院建筑的先进水平。每层两个弧形护理单元并置的设计，为单层布局变化提供了相当强的灵活性，并打破了普通医院长条形的格局，在周围高楼林立的环境中也分外引人注目。

12 渣打银行

占地面积约为 6000 平方米，建筑高度为 121 米。大厦外形挺拔，运用素美、柔和的色彩，使用玻璃幕墙和大量石材有机结合的手法，强调建筑的竖向划分，表现其端庄典雅的建筑风格。

13 上海证券大厦

上海证券大厦是一座集建筑美学与现代科学为一体的智能型建筑。二至九层为上海证券交易所，十层以上为写字楼。采用敞开式巨门造型，在两端建筑之间凌空横跨 63 米天桥。银白色铝合金板的"米"字形网覆盖着建筑立面，彰显着钢结构的稳重与坚固，极富时代感。外形呈凯旋门式，高度为 109 米。

14 上海信息大厦（信息枢纽大楼）

上海信息大楼高 188 米。外形挺拔，气派非凡，充满现代感，是一幢以通信、信息为特点的现代化智能大楼。平面设计为梯形，并在两侧布置辅助和交通空间，顶部进行削减，形成大的体块错位，突破了一般高层建筑造型原则，具有震撼力。

11 上海东方医院
建筑用途：医疗建筑
地理位置：即墨路 150 号
电话：021-38804518
公共交通：轨道交通 2 号线，公交 313、981、799、630、971、455 路，钦东专线，新川专线
停车场：上海东方医院停车场
设计：美国 JMGR 建筑工程设计公司＋浙江省建筑设计研究院
建成时间：2000 年
建筑面积：60000 平方米
建筑层数：11 层
建筑结构：框架结构
Shanghai East Hospital
Construction purposes：Hospital
Location：150 Jimo Road

13 上海证券大厦
建筑用途：办公建筑
地理位置：浦东南路 528 号
电话：021-68808888
公共交通：轨道交通 2 号线，陆家嘴环线，公交 971、455、83 路，上川专线，新川专线，机场 5、6 线
停车场：上海证券大厦停车场
设计：加拿大 WZMH 建筑设计事务所＋上海建筑设计研究院
建成时间：1997 年
建筑面积：100000 平方米
建筑层数：地上 27 层、地下 3 层
建筑结构：双塔部分混凝土内筒、钢外框架；中部巨型钢架
Shanghai Securities Exchange Building
Construction purposes：Office
Location：528 Pudong Road（S）

12 渣打银行
建筑用途：办公建筑
地理位置：世纪大道 201 号
电话：021-51097991
公共交通：轨道交通 2 号线，公交 971、455、818、607、783、990、798、792、119、796 路，隧道 3、4 线，新川专线，上川专线
停车场：渣打银行停车场
设计：怡合天盛建筑设计咨询有限公司
建成时间：2008 年
建筑面积：44000 平方米
建筑层数：地上 26 层、地下 3 层
建筑结构：框筒结构
Standard Chartered Bank
Construction purposes：Office
Location：201 Century Avenue

14 上海信息大厦（信息枢纽大楼）
建筑用途：办公建筑
地理位置：世纪大道 211 号
开放时间及电话：8：30 ～ 18：30，021-58767676
公共交通：轨道交通 2 号线，公交 81、82、85、574、783、119 路，隧道 3、4、5、6 线
停车场：上海信息大楼停车场
设计：日本日建设计株式会社＋上海建筑设计研究院
建成时间：2001 年
建筑面积：101235 平方米
建筑层数：地上 41 层、地下 4 层
建筑结构：钢－混凝土混合结构
Shanghai Information Tower
（Information Hub Building）
Construction purposes：Office
Location：211 Century Avenue

15 浦东发展银行
建筑用途：办公建筑
地理位置：浦东南路 588 号
开放时间及电话：8：30 ～ 18：30,
021-58888808
公共交通：轨道交通 2 号线，公交
313、583、314、584、454、799 路，
隧道 4 线
停车场：浦东发展银行停车场
设计：加拿大 WZMH 建筑设计事务所 +
华东建筑设计研究院
建成时间：2002 年
建筑面积：70000 平方米
建筑层数：36 层
建筑结构：框筒结构
Pudong Development Bank
Construction purposes：Office
Location：588 Pudong Road（S）

17 世界广场
建筑用途：办公建筑
地理位置：浦东南路 855 号
电话：021-58369611
公共交通：轨道交通 2 号线，公交
607、870 路，施崂专线，泰高线，隧
道 3 线
停车场：世界广场停车场
设计：美国兰顿 – 威尔逊建筑事务所 +
上海建筑设计研究院
建成时间：1997 年
建筑面积：88400 平方米
建筑层数：地上 43 层、地下 3 层
建筑结构：钢结构
World Square
Construction purposes：Office
Location：855 Pudong Road（S）

15 浦东发展银行
浦东发展银行大厦高约 147 米。拥有
约 18 米高的门庭，气势恢弘的大堂和
流动通透的营业大厅，出色地表现出银
行的内部特征。结合基地形状，塔楼和
裙房采用了相同的三角形，在南侧设置
了圆形广场和 6 层高的拱形门廊。采
用梯形仿古式阶梯塔形，使用大量石材
和玻璃幕墙的有机结合，使该建筑呈现
出庄重典雅的风范。

16 上海通用汽车商务楼
该建筑由沿世纪大道展开的办公楼和转
角处的半圆形汽车展示厅组成，是集汽
车展示、会议、办公于一体的综合楼。
整幢建筑采用了全钢结构和玻璃幕墙体
系，39 米高的飘板与晶莹剔透的主体
建筑共同构成新的城市景观，充分体现
出现代汽车工业的文化特点。

17 世界广场
世界广场是一幢以金融办公为主的智
能化综合性的超高层建筑，高 172 米。
主楼底层是半径为 29 米的圆形建筑，
第六层起转化为八角形，并隔层递收，
最后形成宝塔状，顶部为全玻璃金字塔
形尖顶。建筑造形简练，既体现了较强
的象征性和标志性，同时也充分彰显了
现代技术的表现力。

16 上海通用汽车商务楼
建筑用途：办公建筑
地理位置：世纪大道 800 号
电话：021-68961249
公共交通：轨道交通 2 号线，公交
607、870 路，施崂专线，隧道 3 线
停车场：上海通用汽车商务楼停车场
设计：法国夏邦杰建筑设计事务所 +
同济大学建筑设计研究院
建成时间：2005 年
建筑面积：14487 平方米
建筑层数：8 层
建筑结构：框架结构
Shanghai GE Business Tower
Construction purposes：Office
Location：800 Century Avenue

03 源深体育中心地块图

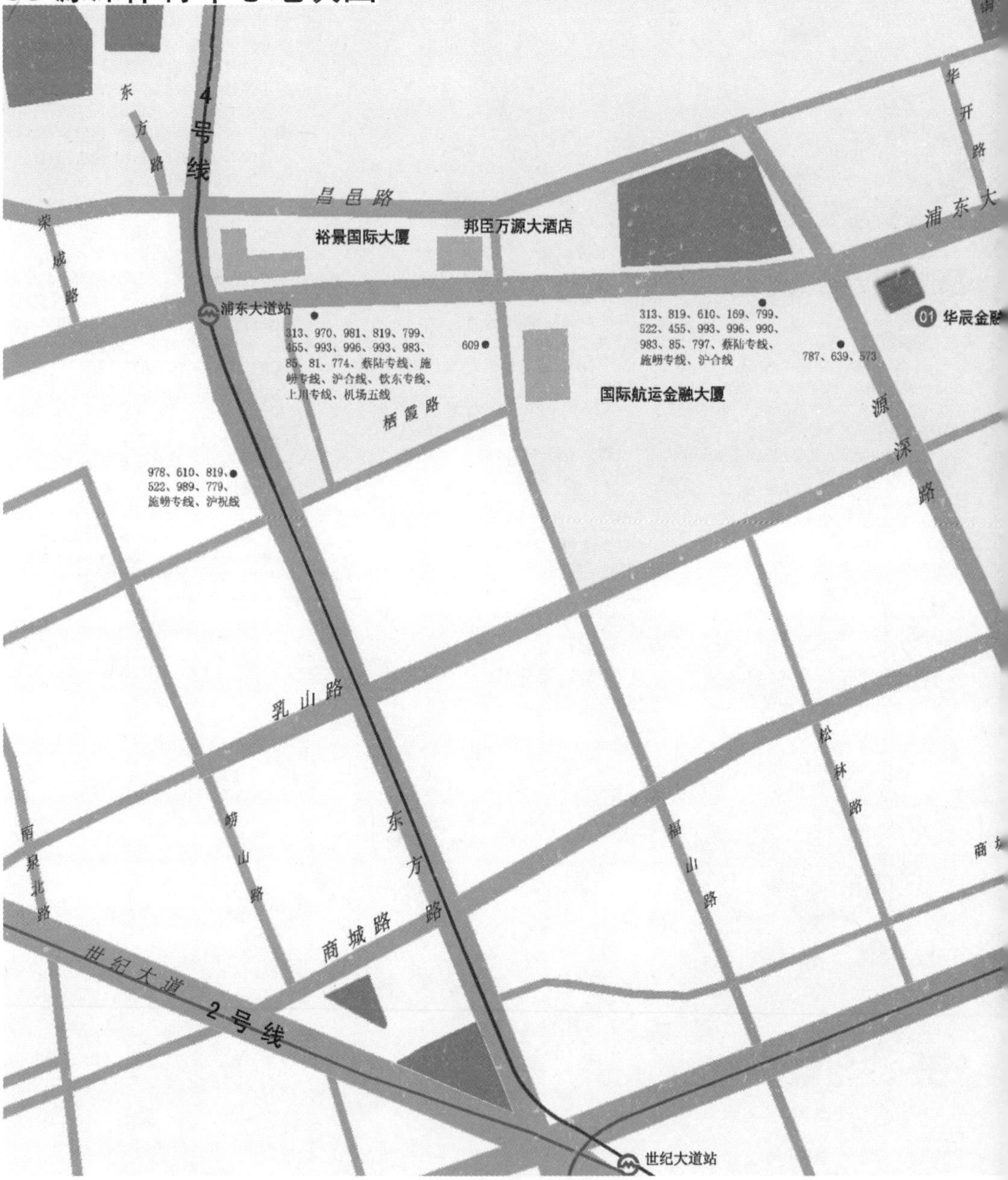

东方路
4 号线
荣成路
昌邑路
华开路
浦东大
裕景国际大厦　邦臣万源大酒店
01 华辰金融
浦东大道站 ●
313、970、981、819、799、
455、993、996、993、983、
85、81、774、蔡陆专线、施
崎专线、沪合线、钦东专线、
上用专线、机场五线
609 ●
313、819、610、169、799、
522、455、993、996、990、
983、85、797、蔡陆专线、
施崎专线、沪合线
787、639、573
栖霞路
国际航运金融大厦
源深路
978、610、819、
522、989、779、
施崎专线、沪权线
乳山路
松林路
崂山路
南泉北路
东方路
福山路
商城路
商城路
世纪大道 2 号线
世纪大道站

01 华辰金融大厦
华辰金融大厦由住宅、办公和商业功能组成。大厦采用中西合璧的建筑风格，传统的沉稳造型中穿插了动感流畅的几何楼线。百米高的塔楼俊秀挺拔，加黑色线框勾勒大面积玻璃幕墙，使大楼极具现代感。

02 浦东清真寺（浦东回教堂）
浦东清真寺具有典型的阿拉伯风格，占地面积 1650 平方米。寺中大殿前设有开阔的庭院，中间有花坛，殿内可容纳上百人同时礼拜，大殿两侧设有教长室和讲经堂等，还有水房和办公室，寺中宣礼塔高达 36 米，是全市清真寺之最。

03 源深体育中心体育馆
上海浦东源深体育馆由体育馆和游泳馆两部分组成。设有固定看台座位 3000 座，活动看台座位 2000 座，比赛场地的尺寸为 62 米 ×42 米。建筑采用了多种节能设计，屋面设计了采光天窗和自动遮阳帘，加强自然采光，窗玻璃采用双层中空低反射玻璃，呈现出"三面透光"、"天方地圆"的美感。

02 浦东清真寺（浦东回教堂）
建筑用途：宗教建筑
地理位置：源深路 400 号
电话：021-50540416
公共交通：轨道交通 4、6 号线，公交 785、339、169、630、609、783、961、791、790、977、775、935、773 路，沪祝线，泰高线
停车场：浦东清真寺停车场
设计：上海城市建筑设计研究院（重建）
建成时间：1935 年始建、1999 年重建
建筑面积：2250 平方米
建筑层数：2 层
建筑结构：钢筋混凝土结构
Pudong Mosque
Construction purposes：Religion
Location：400 Yuanshen Road

03 源深体育中心体育馆
建筑用途：体育建筑
地理位置：张杨路 400 号
电话：021-58602330
公共交通：轨道交通 4、6 号线，公交 339、169、630、609、783、961、791、790、977、775、935、773 路，沪祝线，泰高线
停车场：源深体育中心体育馆停车场
设计：同济大学建筑设计研究院
建成时间：2007 年
建筑面积：35000 平方米
建筑层数：地上 4 层、地下 2 层
建筑结构：屋面预应力张弦梁结构
Yuanshen Sport Center Gymnasium
Construction purposes：Sport
Location：400 Zhangyang Road

01 华辰金融大厦
建筑用途：城市综合体
地理位置：浦东大道 900 号
电话：021-58446688
公共交通：轨道交通 4、6 号线，公交 6、313、970、981、819、799、455、993、996、983、85、81、774、573、970、639、787 路，沪合线，隧道六线
停车场：华辰金融大厦停车场
设计：加拿大 KFS 建筑设计事务所
建成时间：2006 年
建筑面积：80000 平方米
建筑层数：地上 25、26 层、地下 2 层
建筑结构：框架结构
Hua Chen Financial Building
Construction purposes：Urban Complex
Location：900 Pudong Avenue

01 上海财富金融广场
建筑用途：办公建筑
地理位置：浦明路 198 ～ 218 号
开放时间及电话：8：30 ～ 20：00，
021-51086070
公共交通：轨道交通 2 号线，公交
339、338、313、916、791、977、
91、797、86 路，泰高线，蔡陆专线，
陆家嘴旅游观光线
停车场：上海财富金融广场停车场
设计：美国 RHM 国际设计集团 + 上海
建筑设计研究院
建成时间：2005 年
建筑面积：58000 平方米
建筑层数：4 层
建筑结构：框架结构
Shanghai Wealth Financial Plaza
Construction purposes：Office
Location：198-218 Puming Road

01 上海财富金融广场
上海财富金融广场建于浦东陆家嘴金融
贸易区，由 7 栋 4 层办公楼组成，外
墙采用弧形双层玻璃幕墙体系，使办公
空间与室外景观充分融合，为办公人员
营造了充满生机的工作环境。并创造出
极具特色的建筑形态，象征"传统仓库"
的立面元素，体现了该基地从曾经的货
物港口成为现代数码港的历史。

02 上海第一八佰伴（新世纪商厦）
建筑用途：城市综合体
地理位置：张杨路 501 号
开放时间及电话：9：30 ～ 22：00，
021-58360000
公共交通：轨道交通 2、4、6 号线，
公 交 339、584、985、82、783、
796、977 路，泰高线
停车场：上海第一八佰伴停车场
设计：日本清水建设株式会社 + 上海
建筑设计研究院
建成时间：1995 年
建筑面积：144800 平方米
建筑层数：10 ～ 21 层
建筑结构：钢筋混凝土框筒结构
Shanghai Nextage Shopping Center
（New Century Shopping Mall）
Construction purposes：Urban Complex
Location：501 Zhangyang Road

03 众城大厦
建筑用途：城市综合体
地理位置：东方路 818 号
开放时间及电话：8：30 ～ 20：00，
021-50580140
公共交通：轨道交通 2、4、6 号线，
公 交 970、871、785、219、819、
995、639、746 路
停车场：众城大厦停车场
设计：上海民用建筑设计院
建成时间：1994 年
建筑面积：35500 平方米
建筑层数：地上 26 层、地下 1 层
建筑结构：主体部分钢筋混凝土全现浇
框筒结构，裙房部分框架结构
Numerous Cities Building
Construction purposes：Urban
Complex
Location：818 Dongfang Road

04 鄂尔多斯国际大厦（上海湾）
建筑用途：城市综合体
地理位置：浦东南路 1118 号
开放时间及电话：8：30 ～ 18：30，
021-68882953
公共交通：轨道交通 2、4、6 号线，
公 交 339、584、985、82、783、
796、977 路，泰高线
停车场：鄂尔多斯国际大厦停车场
设计：日兴设计·上海兴田建筑工程
设计事务所
建成时间：2007 年
建筑面积：62400 平方米
建筑层数：地上 21 层、地下 2 层
建筑结构：钢混结构
Ordos International Building（Shanghai
Bay）
Construction purposes：Urban Complex
Location：1118 Pudong Road（S）

陆家嘴环路
东昌路
339、339、313、961、
791、977、81、797、86、
泰高线、蔡陆专线、
陆家嘴旅游观光线
紫光大厦　　东泰大楼
01 上海财富金融广场
隆宇大厦
浦城路
启新路
15 中融国际
04 鄂尔多斯国际大
复兴东路

04 世纪大道地块图

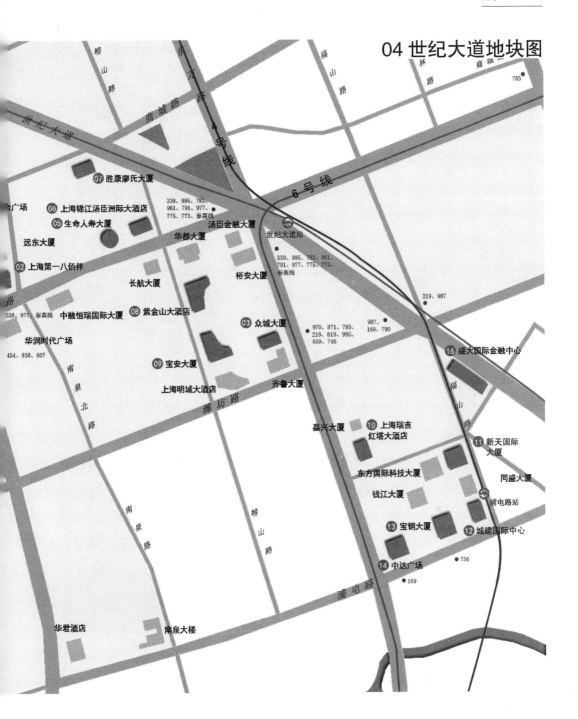

02 上海第一八佰伴（新世纪商厦）

上海第一八佰伴占地近 20000 平方米。由 10 层裙房及高 99 米的 21 层塔楼组成，集展销、商办、娱乐、餐饮、购物等功能于一体。建筑富有个性和创作感，拥有一个面积达 3200 平方米的半室内空间，成为顾客集散、游逛、休闲、交往的城市与建筑的过渡灰空间。建筑还拥有一片 5 层楼高的开有 12 个拱洞的弧形墙面，创造了连续、生动而独特的建筑外界面。

03 众城大厦

众城大厦位于浦东陆家嘴竹园商贸区，是一幢集办公、娱乐、购物、证券交易、餐饮为一体的现代化、综合性办公楼。大厦外形挺拔，运用柔和、素美的色彩，使用大量石材与玻璃幕墙有机结合的手法，来表现其庄重典雅的建筑风格。

04 鄂尔多斯国际大厦（上海湾）

占地面积 17400 万平方米。大厦平面轮廓呈 L 形，由 21 层办公主楼和一条 250 米长的商业街组成。商业街通高为 3 层，局部 2 层，是一条贯穿时尚餐饮、创意艺术、原创工坊等特色风格调融为一体、充满创意的新海派步行街，街区两端还有下沉式广场连通地下一层。主楼高度为 98.4 米，五至二十一层为高标准甲级办公楼，一至四层为商业裙房。

05 生命人寿大厦（银峰大厦）

在平面与空间设计中，利用室内步行街的空间形式，加强了裙楼与周围商业建筑之间的空间渗透和流动。在立面和造型处理中，运用方和圆、曲线和直线的对比，并运用对比中的和谐共存，使得建筑的形体丰富生动而富有变化，衬托出整个大楼既挺拔又坚实的非凡气质。

06 上海锦江汤臣洲际大酒店（新雅汤臣）

上海锦江汤臣洲际大酒店是上海浦东的第一家五星级酒店。酒店的正立面均衡稳定，柔和的横向线条与坚挺的竖向线条相结合，加上淡雅的外墙，使整栋建筑显得恬静素美、变化万千。顶部托起两个金属圆盘成为标志。

07 胜康廖氏大厦

胜康廖氏大厦由廖氏国际集团有限公司统筹策划，与上海浦东商业建设联合发展公司联合投资建造。建筑正立面均衡稳定，采用玻璃体块之间的穿插，与周围石材体块形成虚实对比，大大增加了建筑的立体感。

08 紫金山大酒店

上海紫金山大酒店占地面积 11071 平方米，楼高约为 148 米，是一家五星级酒店。主体采用银灰色镀膜玻璃幕墙和高档金属饰面，裙房则采用高档花岗岩石。整个大楼呈现出挺拔坚实的非凡气质。

09 宝安大厦

宝安大厦是一座集办公、餐饮、娱乐、购物、酒店等为一体的多功能城市综合体。位于三角形基地，采用三角形平面与地形相呼应。圆筒型全玻璃幕墙的办公楼与 16 层弧型玻璃幕墙、铝合金幕墙相间的横线条四星级酒店相呼应，璀璨夺目，玲珑剔透。配以庄重典雅的 5 层裙房，使酒店和办公楼相连，富丽堂皇，交相辉映。

10 上海瑞吉红塔大酒店

上海瑞吉红塔大酒店由两个交错相连形体组成，单纯、简约而朴素。顶部设计成弧形，两个体块高低错落，相对变化而又浑然一体。在外部造型上，进一步明确的金色、烟叶、红色三个元素分别象征丰收、烟草业和红塔，并且丰富和突出了这些元素的性格和整个酒店的设计内涵。

05 生命人寿大厦（银峰大厦）
建筑用途：办公建筑
地理位置：张杨路 707 号
开放时间及电话：8：30 ~ 20：00，021-58355839
公共交通：轨道交通 2、4、6 号线，公　交 339、584、985、82、783、796、977 路，泰高线
停车场：生命人寿大厦停车场
设计：加拿大 PPA 设计事务所＋浙江省建筑设计研究院
建成时间：2004 年
建筑面积：56230 平方米
建筑层数：41 层
建筑结构：框筒结构
Sino Life Tower（Yinfeng Building）
Construction purposes：Office
Location：707 Zhangyang Road

07 胜康廖氏大厦
建筑用途：办公建筑
地理位置：商城路 738 号
开放时间及电话：8：30 ~ 20：00，021-58313158
公共交通：轨道交通 2、4、6 号线，公　交 339、584、985、82、783、796、977 路，泰高线
停车场：胜康廖氏大厦停车场
设计：香港许李严建筑师事务所（外立面设计）
建成时间：1998 年
建筑面积：40000 平方米
建筑层数：29 层
建筑结构：框筒结构
Suncome Liauw's Plaza
Construction purposes：Office
Location：738 Shangcheng Road

06 上海锦江汤臣洲际大酒店（新雅汤臣）
建筑用途：商业建筑
地理位置：张杨路 777 号
开放时间及电话：全天，021-58356666
公共交通：轨道交通 2、4、6 号线，公　交 339、584、985、82、783、796、977 路，泰高线
停车场：上海锦江汤臣洲际大酒店停车场
设计：曹康建筑师事务所＋上海建筑设计研究院
建成时间：1995 年
建筑面积：43000 平方米
建筑层数：地上 24 层、地下 2 层
建筑结构：框架结构
Intercontinental Hotels & Resorts（Xinya Tomson）
Construction purposes：Commerce
Location：777 Zhangyang Road

08 紫金山大酒店
建筑用途：商业建筑
地理位置：东方路 778 号
开放时间及电话：全天，021-29269923、32255362
公共交通：轨道交通 2、4、6 号线，公　交 339、584、985、82、783、796、977 路，泰高线
停车场：紫金山大酒店停车场
设计：马内奥（意大利）
建成时间：1998 年
建筑面积：82000 平方米
建筑层数：地上 43 层、地下 3 层
建筑结构：框筒结构
Purple Mountain Hotel
Construction purposes：Commerce
Location：778 Dongfang Road

09 宝安大厦
建筑用途：城市综合体
地理位置：东方路 800 号
开放时间及电话：全天，021-68768786
公共交通：轨道交通 2、4、6 号线，
公 交 970、871、785、219、819、
995、639、746 路
停车场：宝安大厦停车场
设计：浙江省建筑设计研究院
建成时间：2003 年
建筑面积：89260 平方米
建筑层数：38 层
建筑结构：框筒结构
Baoan Building
Construction purposes：Urban
Complex
Location：800 Dongfang Road

11 新天国际大厦（中国高科大厦）
建筑用途：办公建筑
地理位置：福山路 450 号
开放时间及电话：8：30 ～ 20：00，
021-58315456
公共交通：轨道交通 2、4、6 号线，
公 交 970、871、785、219、819、
995、639、746、736、169 路
停车场：新天国际大厦停车场
设计：同济大学建筑设计研究院
建成时间：2001 年
建筑面积：47500 平方米
建筑层数：地上 28 层、地下 2 层
建筑结构：框筒结构
Suntime International Tower（China
Hi-tech Building）
Construction purposes：Office
Location：450 Fushan Road

13 宝钢大厦
建筑用途：办公建筑
地理位置：浦电路 370 号
开放时间及电话：8：30 ～ 20：00，
021-38784888
公共交通：轨道交通 2、4、6 号线，
公 交 970、871、785、219、819、
995、639、746、736、169 路
停车场：宝钢大厦停车场
设计：加拿大 B+H 设计事务所 + 江苏
省建筑设计研究院
建成时间：1998 年
建筑面积：75000 平方米
建筑层数：地上 30 层、地下 3 层
建筑结构：钢筋混凝土框筒结构
Bao Gang Building
Construction purposes：Office
Location：370 Pudian Road

10 上海瑞吉红塔大酒店
建筑用途：商业建筑
地理位置：东方路 889 号
开放时间及电话：全天，021-50504567
公共交通：轨道交通 2、4、6 号线，
公 交 970、871、785、219、819、
995、639、746、736、169 路
停车场：上海瑞吉红塔大酒店停车场
设计：美国司德尼斯建筑设计事务所 +
现代都市建筑设计研究院 + 浦东建筑
设计研究院
建成时间：2001 年
建筑面积：54000 平方米
建筑层数：地上 38 层、地下 2 层
建筑结构：现浇钢筋混凝土框架及短肢
剪力墙结构
St.Regis Hotel Shanghai
Construction purposes：Commerce
Location：889 Dongfang Road

12 城建国际中心
建筑用途：办公建筑
地理位置：福山路 500 号
开放时间及电话：8：30 ～ 20：00，
021-58303222
公共交通：轨道交通 2、4、6 号线，
公 交 970、871、785、219、819、
995、639、746、736、169 路
停车场：城建国际中心停车场
设计：美国 Gensler 建筑设计事务所 +
现代都市建筑设计研究院
建成时间：2005 年
建筑面积：50000 平方米
建筑层数：地上 25 层、地下 3 层
建筑结构：框筒结构
UC Tower
Construction purposes：Office
Location：500 Fushan Road

11 新天国际大厦（中国高科大厦）
新天国际大厦造型新颖、沉稳。相对于
裙楼，塔楼部分转体 45°，与世纪大
道相呼应，雕塑感强。大厦竖向线条明
快挺拔、典雅大方，体现了一种非凡的
气度。

12 城建国际中心
建筑因地制宜，相对南侧后退 40 米，
与南向竹园公园相呼应，形成宜人的公
共空间。建筑立面造型明快挺拔，主要
建筑材料为不锈钢、铝制板及玻璃，形
成既严谨统一的整体，又不失材料之轻
灵飘逸。尤其是东面玻璃盒子之间的组
合，更增强了整个建筑的个性和识别性。

13 宝钢大厦
宝钢大厦是 5A 级智能型办公大厦，位
于浦东陆家嘴金融贸易区，是上海宝钢
集团公司总部所在地和国内钢铁交易活
动的主要场所。大厦主体为纯玻璃幕墙
体系，在裙房厚重的花岗石的衬托下，
更显得璀璨夺目，玲珑剔透。

14 中达广场
建筑用途：城市综合体
地理位置：东方路 989 号
开放时间及电话：8：30 ～ 20：00，
021-68769934
公共交通：轨道交通 2、4、6 号线，
公 交 970、871、785、219、819、
995、639、746、736、169 路
停车场：中达广场停车场
设计：美国 NADEL 设计事务所 + 华东
建筑设计研究院
建成时间：1996 年
建筑面积：45464 平方米
建筑层数：地上 29 层、地下 2 层
建筑结构：钢混框筒结构
Zhongda Square
Construction purposes：Urban
Complex
Location：989 Dongfang Road

16 盛大国际金融中心
建筑用途：办公建筑
地理位置：世纪大道 1200 号
开放时间及电话：暂无
公共交通：轨道交通 2、4、6 号线，
公 交 970、871、785、219、819、
995、639、746、736、169 路
停车场：盛大国际金融中心停车场
设计：美国 SOM 建筑事务所
建成时间：2010 年
建筑面积：110000 平方米
建筑层数：地上 40 层、地下 4 层
建筑结构：钢框架 – 钢筋混凝土核心
筒结构
Shengda International Financial Center
Construction purposes：Office
Location：1200 Century Avenue

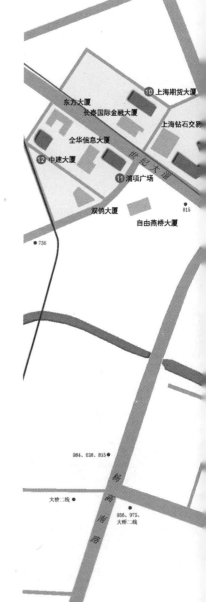

15 中融国际商城
建筑用途：城市综合体
地理位置：浦东南路 1088 号
开放时间及电话：9：30 ～ 22：00，
021-51571213
公共交通：轨道交通 2、4、6 号线，
公 交 339、584、985、82、783、
796、977 路，泰高线
停车场：中融国际商城停车场
设计：华东建筑设计研究院
建成时间：2004 年
建筑面积：66000 平方米
建筑层数：地上 18 层、地下 2 层
建筑结构：框架结构
Zhongrong International Business
Center
Construction purposes：Urban
Complex
Location：1088 Pudong Road（S）

14 中达广场
中达广场是一座集办公、餐饮、购物、
娱乐为一体的智能化大楼。总高约为
100 米。裙房 3 层为商场、酒家、银行、
民航快递公司、证券营业部等。建筑主
体形态简洁大方，被大面积的花岗石所
覆盖，配合着淡雅的色彩，整个大厦显
得刚劲有力，气度不凡。

15 中融国际商城
中融国际商城坐落于浦东陆家嘴新上海
商业城，总楼高约为 100 米。一至八
层为中档购物城，九至十八层为办公楼。
建筑通体透明，个性张扬而又不失稳重
典雅，玻璃幕墙玲珑剔透、熠熠生辉，
吸引着世界各地的商客。

16 盛大国际金融中心
上海盛大国际金融中心位于浦东陆家嘴
竹园商贸区内，建筑高度 171.3 米。大
厦形体简洁大方，线条坚挺明快，整个
建筑体现出了一种非凡的气度，轻盈通
透的玻璃体块又使整个建筑熠熠生辉，
散发着璀璨的光芒。

05 世纪公园地块图

上海市进才中学

上海证大丽笙酒店

815

浦东新区人民法院

815、987

02 东怡大酒店

桃林路

杨高中路

丁香路

汇商大厦

794

太平人寿大厦

07 证大立方大厦

金松路

983、花木1路

迎春路

640、花木1路

09 同润商务园

上海世纪皇冠假日酒店

983、640

水清木华会所 15

815

浦东市民中心

合欢路

上海海事法院

983

上海淳大万丽酒店

长柳路

海东方艺术中心

03 浦东新区人民政府

05 上海浦东新区文献中心

983、640

芳甸路

银联大厦

含笑路

06 上海市公安局出入境管理大楼

锦绣路

民生路

杨祝线

金鹰大厦

794、东周线

上海科技馆站

794、640、东周线

世纪公园

04 上海科技馆

杨祝线

16 陆家嘴中央公寓

花木路

01 上海东方艺术中心

从高处俯瞰，东方艺术中心犹如五片绽放的花瓣，依次为正厅入口、演奏厅、音乐厅、展览厅和歌剧厅，宛若一朵美丽的"蝴蝶兰"。整个建筑外表采用金属夹层玻璃幕墙，内墙则装饰特制的浅黄、赭红、棕色、灰色的陶瓷挂件。建筑顶部安装了融入高科技的880多盏嵌入式顶灯，当美妙的旋律在音乐厅奏响时，灯光会随旋律起伏变幻，将夜色中的东方艺术中心变得璀璨奇异、充满动感。

02 东怡大酒店

东怡大酒店是一家涉外精品商务酒店，设有住宿、餐饮、会务等部分，与东方艺术中心为邻，建筑主体用柔美的曲线与东方艺术中心相呼应，造型独特。侧面为玻璃幕墙，正面和背面主要为实墙，形成虚实对比，配合着富有张力的曲线，充满动感美。

03 浦东新区人民政府

建筑主体为对称形式，中轴线上高高耸立着一个竖向线条的塔，强调了建筑整体均衡气派的布局。外墙配以青灰色的花岗石，与建筑物敦实的造型相吻合。裙房建筑为4个庭院式的体块向两侧匍匐状摊开，突出中心的建筑主体。

04 上海科技馆

建筑主体为弧形斜面，结合契合在其中的球体，协调中蕴含着变化。巨大的玻璃球体位于中心对称轴上，对整个倾斜的造型起到了平衡的作用。由高到低的屋顶呈现出一种动态向上的感觉，给人一种视觉冲击力。科技馆以"自然、人、科技"为主题，以提高公众科技素养为宗旨，是上海重要的科普教育基地和休闲旅游基地。展示内容由天地馆、生命馆、智慧馆、创造馆、未来馆五个主要展馆和临时展馆组成。

01 上海东方艺术中心
建筑用途：观演建筑
地理位置：丁香路425号
开放时间及电话：9：00～17：15、周一闭馆，021-38424800
公共交通：轨道交通2号线，公交815、638、975、987路
停车场：上海东方艺术中心停车场
设计：（法）保罗·安德鲁+华东建筑设计研究院
建成时间：2004年
建筑面积：40000平方米
建筑层数：5层
建筑结构：混凝土框架（主体）+钢结构（屋顶及立面幕墙）
Shanghai Oriental Art Center
Construction purposes：Performance
Location：425 Dingxiang Road

03 浦东新区人民政府
建筑用途：办公建筑
地理位置：世纪大道2001号
开放时间及电话：8：30～20：00，021-51517878
公共交通：轨道交通2号线，公交815、638、975、987、983路
停车场：浦东新区人民政府停车场
设计：日本株式会社藤田建筑设计中心
建成时间：2007年
建筑面积：75000平方米
建筑层数：地上22层、地下1层
建筑结构：框筒结构
Pudong New Area Government Building
Construction purposes：Office
Location：2001 Century Avenue

02 东怡大酒店
建筑用途：商业建筑
地理位置：丁香路555号
开放时间及电话：全天，021-51016060
公共交通：轨道交通2号线，公交815、638、975、987路
停车场：东怡大酒店停车场
设计：（法）保罗·安德鲁+华东建筑设计研究院
建成时间：2007年
建筑面积：28980平方米
建筑层数：地上14层、地下2层
建筑结构：框筒结构
Parkview Hotel
Construction purposes：Commerce
Location：555 Dingxiang Road

04 上海科技馆
建筑用途：展览建筑
地理位置：世纪大道2000号
开放时间及电话：9：00～17：15，周一休馆，021-68622000
公共交通：轨道交通2号线，公交815、638、975、987、983、794、640路，东周线，杨祝线
停车场：上海科技馆停车场
设计：美国RTKL建筑设计事务所+上海建筑设计研究院
建成时间：2001年
建筑面积：100000平方米
建筑层数：地上4层、地下1层
建筑结构：钢筋混凝土框架、钢结构屋面、铝钛合金球体
Shanghai Science & Technology Museum
Construction purposes：Exhibition
Location：2000 Century Avenue

05 上海浦东新区文献中心
建筑用途：展览建筑
地理位置：迎春路 520 号
开放时间及电话：8：30 ～ 20：00，
021-52694890
公共交通：轨道交通 2 号线，公交
815、638、975、987、983、794、
640 路，周莘线，杨祝线
停车场：上海浦东新区文献中心停车场
设计：德国 GMP 建筑设计有限公司 +
上海建筑设计研究院
建成时间：2005 年
建筑面积：43300 平方米
建筑层数：地上 3 层（中心部分）、10
层（办公楼）、地下 1 层
建筑结构：框架结构、斜拉杆大跨钢
结构
Shanghai Pudong Documentation
Center
Construction purposes：Exhibition
Location：520 Yingchun Road

07 证大立方大厦
建筑用途：办公建筑
地理位置：长柳路 58 号
开放时间及电话：8：30 ～ 20：00，
021-68622298
公共交通：轨道交通 2 号线，公交 983、
640 路
停车场：证大立方大厦停车场
设计：加拿大 CPC 建筑设计顾问有限
公司 + 上海交通大学安地建筑设计有
限责任公司
建成时间：2007 年
建筑面积：41000 平方米
建筑层数：21 层
建筑结构：钢筋混凝土框筒结构
Zheng Da Cube Edifice
Construction purposes：Office
Location：58 Changliu Road

05 上海浦东新区文献中心
上海浦东新区文献中心展示着其独特魅
力与典雅风范。建筑采用玻璃幕墙作为
外墙材料，利用光线的穿透性，把独特
的结构体系展现出来，体现了建筑的时
代感和现代性。地上建筑分为两部分，
档案馆主楼和行政管理办公楼，二者之
间通过二层连廊相连。档案馆主楼为一
高约 4 米的基座层，最大跨度 82 米带
有环绕四周的阶梯；中心部分（包括层
览厅、会议厅、贵宾室和中央大厅等功
能设施）为立方体建筑物（展厅建筑）。
在基座的东沿设置 10 层高行政办公楼。

06 上海市公安局出入境管理大楼
建筑形体从椭圆形体着手，经过一系列
切割与穿插，形成了以一斜边斜冲向上
的趋势。向上的斜边使人联想到航船的
边弦，建筑中高高突出的楼梯间使人联
想到航船的桅杆。同时避免简单的具象
模仿，而是以形体的穿插，从深层次表
现出建筑的喻意。

07 证大立方大厦
证大立方大厦占地 5492 平方米。整幢
楼内套间都以重叠交错的跃层结构组合
而成。在设计中注重建筑与景观的结合，
把景观引入室内，建立了"生态办公"
的新理念。外立面的凹凸变化勾勒出与
跃层空间相辉映的建筑造型。

08 日晷（东方之光）
作为浦东世纪大道大型景观雕塑全国
竞赛的优胜作品，日晷高 20 米，由钢
管焊接而成。造型融入了设计者对中国
古代文化符号的改造，令人联想到的是
计算机显示器里闪现的三维结构图，是
CAD 网架图的雕塑版。这个由井然有
序、疏密有秩的不锈钢管焊接组成的日
晷，在不同的观赏角度下的审美体验有
所不同，巨大而不厚重，通透而不脆弱。
晷盘直径达 24 米，晷针指向正北，雕
塑垂直高度达 20 米。

06 上海市公安局出入境管理大楼
建筑用途：办公建筑
地理位置：民生路 1500 号
开放时间及电话：8：30 ～ 20：00，
021-68541199
公共交通：轨道交通 2 号线，公交 85、
82 路，蔡陆专线
停车场：上海市公安局出入境管理大楼
停车场
设计：法国夏邦杰建筑设计事务所 +
同济大学建筑设计研究院 + 法国夏邦
杰建筑设计咨询（上海）有限公司
建成时间：2003 年
建筑面积：24178 平方米
建筑层数：地上 10 层、地下 1 层
建筑结构：框架 - 剪力墙结构
Entry and Exit Administration Building
for Shanghai Municipal Public Security
Bureau
Construction purposes：Office
Location：1500 Minsheng Road

08 日晷（东方之光）
建筑用途：景观建筑
地理位置：世纪大道、杨高路路口
公共交通：轨道交通 2、4 号线，公交
815、638、975、987 路
停车场：东方希望大厦停车场
设计：法国夏邦杰建筑设计事务所 +
仲松
建成时间：2000 年
建筑结构：钢结构
Sundial（Eastern Light）
Construction purposes：Landmark
Location：Around the intersection of
Century Avenue and Yanggao Road

09 同润商务园

建筑位于浦东行政文化区中心位置。地块呈不规则的四边形，在地块内建造了5幢庭院式多层独立办公楼，围合出一个庭院。建筑顶部设有屋顶花园，且基地内部为弧形与庭院相结合，沿丁香路一侧建筑则尽量撑满整个基地，增加了沿街立面的连续性。

10 上海期货大厦

大面积玻璃幕墙在格子状的开窗和每层楼板之间形成了光影的虚实对比，幕墙影射出的细微色彩变化让大楼造型十分挺拔，同时还不失丰富的细部层次。大厦首层为大堂及各类服务设施，二至八层为上海金属交易所交易大厅、国际会议中心及相关办公设施。

11 浦项广场

建筑外立面采用了银白色的不锈钢饰框和双层中空玻璃幕墙系统。不锈钢框架一直延伸到大楼顶部，形成了不同于一般建筑常用的夸张收头，显得恬静含蓄、高贵典雅。一至四层为裙房，主楼广场及地下一层为商场。

12 中建大厦

建筑采用了"包围性"的外墙表面，从底部商业裙房以螺旋形式攀升到塔楼最高点。随着高度的升高而向外微倾的曲面幕墙，增加了塔楼的生态性和雕塑感。中建大厦定位为生态概念智能化高档甲级办公楼，360°全景玻璃幕墙为租户提供绿色生态景观，螺旋上升的建筑立面，光影交错的大堂塑造了崭新的现代办公建筑形象。

09 同润商务园
建筑用途：办公建筑
地理位置：丁香路 716 号
开放时间及电话：8：30 ～ 20：00，
021- 61323615
公共交通：轨道交通 2 号线，公交
794、815、987 路
停车场：同润商务园停车场
设计：中国建筑科学研究院
建成时间：2006 年
建筑面积：16285 平方米
建筑层数：4 层
建筑结构：框架结构
Tongrun Business Center
Construction purposes：Office
Location：716 Dingxiang Road

11 浦项广场
建筑用途：城市综合体
地理位置：世纪大道 1600 号
开放时间及电话：8：30 ～ 20：00，
021-68759999
公共交通：轨道交通 2、4 号线，公交
815、638、975、987 路
停车场：浦项广场停车场
设计：美国贝聿铭建筑设计事务所
建成时间：1999 年
建筑面积：98000 平方米
建筑层数：地上 34 层、地下 4 层
建筑结构：框筒结构
Polo Plaza
Construction purposes：Urban
Complex
Location：1600 Century Avenue

10 上海期货大厦
建筑用途：办公建筑
地理位置：浦电路 500 号
开放时间及电话：8：30 ～ 20：00，
021-68400000
公共交通：轨道交通 2、4 号线，公交
815、638、975、987 路
停车场：上海期货大厦停车场
设计：美国 JY 建筑规划设计事务所 +
上海建筑设计研究院
建成时间：1997 年
建筑面积：71000 平方米
建筑层数：地上 42 层、地下 3 层
建筑结构：框筒结构
Shanghai Futures Tower
Construction purposes：Office
Location：500 Pudian Road

12 中建大厦
建筑用途：办公建筑
地理位置：世纪大道 1568 号
开放时间及电话：8：30 ～ 20：00，
021-50583888
公共交通：轨道交通 2、4 号线，公交
815、638、975、987 路
停车场：中建大厦停车场
设计：美国 KPF 建筑师设计事务所 +
中国建筑设计研究院
建成时间：2008 年
建筑面积：73500 平方米
建筑层数：地上 33 层、地下 4 层
建筑结构：框筒结构
China State Construction Building
Construction purposes：Office
Location：1568 Century Avenue

13 东方希望大厦

建筑用途：办公建筑
地理位置：世纪大道 1777 号
开放时间及电话：8：30 ～ 20：00，
021–58359535
公共交通：轨道交通 2、4 号线，公交
815、638、975、987 路
停车场：东方大厦停车场
设计：美国 ARQUITECTONICA 设计
事务所
建成时间：2007 年
建筑面积：26000 平方米
建筑层数：17 层
建筑结构：框架结构
Orient Building（East Hope Plaza）
Construction purposes：Office
Location：1777 Century Avenue

15 水清木华会所

建筑用途：商业建筑
地理位置：芳甸路 333 号
开放时间及电话：8：30 ～ 20：00，
021–68560815
公共交通：轨道交通 2、4 号线
停车场：水清木华停车场
设计：现代都市建筑设计院
建成时间：2004 年
建筑面积：2500 平方米
建筑层数：2 层
建筑结构：框架结构
Shuiqingmuhua Club
Construction purposes：Commerce
Location：333 Fangdian Road

13 东方希望大厦

东方希望大厦的建筑语言由两个反差元素组成，一个为完美立方体形状的主楼，一个是自由流线型的裙房。整幢大厦方圆相济，曲直呼应。建筑创意来自中国传统文化符号"灯笼"，用现代建筑语言诠释独特的中国文化。

14 上海电力大厦

设计大气、简洁，主楼采用简单的椭圆几何体，顶部采用钢结构框架，将椭圆延伸到顶部，从而创造出鲜明大方的主楼建筑形象。裙房与屋顶则舒展流畅，与端庄挺拔的塔楼形成对比，一直一平，一动一静，相得益彰。

15 水清木华会所

基地位于世纪公园外的东北角，设计师用一个飞扬的斜面和独特的转角处理，顶部的采光让人们体验一种冲向世纪公园的感觉。内部有一个下沉式的庭院，创造了"树在水中央"的意境。

16 陆家嘴中央公寓

以"自然和谐，天人合一"为建筑环境设计理念，采用了韵律十足的框架立面处理，四排弧形板楼呈升龙形态连续布局，谱写了世纪公园周边美丽的天际线。采纳了大自然山、水、石、林的元素，塑造出雨林、瀑布、礁石的不同主题，让景观与人文浑然天成，让身在其中的每一个人，都能舒展身心，令和谐欢畅的家居生活拥有更亲切的空间凭借。

14 上海电力大厦

建筑用途：办公建筑
地理位置：源深路 1122 号
开放时间及电话：8：30 ～ 20：00，
021–28925222
公共交通：轨道交通 2、4 号线，公交
815、638、975、987 路
停车场：上海电力大厦停车场
设计：上海海波建筑设计事务所＋上
海现代建筑设计（集团）有限公司
建成时间：2004 年
建筑面积：70000 平方米
建筑层数：地上 33 层 、地下 2 层
建筑结构：框筒结构
Shanghai Power Building
Construction purposes：Office
Location：1122 Yuanshen Road

16 陆家嘴中央公寓

建筑用途：居住建筑
地理位置：东绣路 99 弄
电话：021–68450666
公共交通：轨道交通 2 号线，公交
815、638、975、987、983、794、
640 路，东周线，杨祝线
停车场：陆家嘴中央公寓停车场
设计：美国 ARQUITECTONICA 建筑
设计事务所＋上海现代建筑设计（集团）
有限公司
建成时间：2006 年
建筑面积：400000 平方米
建筑层数：18 ～ 24 层
建筑结构：框架结构
Central Apartment in Pudong
Construction purposes：Residence
Location：Lane 99 Dongxiu Road

01 东旅大厦

建筑用途：办公建筑
地理位置：浦东南路 1877 号
开放时间及电话：8：30 ～ 20：00，
021–50581618
公共交通：轨道交通 4、6 号线，公交
785、992、640、119 路
停车场：东旅大厦停车场
设计：中国建筑东北设计研究院
建成时间：2007 年
建筑面积：20000 平方米
建筑层数：地上 22 层、地下 1 层
建筑结构：钢筋混凝土框架结构
Dong Lv Building
Construction purposes：Office
Location：1877 Pudong Road（S）

01 东旅大厦

东旅大厦平面呈椭圆形，大厦表皮为低调高贵的金黄色幕墙，镶嵌以超大落地窗，显得典雅而又现代时尚。该建筑临张家浜河而建，生态水景尽显。

02 南浦大桥

建筑用途：桥梁
地理位置：龙阳路
公共交通：轨道交通 4、6 号线，公交
785、992、640、119 路
停车场：福朋喜来登自由酒店停车场
设计：林元培
建成时间：1991 年
建筑结构：悬索结构
Nanpu Bridge
Construction purposes：Bridge
Location：Longyang Road

4号线

82、86、314、454、
522、581/736、787、
818/929、938

02 南浦大桥

02 南浦大桥

南浦大桥是上海市区第一座跨越黄浦江的大桥。南浦大桥主桥长 846 米，是双塔双索面叠合梁结构斜拉桥，引桥长 7500 米。大桥两岸各设一座 150 米高的"H"型钢筋混凝土主塔，并以 22 对钢索连接主梁索面，呈扇形分布。

06 南浦大桥地块图

01 东旅大厦

6号线

峨山路

607、973

大桥二纵

南泉路

徐家弄路

82、86、314、
522、789

蓝村路站

蓝村路

东方路

塘桥路

塘桥站

华君酒店

东方金座

临沂北路

浦建路

酒店

785、992、
640、119

浦东路

338、736、969、789、
785、610、629、624、
01、640、581、929、
浦卫专线、塘邵专线、
塘洪专线、塘川线、塘
川专线

上海儿童医学中心

环龙路

451、929、746、779、967、
69、789、629、169、624、
989、798、792、640、639、
614、581、浦卫专线、塘
西线塘川线、东川专线、
方川专线、塘彭严线、塘
川专线、大桥六线

970、973、
583、819、
大桥六线

785、992、119

北园路

上海儿童医学中心站

东环龙路

杨高南路

5、992、
0、119

东方路

环高架路

龙阳路立交桥

07 张江立交桥地块图

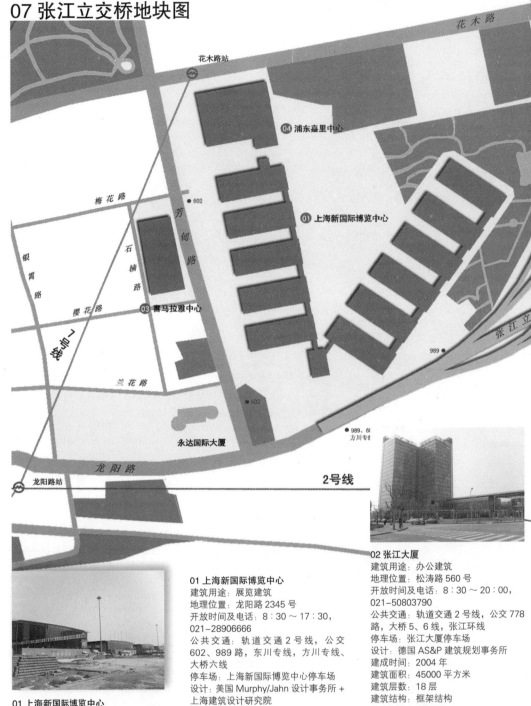

01 上海新国际博览中心

01 上海新国际博览中心

上海新国际博览中心的设计综合考虑了城市规划、功能及技术等重要因素，以"城"作为规划设计之概念。主体建筑围合出一个规模宏大的三角形中心，并用做露天展馆。各展厅为标准模式，平面尺寸为 70 米 ×164 米，净高 11 米(5 号厅为 17 米)，提供了无柱、高大宽敞、可灵活分隔的展览空间。新颖的结构形式使建筑更趋轻巧、美观。展厅的重复结构形成波浪形，形象独特。

01 上海新国际博览中心
建筑用途：展览建筑
地理位置：龙阳路 2345 号
开放时间及电话：8：30 ～ 17：30，021-28906666
公共交通：轨道交通 2 号线，公交 602、989 路，东川专线，方川专线、大桥六线
停车场：上海新国际博览中心停车场
设计：美国 Murphy/Jahn 设计事务所 + 上海建筑设计研究院
建成时间：2001 年
建筑面积：82770 平方米(展览面积 330000 平方米)
建筑层数：1 层
建筑结构：大跨度空间钢屋架、铰接柱结构体系、膜屋面
Shanghai New International Expo Center
Construction purposes：Exhibition
Location：2345 Longyang Road

02 张江大厦
建筑用途：办公建筑
地理位置：松涛路 560 号
开放时间及电话：8：30 ～ 20：00，021-50803790
公共交通：轨道交通 2 号线，公交 778 路，大桥 5、6 线，张江环线
停车场：张江大厦停车场
设计：德国 AS&P 建筑规划事务所
建成时间：2004 年
建筑面积：45000 平方米
建筑层数：18 层
建筑结构：框架结构
Zhang Jiang Building
Construction purposes：Office
Location：560 Songtao Road

02 张江大厦
张江大厦四至十八层为办公楼，一至三层为商务配套裙房。建筑采用现代简约的设计手法，方形双柱筒式组合造型，并采用了可呼吸、可自由开启的双层玻璃幕墙，体现了新的环保理念。

03 喜马拉雅中心
建筑用途：城市综合体
地理位置：丁香路 1208 号
开放时间及电话：8：30～20：00，
021–50333333
公共交通：轨道交通 2 号线，公交
602、989 路，东川专线，方川专线、
大桥六线
停车场：喜马拉雅中心停车场
设计：日本矶崎新事务所 + 现代都市
建筑设计院
建成时间：2010 年
建筑面积：162270 平方米
建筑层数：地上 8 层、地下 3 层
建筑结构：上部框架结构、下部异形体结构
Himalayas Center
Construction purposes：Urban
Complex
Location：1208 Dingxiang Road

04 浦东嘉里中心
建筑用途：城市综合体
地理位置：芳甸路 1539 号
开放时间及电话：尚未使用
公共交通：轨道交通 2 号线，公交
602、989 路，东川专线，方川专线、
大桥六线
停车场：浦东嘉里中心停车场
设计：美国 KPF 建筑师事务所 + 凯达
柏涛建筑师有限公司
建成时间：2010 年
建筑面积：230000 平方米
建筑层数：服务式公寓部分地上 26 层，
五星级的酒店部分 30 层，办公楼部分
39 层，地下 2 层
建筑结构：框筒结构
Pudong Kerry Center
Construction purposes：Urban
Complex
Location：1539 Fangdian Road

03 喜马拉雅中心
整个建筑犹如晶莹透亮的立方体和自然
质朴的异形体，又是集酒店、美术馆、
剧场、精品设计和风格店铺的大型城市
综合体。简洁明快的方形体内是酒店和
商铺；不规则的异形体内，设有喜玛拉
雅美术馆与大观舞台。喜玛拉雅中心就
像是一座雕塑、一件艺术品，而不仅仅
是一座建筑。建筑中央的异形体结构，
就承载了这种艺术性，从外形和内涵上
散发出艺术的渲染力，宛如地下自然生
长出来的"林"，支撑起整座建筑。

04 浦东嘉里中心
该项目为一组综合建筑群，占地面积为
6 万平方米，最高塔楼高达 179 米。由
三幢不同高度的建筑和裙房组成，集五
星级酒店、甲级写字楼、公寓式酒店、
商场等为一体的多功能建筑群。其中酒
店面积为 7 万平方米，公寓式酒店面
积为 3.4 万平方米，写字楼面积 9.2 万
平方米，商场面积为 4.5 万平方米。

08 中国浦东干部学院地块图

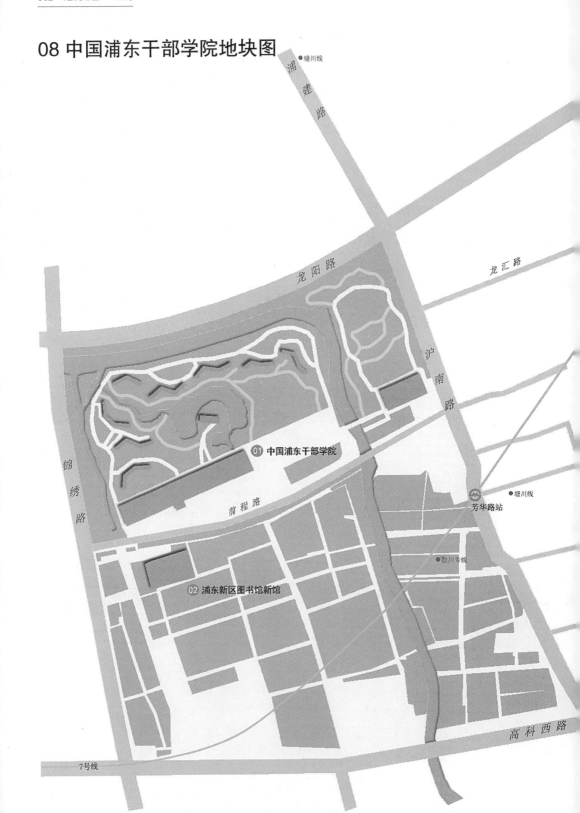

龙阳路

龙阳路站

03 上海磁悬浮列车龙阳路站

白杨路

培花路

芳华路

●徐川专线

芳草路

芳芯路

01 中国浦东干部学院
建筑用途：文化建筑
地理位置：前程路 99 号
开放时间及电话：8：00 ～ 20：00，
021-28288888
公共交通：轨道交通 2 号线，塘川线，
徐川专线
停车场：中国浦东干部学院停车场
设计：法国安东尼奥·贝叙设计事务
所 + 华东建筑设计研究院
建成时间：2005 年
建筑面积：110000 平方米
建筑层数：行政中心部分 4 层
建筑结构：钢结构
China Executive Leadership Academy
Pudong
Construction purposes：Culture
Location：99 Qiancheng Road

02 浦东新区图书馆新馆
建筑用途：文化建筑
地理位置：前程路 88 号
开放时间及电话：9：00 ～ 20：00，
021-38829588
公共交通：轨道交通 2 号线，塘川线，
徐川专线
停车场：浦东新区图书馆新馆停车场
设计：日本设计株式会社 + 华东建筑
设计研究院
建成时间：2010 年
建筑面积：60885 平方米
建筑层数：地上 6 层、地下 1 层
建筑结构：框架结构
Pudong New Library
Construction purposes：Culture
Location：88 Qiancheng Road

02 浦东新区图书馆新馆
浦东新区图书馆新馆是一座现代化、国
际化、智能化的大型综合性图书馆。建
筑毗邻文化公园，景色优美，设计上把
整个基地起坡，抬高 3 米，形成一个
绿化的坡台，以此作为建筑基座，与文
化公园的绿化融为一体。建筑体形采用
纯净简约的方盒子，融于一片绿色之中。
建筑立面运用褐色花岗石，竖向排列形
成条形百叶，犹如一排排放满书本的书
架，内层采用玻璃幕墙，与石材形成强
烈对比。

03 上海磁悬浮列车龙阳路站
整个车站的造型和装饰简洁明快，暗合
了列车的速度、力量和现代感。建筑设
计从椭圆形的剖面入手，视觉形象极具
冲击力。长约 260 米、宽为 43 米的管
状金属容器中，包括了站台、站厅、运
督控制中心、设备机房、办公、商店、
及地铁 2 号线龙阳路站之间的地带，方
便了旅客的运行。站台部分利用天窗，
营造了光影变幻的室内空间效果。

03 上海磁悬浮列车龙阳路站
建筑用途：交通建筑
地理位置：龙阳路 2100 号
开放时间及电话：6：30 ～ 22：00，
021-28907777
公共交通：轨道交通 2 号线，公交
602、989 路，东川专线，方川专线、
大桥六线
停车场：上海磁悬浮列车龙阳路站停
车场
设计：华东建筑设计研究院
建成时间：2002 年
建筑面积：22488 平方米
建筑层数：地上 3 层
建筑结构：壳体结构
Longyang Station of Shanghai
Magnetic Levitation Train System
Construction purposes：
Transportation
Location：2100 Longyang Road

01 中国浦东干部学院
浦东干部学院包括行政中心、文体中心、
会议中心、国际交流中心、图书信息中
心、教学中心、餐饮中心，以及宿舍楼
等多栋建筑。学院整体建筑布局自由开
放，呈现出现代建筑风格，建筑形体丰
富多变。在设计中使用了不少新材料和
新工艺，并运用了活动框架式玻璃幕墙、
斜玻璃幕墙、大跨度钢结构、钢结构摇
摆柱、钢结构滑动支座、直立锁边金属
屋面系统等多种建筑技术。

09 中欧国际工商学院地块图

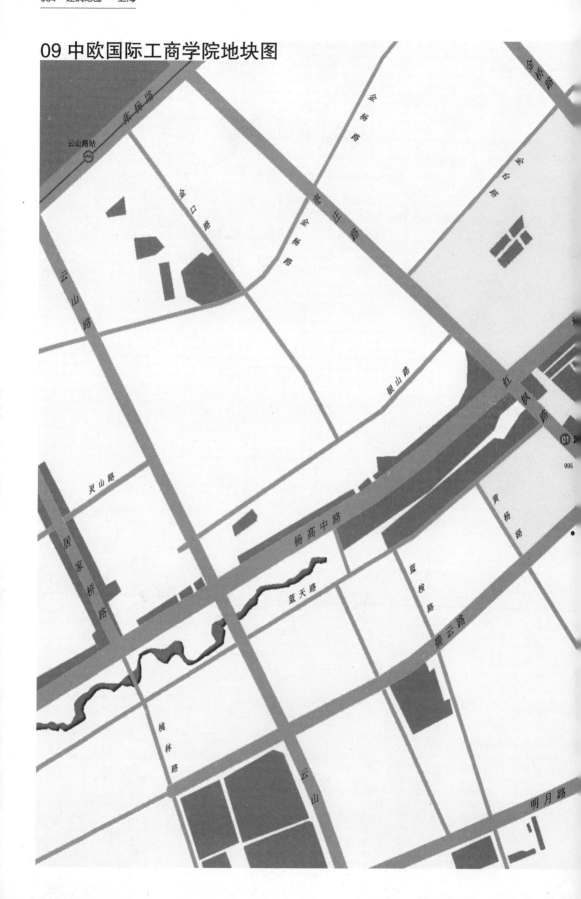

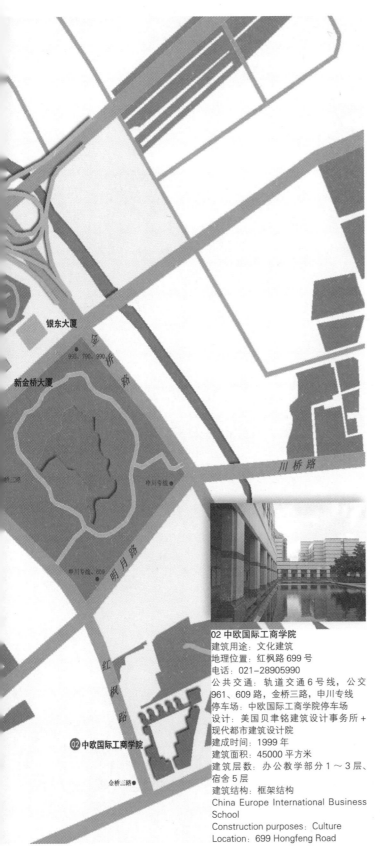

银东大厦

935、790、990

新金桥大厦

川桥路

01 浦东民航大厦
浦东民航大厦由民航国际、国内售票中心、四星级宾馆、商务办公楼及公寓商住楼等组成。高155米，八角形主楼虚实相间，不同高度的功能部段形成上升递减、逐渐收分的节奏韵律，比例和谐，形象挺拔。建筑外表面采用花岗石和玻璃相混合进行装饰，显得既庄严典雅，又具有现代感。

01 浦东民航大厦
建筑用途：办公建筑
地理位置：新金桥路18号
电话：021-58219453
公共交通：轨道交通6号线，公交995、990、790、609路，金桥三路
停车场：浦东民航大厦停车场
设计：加拿大B+H国际建筑事务所+浙江省建筑设计研究院
建成时间：2002年
建筑面积：60000平方米
建筑层数：地上41层（含3层设备层）、地下2层
建筑结构：框筒结构
Pudong CAD Building
Construction purposes：Office
Location：18 New Jinqiao Road

02 中欧国际工商学院
建筑用途：文化建筑
地理位置：红枫路699号
电话：021-28905990
公共交通：轨道交通6号线，公交961、609路，金桥三路，申川专线
停车场：中欧国际工商学院停车场
设计：美国贝聿铭建筑设计事务所+现代都市建筑设计院
建成时间：1999年
建筑面积：45000平方米
建筑层数：办公教学部分1～3层、宿舍5层
建筑结构：框架结构
China Europe International Business School
Construction purposes：Culture
Location：699 Hongfeng Road

02 中欧国际工商学院
整个校园建筑设计集中西方文化为一身，以中式古典庭院风格为特色，融入江南水乡韵致，并运用西方建筑的几何构图和理性精神，显得大气而又内敛，在简单中见深度，在艺术中显实用。整个建筑以庭院风光为特色，融艺术性与实用性于一体，端庄静谧。

10 浦东国际机场地块图

启航路

速航路

海天六路

飞机跑道

01 浦东国际机场T1航站楼

浦东机

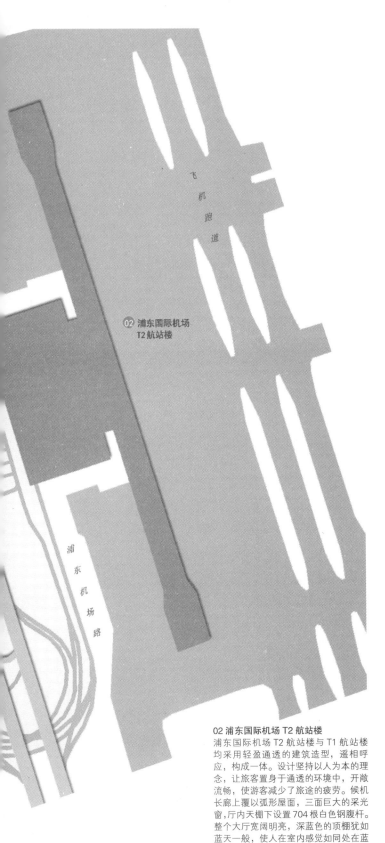

飞机跑道

02 浦东国际机场 T2航站楼

浦东机场路

01 浦东国际机场 T1 航站楼

建筑用途：交通建筑
地理位置：迎宾大道 6000 号
开放时间及电话：全天，021-68341000
公共交通：机场 1、2、3、4、5、6、7 线，机场环线，磁悬浮列车
停车场：浦东国际机场停车场
设计：保罗・安德鲁（法）+ 华东建筑设计研究院
建成时间：1999 年
建筑面积：300000 平方米
建筑层数：3 层
建筑结构：钢筋混凝土 + 钢结构屋顶
Pudong International Airport Terminal 1
Construction purposes: Transportation
Location：6000 Yingbin Avenue

01 浦东国际机场 T1 航站楼

浦东国际机场 T1 航站楼由主楼（长402 米，宽 128 米）和候机长廊（长1374 米，宽 37 米）组成，两者通过两条 54 米宽的连廊连接。航站楼四片弧形的钢结构屋盖构成了独具特色的建筑空间景观，富有时代感。清水混凝土基座、玻璃幕墙墙面更加衬托出屋盖的轻盈、飘逸，整个航站楼造型犹如海鸥凌空展翅。航站楼把进出港旅客分别安排在两层楼面上，旅客流线明确、合理。

02 浦东国际机场 T2 航站楼

建筑用途：交通建筑
地理位置：江镇纬一路 100 号
开放时间及电话：全天，021-38484500
公共交通：轨道交通 2 号线，机场 1、2、3、4、5、6、7 线，机场环线、磁悬浮列车
停车场：浦东国际机场停车场
设计：华东建筑设计研究院
建成时间：2008 年
建筑面积：488000 平方米
建筑层数：3 层
建筑结构：钢结构
Pudong International Airport Terminal 2
Construction purposes: Transportation
Location：100 Jiangzhenwei Road（Ⅰ）

02 浦东国际机场 T2 航站楼

浦东国际机场 T2 航站楼与 T1 航站楼均采用轻盈通透的建筑造型，遥相呼应，构成一体。设计坚持以人为本的理念，让旅客置身于通透的环境中，开敞流畅，使游客减少了旅途的疲劳。候机长廊上覆以弧形屋面，三面巨大的采光窗，厅内天棚下设置 704 根白色钢腹杆。整个大厅宽阔明亮，深蓝色的顶棚犹如蓝天一般，使人在室内感觉如同身处在蓝天之下。

11 九间堂地块图

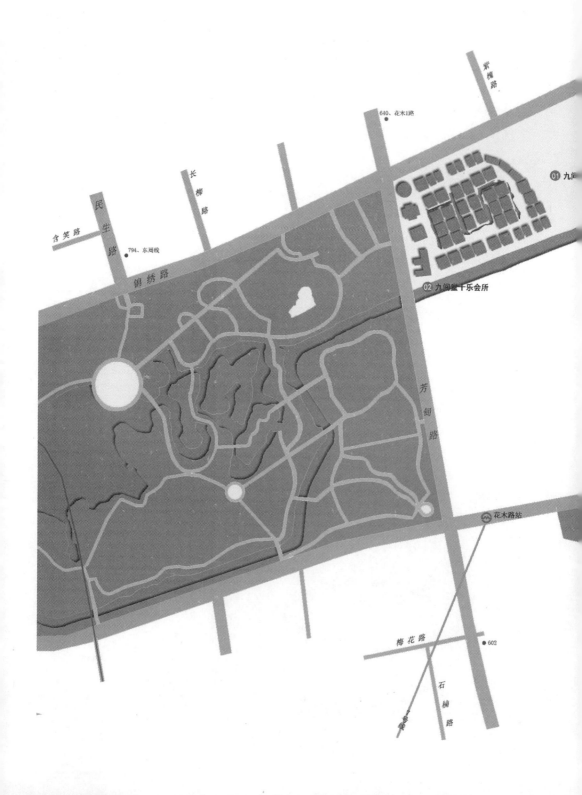

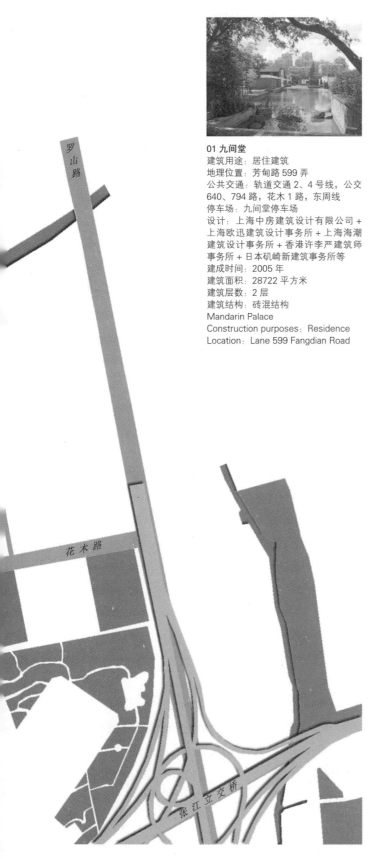

01 九间堂
建筑用途：居住建筑
地理位置：芳甸路 599 弄
公共交通：轨道交通 2、4 号线，公交
640、794 路，花木 1 路，东周线
停车场：九间堂停车场
设计：上海中房建筑设计有限公司 +
上海欧迅建筑设计事务所 + 上海海潮
建筑设计事务所 + 香港许李严建筑师
事务所 + 日本矶崎新建筑事务所等
建成时间：2005 年
建筑面积：28722 平方米
建筑层数：2 层
建筑结构：砖混结构
Mandarin Palace
Construction purposes：Residence
Location：Lane 599 Fangdian Road

02 九间堂十乐会所
建筑用途：商业建筑
地理位置：芳甸路 599 弄 1 号
开放时间及电话：9：00 ～ 22：00，
021-50339113
公共交通：轨道交通 2、4 号线，公交
640、794 路，花木 1 路，东周线
停车场：九间堂停车场
设计：日本矶崎新事务所
建成时间：2005 年
建筑面积：4000 平方米
建筑层数：2 层
建筑结构：砖混结构
Shile Boutique Lifestyle Center
Construction purposes：Commerce
Location：1 Lane 599 Fangdian Road

01 九间堂
通过现代设计手法设计的九间堂别墅区，详尽阐释了中国传统建筑中所表现的意境。每套别墅户均占地面积为 3 亩，四周围以 3.5 米的高墙，有效地创造了住户的私密空间。房型设计层次分明、动静分离。充分利用了中国的院落空间、传统建筑材料、丰富的光影变化等多种元素，再现了现代社会中国传统民居的优良品质。小区内每栋别墅都富有个性，形体简洁利落又不失风趣，基地周边景观资源好，整个小区水道迂回曲折又别具趣味，空间张弛有序又异彩纷呈。

02 九间堂十乐会所
"十乐会所"名字来源于宋代养生学家陈直的《寿亲养老新书》，书中提出读书、谈心、静卧、晒日、小饮、种地、音乐、书画、散步、活动等为"人生十乐"。会所外观简洁利落，运用简单线条勾勒出方形构架，青色木纹石的外墙，陪衬有生机勃勃的翠竹，营造出现代和古典的韵味。设计者以中式古朴结合日式简约，以现代元素打造山水间的清幽洞天，为寻求自然和谐境界的人们，呈现出与物质相生融和、自由安详的精神体验空间。

12 上海东方体育中心地块图

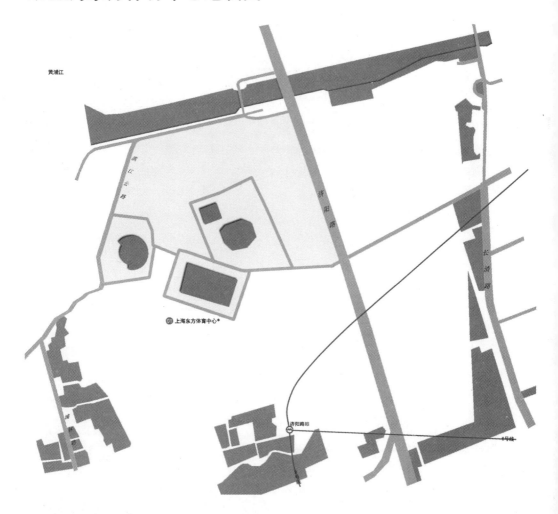

01 上海东方体育中心

中心包括综合体育馆、游泳馆、室外跳水馆、新闻中心等建筑。综合体育馆屋顶为 140 米的钢结构，外包金属面板，平行的金属桁架围合成高 35 米的连廊，加上活动座席可容纳 17000 人。游泳馆屋顶结构跨度达 90 米，亦设有活动看台。设计中充分体现了"水"这一主题，综合体育馆仿佛一个激起的波浪，而游泳馆则酷似层层波浪，体现了体育建筑的力度与动感。本项目还注重科技节能减排，人工湖中配备各种水生植物，使水体具有自净功能。并采用水源热泵系统，在过渡季节取用人工湖水可为游泳池水加温。

01 上海东方体育中心

建筑用途：体育建筑
地理位置：川杨河以南 ES4 单元 01、02 地块
公共交通：轨道交通 6、8 号线
停车场：上海东方体育中心停车场
设计：德国 GMP 建筑事务所 + 同济建筑设计研究院 + 上海建筑设计研究院
建成时间：2010 年
建筑面积：152896 平方米
建筑层数：2 ～ 11 层
建筑结构：钢结构、拱结构
Shanghai East Sport Center
Construction purposes：Sport
Location：Block 01& 02 of Unit ES4, south of Chuanyang River

13 上海光源地块图

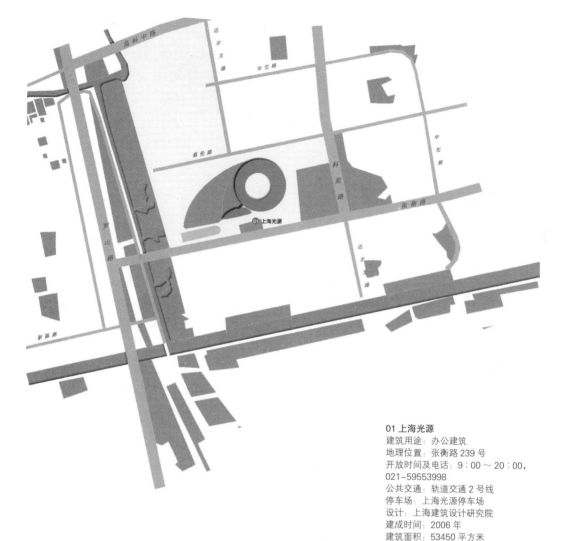

01 上海光源
建筑用途：办公建筑
地理位置：张衡路 239 号
开放时间及电话：9：00 ～ 20：00，
021-59553998
公共交通：轨道交通 2 号线
停车场：上海光源停车场
设计：上海建筑设计研究院
建成时间：2006 年
建筑面积：53450 平方米
建筑层数：地上 2 层、地下 1 层
建筑结构：钢结构
Shanghai Synchrotron Radiation
Facility
Construction purposes：Office
Location：239 Zhangheng Road

01 上海光源
上海光源是中国迄今为止规模最大的科学装置。总体布局以围绕主体建筑的渐开弧形曲线为主要道路，依次展开排布其他建筑。整个建筑造型新颖，充满时代动感和个性特点。主体建筑呈环形，由储蓄环、实验大厅、实验辅助用房和辅助设备用房组成。储蓄环周长为 432 米，直径约为 137 米，钢结构屋盖投影平面呈圆环形，环内直径为 117 米，环外直径为 211 米，由 40 榀箱形主梁和三个钢环次梁构成承重体系，由 8 组螺旋上升的拱壳面构成建筑总体造型，壳面之间用弧形玻璃条带连接，突出建筑形态的动感流畅。

14 浙大网新科技园地块图

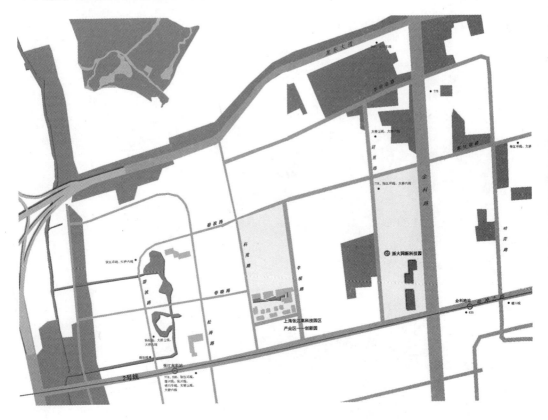

01 浙大网新科技园

科技园南面是研发办公楼，其标准层平面为 87 米×27 米；北面为专家公寓，进深为 27～31 米。公寓楼与办公楼相对而矗，东面和北面呈曲尺状，对入口广场形成围合之势。建筑外墙面采用黑色铝饰板、深灰色高反射玻璃和黑色窗框，并采用了竖向开窗，凹凸变化强烈，立体感极强。

01 浙大网新科技园
建筑用途：办公建筑
地理位置：金科路 2966 号
开放时间及电话：9：00～20：00，
021-51097991
公共交通：轨道交通 2 号线，公交
636、778 路、塘川线、杨祝线、张江
环线、大桥六线
停车场：浙大网新科技园停车场
设计：集合设计
建成时间：2005 年
建筑面积：19900 平方米
建筑层数：南楼 5 层、北楼 6 层
建筑结构：框架结构
Zhejiang University Wangxin Science
Park
Construction purposes：Office
Location：2966 Jinke Road

15 临港新城地块图

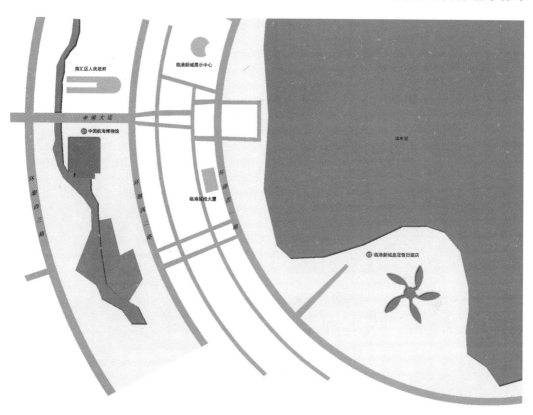

南汇区人民政府
临港新城展示中心
申港大道
中国航海博物馆
环湖西三路
环湖西一路
环湖西二路
临港城投大厦
渔水湖
临港新城皇冠假日酒店

01 中国航海博物馆
建筑用途：展览建筑
地理位置：申港大道 197 号
开放时间及电话：9∶30 ～ 16∶30、周一闭馆、节假日除外，021–38287777
公共交通：龙临专线，龙芦专线，龙港快线，三港专线
停车场：中国航海博物馆停车场
设计：德国 GMP 建筑事务所＋上海建筑设计研究院
建成时间：2010 年
建筑面积：46434 平方米
建筑层数：3 层
建筑结构：帆体部分双层网壳钢结构
China Maritime Museum
Construction purposes：Exhibition
Location：197 Shengang Avenue

02 临港新城皇冠假日酒店
建筑用途：商业建筑
地理位置：临港新城主城区
公共交通：龙临专线，龙芦专线，龙港快线，三港专线
停车场：临港新城皇冠假日酒店停车场
设计：上海建筑设计研究院
建成时间：2010 年
建筑面积：69196 平方米
建筑层数：地上 1 ～ 4 层、地下 1 层
建筑结构：框架结构
Crowne Plaza Hotels & Resorts, Linggang New City
Construction purposes：Commerce
Location：Main Proper in Lingang New City

01 中国航海博物馆
中国航海博物馆是目前我国规模最大、等级最高的综合性航海博物馆。占地面积为 24830 平方米，室内展示面积为 21000 平方米。展区设置了航海历史馆、船舶馆、海员馆、渔船与捕鱼专题展区、航海与港口气象、海事与海上安全馆、军事航海馆、航海体育与休闲专题展区。博物馆还建有天象馆、4D 影院和儿童活动中心。整个建筑由一座两层基础建筑和两座侧翼建筑组合而成。上方矗立起的 70 米高的钢结构帆体，远看犹如一个巨大船帆般高高耸立。整体建筑风格简洁庄重，具有航海的动感。

02 临港新城皇冠假日酒店
酒店坐落在岛上，景色优美，四周的滴水湖碧波荡漾，建筑造型宛如一个花蕾连接着五片叶片，与基地巧妙地结合在一起。中心"花蕾"部分为酒店大堂，五片"叶片"部分为客房、健身俱乐部、儿童活动室、餐厅、会议室等，功能布局合理，联系紧密。伸展开的"叶片"使得各个房间都有着美丽的景观，并利于自然采光和通风。

16 上海东郊宾馆地块图

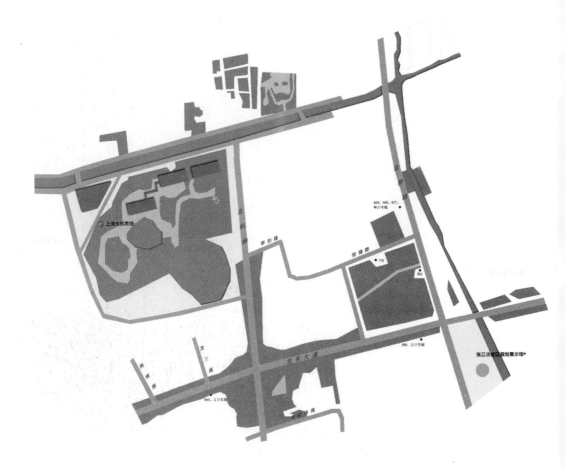

01 上海东郊宾馆

东郊宾馆一期占地面积为33万平方米，建有主楼、宴会楼、能源中心、健身中心等。东郊宾馆主楼、宴会楼作为接待国家级首长和外国元首的重要建筑，带有明显的中国江南传统建筑风格，体现了民族建筑特色，并能满足严肃正式的外交礼仪需要，展现了海派建筑融汇东西方文化并富有时代特征的风格。园区内绿化率高达80%，景色怡人，环境幽雅。

01 上海东郊宾馆
建筑用途：商业建筑
地理位置：金科路1800号
开放时间及电话：全天，021-58958888
公共交通：轨道交通2号线，公交989路，方川专线
停车场：上海东郊宾馆停车场
设计：华东建筑设计研究院
建成时间：2006年
建筑面积：58600平方米
建筑层数：2层
建筑结构：钢筋混凝土框架结构
Shanghai Dongjiao State Guest Hotel
Construction purposes：Commerce
Location：1800 Jinke Road

黄浦区

黄浦区区域图

01 外滩地块图

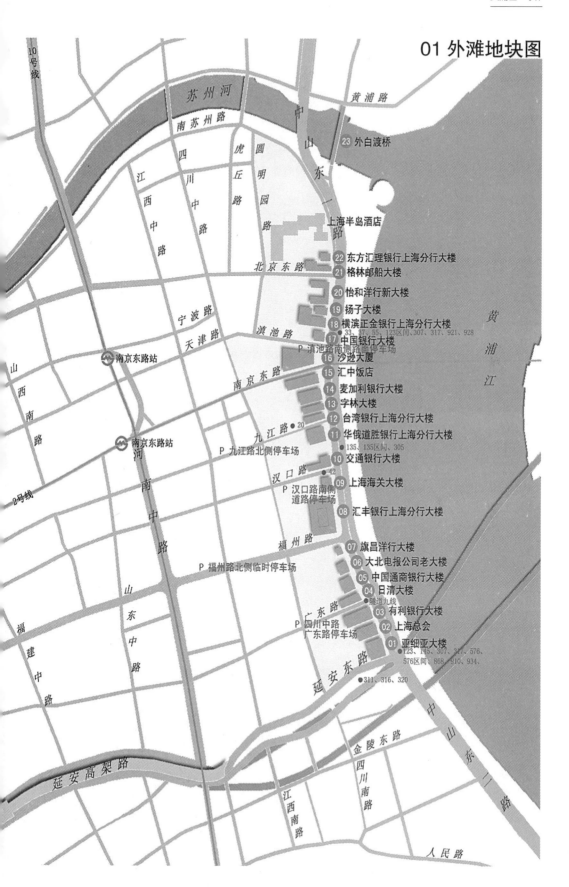

苏州河

南苏州路

黄浦路

23 外白渡桥

上海半岛酒店

北京东路

22 东方汇理银行上海分行大楼

21 格林邮船大楼

20 怡和洋行新大楼

19 扬子大楼

18 横滨正金银行上海分行大楼　●33、37、55、123区间、307、317、921、928

17 中国银行大楼
P 滇池路南侧路面停车场

16 沙逊大厦

15 汇中饭店

14 麦加利银行大楼

13 字林大楼

12 台湾银行上海分行大楼

11 华俄道胜银行上海分行大楼　●135、135区间、305

10 交通银行大楼

09 上海海关大楼

08 汇丰银行上海分行大楼

07 旗昌洋行大楼

06 大北电报公司老大楼

05 中国通商银行大楼

04 日清大楼

03 有利银行大楼

02 上海总会

01 亚细亚大楼　●123、145、307、317、576、576区间、868、910、934、

●311、316、320

南京东路站

南京东路站

P 九江路北侧停车场

P 汉口路南侧道路停车场

P 福州路北侧临时停车场

P 四川中路广东路停车场

隧道九线

●20

●42

黄浦江

01 亚细亚大楼（中国太平洋保险公司总部大楼、上海银行，上海市优秀历史建筑、全国重点文物保护单位、上海市文物保护单位）

亚细亚大楼占地面积为 1739 平方米。人称"外滩第一楼"，原名为麦克倍恩（或麦边）大楼（McBain Building）。1917年大楼为英商亚细亚火油公司购下，遂更名为亚细亚大楼。东、南两面各有出入口。整座建筑呈新古典主义风格，入口门窗等局部装饰带有巴洛克特征。建筑立面为横、竖三段式。底部两层花岗石外墙形成建筑物的基座，正门入口处有仿爱奥尼式双柱支承的弧形断山花门罩，双扇铜制花饰大门，两侧有塔司令柱式柱。平面呈"回"字形，中设天井。

02 上海总会（英国总会、东风饭店，上海市优秀历史建筑、全国重点文物保护单位、上海市文物保护单位）

占地面积为 1811 平方米。正立面三段式构图，中部三四层凹进，立有 6 根贯通两层大柱，气势恢宏。立面装饰属英国新古典主义式，但窗上的山花、墙上的纹饰和望亭等具有巴洛克式特征。室内装修是当时就职于马海洋行的日本人下田菊太郎建筑师设计，基本上按建筑师原意，但又参照了日本一些著名饭店的装修风格，人们称之为"东洋的伦敦"。底层有当时世界上最长的酒吧（30.6米），还有 1 间阅览室，二层有大菜间和宴会厅，三至四层有单人旅馆，五层为厨房和宿舍。

03 有利银行大楼（外滩 3 号、上海建筑设计研究院，上海市优秀历史建筑）

占地面积为 2241 平方米，是上海第一幢钢框架结构的多层民用建筑。大楼以广东路北立面正门为中轴线，两边对称，大门两旁有方圆间隔变化的爱奥尼式石柱，上面有三角形断檐式山花，青水泥水刷石外墙面。底层为营业大厅，其余楼层均为写字间。广东路与外滩转角处内凹带弧形，三、五层有阳台，顶层上有一座巴洛克风格的小塔楼。建筑外貌呈巴洛克新古典主义风格。1949年有利银行撤出上海。1953 年上海市民用建筑设计院租用该楼。1997 年新加坡佳通私人投资有限公司通过外滩房屋置换买下此楼产权，2004 年改建为高档购物消费场所"外滩 3 号"。

04 日清大楼（锦都大楼，上海市优秀历史建筑）

该大楼占地面积 1280 平方米，为日清公司所建，故名日清大楼。日清公司全称日清汽船株式会社，是日本近代在华最大的航运公司，上海人称它为日清洋行。建筑外观简洁，为日本近代西洋式。立面构图为三段式，一二层为第一段，三至五层为第二段，顶层为第三段。主要入口在南立面中部，东立面北侧有一个次入口，1996 年在东立面南侧将原窗洞改成门洞，即增开了一个入口。

01 亚细亚大楼（中国太平洋保险公司总部大楼、上海银行，上海市优秀历史建筑、全国重点文物保护单位、上海市文物保护单位）
建筑用途：办公建筑
地理位置：中山东一路 1 号 / 延安东路 2 号
开放时间及电话：全天，021-63232488
公共交通：公交 123、145、307、311、316、317、320、576、868、910、934 路，隧道九线
停车场：四川中路广东路停车场
设计：英商马海洋行
建成时间：1916 年
建筑面积：11984 平方米
建筑层数：8 层
建筑结构：钢筋混凝土框架结构
Asiatic Petroleum Company Building（China Pacific Insurance Company Headquarters Building, Shanghai Bank）
Construction purposes：Office
Location：1 Zhongshan Road（E I）/2 Yanan Road（E）

02 上海总会（英国总会、东风饭店，上海市优秀历史建筑、全国重点文物保护单位、上海市文物保护单位）
建筑用途：商业建筑
地理位置：中山东一路 2 号
开放时间及电话：全天，021-63218060
公共交通：公交 123、145、307、311、316、317、320、576、868、910、934 路，隧道九线
停车场：四川中路广东路停车场
设计：H·塔兰特（英）+A·G·布雷（英）
建成时间：1910 年（清宣统二年）
建筑面积：9300 平方米
建筑层数：地上 5 层、地下 1 层
建筑结构：钢筋混凝土结构
Shanghai Club Building（Great Britain Club, Dongfeng Hotel）
Construction purposes：Commerce
Location：2 Zhongshan Road（E I）

03 有利银行大楼（外滩 3 号、上海建筑设计研究院，上海市优秀历史建筑）

建筑用途：办公建筑
地理位置：中山东一路 3 号
开放时间及电话：11：00 ～ 23：00，021-63215757
公共交通：公交 123、145、307、311、316、317、320、576、868、910、934 路，隧道九线
停车场：四川中路广东路停车场
设计：英商公和洋行
建成时间：1916 年
建筑面积：13760 平方米
建筑层数：6 层
建筑结构：钢框架结构
Union Building（Bund3, Shanghai Institute of Architecture Design & Research Co.Ltd）
Construction purposes：Office
Location：3 Zhongshan Road（E I）

04 日清大楼（锦都大楼，上海市优秀历史建筑）

建筑用途：办公建筑
地理位置：中山东一路 5 号
开放时间及电话：周一至周五 9：00 ～ 16：30，021-63216542
公共交通：公交 123、145、307、317、576、868、910、934 路，隧道九线
停车场：四川中路广东路停车场
设计：英商德和洋行
建成时间：1925 年
建筑面积：5484 平方米
建筑层数：6 层
建筑结构：钢筋混凝土框架结构
Nishin Building（Jindu Building）
Construction purposes：Office
Location：5 Zhongshan Road（E I）

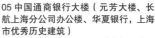

05 中国通商银行大楼（元芳大楼、长航上海分公司办公楼、华夏银行，上海市优秀历史建筑）

建筑用途：办公建筑
地理位置：中山东一路 6 号
开放时间及电话：11：30 ～ 14：30、18：00 ～ 23：00，021-63392779
公 共 交 通： 公交 123、145、307、317、576、868、910、934 路，隧道九线
停车场：四川中路广东路停车场
设计：英商玛礼逊洋行
建成时间：1906 年（清光绪三十二年）
建筑面积：4541 平方米
建筑层数：3 层（连屋顶阁楼共 4 层）
建筑结构：砖木结构
Commerce Bank of China Building (Yuanfang Building, China Changjiang Nationgal Shipping Group Corporation Shanghai Branch Office, Huaxia Bank)
Construction purposes：Office
Location：6 Zhongshan Road (E I)

07 旗昌洋行大楼（港监大楼、招商局办公楼，上海市优秀历史建筑）

建筑用途：办公建筑
地理位置：中山东一路 9 号
开放时间及电话：021-63219155
公共交通：公交 42、123、145、307、317、576、868、910、934 路，隧道九线
停车场：福州路北侧临时停车场
设计：英商通和洋行
建成时间：1901 年（清光绪二十七年）
建筑面积：3538 平方米
建筑层数：3 层
建筑结构：砖木结构
Qichang Bank (Gangjian Building, China Merchants Group Shanghai Branch Building)
Construction purposes：Office
Location：9 Zhongshan Road (E I)

05 中国通商银行大楼（元芳大楼、长航上海分公司办公楼、华夏银行，上海市优秀历史建筑）

中国通商银行为中国人（盛宣怀）自己创办的第一家官商合办的商业银行，也是我国第一家发行纸币的银行。占地面积为 1698 平方米。外形为欧洲封建社会后期市政厅形式的翻版。窗洞自下而上分别用半圆券、弧形券、平券，屋顶老虎窗用尖券。立面富有变化，屋顶和老虎窗顶均较陡峭。

06 大北电报公司老大楼（盘古银行上海分行大楼，上海市优秀历史建筑）

大北电报公司于 1869 年成立，为外国资本最早在中国敷设海底电缆的电信企业，总部设在丹麦首都哥本哈根。电报大楼具有新古典主义风格，以充满变化的古典式柱子，二至四楼的装饰性窗框，使建筑立面丰富多彩，并充满立体感。同时在顶层两侧建有洛可可风格的弧形屋顶，使整幢大楼凸楼显和而颇具艺术韵味。在外滩建筑群中，该大楼体量虽然不大，但建筑艺术特征却十分明显。

07 旗昌洋行大楼（港监大楼、招商局办公楼，上海市优秀历史建筑）

旗昌洋行大楼占地面积为 455 平方米。底层石砌外墙，拱形木门窗，增加了建筑的基座感。第二三层正面中部设塔司干柱和科林斯柱的双柱式外廊，墙面为清水红砖，使之与底层产生强烈对比，并丰富了建筑的立面构图。每层有明显的腰线，外观为仿文艺复兴式。

06 大北电报公司老大楼（盘古银行上海分行大楼，上海市优秀历史建筑）

建筑用途：办公建筑
地理位置：中山东一路 7 号
开放时间及电话：周一至周五
9：00 ～ 16：30，021-63233788
公共交通：公交 42、123、145、307、317、576、868、910、934 路，隧道九线
停车场：四川中路广东路停车场
设计：英商通和洋行
建成时间：1907 年（清光绪三十三年）
建筑面积：3538 平方米
建筑层数：4 层（外观 5 层）
建筑结构：砖混结构
Great Northern Telegraph Corporation Old Building (Bangkok Bank Shanghai Branch Building)
Construction purposes：Office
Location：7 Zhongshan Road (E I)

08 汇丰银行上海分行大楼（市政府，上海市优秀历史建筑、全国重点文物保护单位、上海市文物保护单位）

建筑用途：办公建筑
地理位置：中山东一路 10 ～ 12 号
开放时间及电话：8：30 ～ 22：00，021-50475101
公共交通：公交 42、135、305 路，隧道九线
停车场：汉口路南侧道路停车场，汉口路四川中路
设计：英商公和洋行
建成时间：1923 年
建筑面积：23415 平方米
建筑层数：5 层
建筑结构：钢筋混凝土框架结构、圆顶部分钢框架结构
Hong Kong and Shanghai Bank Corporation (HSBC) Branch Building (Municipal Government)
Construction purposes：Office
Location：10-12 Zhongshan Road (E I)

08 汇丰银行上海分行大楼（市政府，上海市优秀历史建筑、全国重点文物保护单位、上海市文物保护单位）

由营业用主楼和库房副楼组成，占地面积为 9438 平方米，高约 20 米。大楼外立面采用严谨的新古典主义手法，平面近正方形。为便于使用上的严格区分，设 14 个出入口。穹顶下有 8 根仿爱奥尼式柱，大理石的黑色柱头、柱础、白色柱身，每面有较大的券口。该建筑穹顶壁面和顶部之上的大型镶嵌画，非常有特点。壁面的 8 幅画内容分别是以汇丰银行在上海、伦敦、巴黎、纽约、东京、曼谷和加尔各答七城市的分行及香港总行的建筑为背景，画面主体是象征这个城市的一个女神。顶部的大型镶嵌画内容取材自罗马和希腊神话，画面中心为巨大的太阳及月亮，并有太阳神赫里阿斯、谷物神色列斯、月神阿尔弥斯陪伴左右，画面外圈是西方的 12 个星座。这座建筑曾被誉为"从苏伊士运河到远东白令海峡最华贵的建筑"。

09 上海海关大楼（江海关，上海市优秀历史建筑、全国重点文物保护单位、上海市文物保护单位）

占地面积为5722平方米，分东西两部分。东部面对黄浦江，高8层（连夹层为9层），上冠4层高的钟楼，总高度达70米。以钟楼为中轴线，形成两边对称格局。西部辅楼为5层。东部立面按欧洲古典主义建筑竖向分段处理，结合现代主义手法、文艺复兴时期建筑特点进行立面设计。入口处有4根典型的希腊多立克柱式门廊，为地道的希腊复兴式。顶部层层收进的钟塔更多地表现了建筑的体积感和高耸感。门厅装饰呈简洁的希腊文艺复兴式，内贴金花纹的天然大理石，上面的顶棚用彩色石膏搭花，中央有八角形穹顶，凹进部分有彩色马赛克镶嵌的8幅"扬帆出海"的镶嵌画，色彩鲜艳，是精湛的工艺美术品。

10 交通银行大楼（上海市总工会大楼，上海市优秀历史建筑）

交通银行大楼占地面积为1908平方米。立面强调竖线条构图，中轴对称，为了突出主体部分，在正立面中部顶端又加了两层塔楼。装饰简洁，具有"装饰艺术"风格。仅在底层外墙面采用磨光的黑色花岗石贴面，因色彩有重量感，更显出银行建筑稳重坚固的个性。入口大门原为旋转玻璃门，里面是用彩色纹理的人造大理石铺通道走道，两侧靠墙处有环状楼梯。

11 华俄道胜银行上海分行大楼（华胜大楼、中国外汇交易中心，上海市优秀历史建筑）

占地面积为1460平方米。平面规整，立面构图呈法国古典主义建筑特色。立面为清晰的横、竖三段式，以东立面正门为轴线形成对称式构图，入口门廊两侧有塔司干式双柱。大厅内亦有对称式雕工精细的白色大理石饰面楼梯通向二层，中庭四周布置会客室、会议室和写字间。该建筑不仅豪华，还采用了不少当时的新技术、新设备，为上海第一幢外墙面用釉面砖饰面的建筑。

12 台湾银行上海分行大楼（招商银行大楼、工艺品进出口公司，上海市优秀历史建筑）

占地面积为969平方米。建筑原高3层，后加建至4层，立面比例受到一定程度的破坏。外观为简化的古希腊神庙式样，庄重典雅。主立面矗立着4根通二层的仿混合式圆柱，其余立面为方壁柱，二三层上部简洁的线脚。东立面入口处有汉白玉台阶及门套，底层两侧有汉白玉窗套，外墙面以花岗石饰面，银行建筑风格明显。

09 上海海关大楼（江海关，上海市优秀历史建筑、全国重点文物保护单位、上海市文物保护单位）
建筑用途：办公建筑
地理位置：中山东一路13号
开放时间及电话：全天，021-63290660
公共交通：公交42、135、305路，隧道九线
停车场：汉口路南侧道路停车场，汉口路四川中路
设计：英商公和洋行
建成时间：1927年
建筑面积：32680平方米
建筑层数：8层
建筑结构：钢框架结构
Shanghai Customs House（Customs House, Shanghai）
Construction purposes：Office
Location：13 Zhongshan Road（EⅠ）

11 华俄道胜银行上海分行大楼（华胜大楼、中国外汇交易中心，上海市优秀历史建筑）
建筑用途：办公建筑
地理位置：中山东一路15号
电话：021-63298988
公共交通：公交20、42、135、305路
停车场：九江路北侧停车场，九江路江西中路
设计：德商倍高洋行
建成时间：1905年（清光绪三十一年）
建筑面积：5643平方米
建筑层数：3层（局部5层）
建筑结构：砖石钢筋混凝土混合结构
St. Petersburg Russo-Asiatic Bank Shanghai Branch Building（Huasheng Building , China Foreign Exchange Center）
Construction purposes：Office
Location：15 Zhongshan Road（EⅠ）

10 交通银行大楼（上海市总工会大楼，上海市优秀历史建筑）
建筑用途：办公建筑
地理位置：中山东一路14号
开放时间及电话：周一至周五9：00～17：00，021-63298013
公共交通：公交20、42、135、305路
停车场：汉口路南侧道路停车场，汉口路四川中路
设计：匈商鸿达洋行
建成时间：1948年
建筑面积：9485平方米
建筑层数：8层
建筑结构：钢筋混凝土框架结构
Bank of Communications Building（Shanghai Municipal Trade Union Building）
Construction purposes：Office
Location：14 Zhongshan Road（EⅠ）

12 台湾银行上海分行大楼（招商银行大楼、工艺品进出口公司，上海市优秀历史建筑）
建筑用途：办公建筑
地理位置：中山东一路16号
开放时间及电话：周一至周日9：00～18：00，021-63523900
公共交通：公交20、33、37、42、55、123区间、135、305、307、921、928路
停车场：九江路北侧停车场，九江路江西中路
设计：英商德和洋行
建成时间：1926年
建筑面积：4008平方米
建筑层数：4层
建筑结构：钢筋混凝土框架结构
Bank of Taiwan Building（China Merchants Bank Building, Arts & Crafts Import and Export Corporation）
Construction purposes：Office
Location：16 Zhongshan Road（EⅠ）

13 字林大楼（桂林大楼、丝绸进出口公司上海通联实业总公司，上海市优秀历史建筑）

建筑用途：办公建筑
地理位置：中山东一路17号
开放时间及电话：周一至周五9：00～19：00、周六9：00～12：00、13：00～17：00，8008203588
公共交通：公交20、33、37、42、55、123区间、135、305、307、921、928路
停车场：九江路北侧停车场
设计：英商德和洋行
建成时间：1924年
建筑面积：8144平方米
建筑层数：地上10层、地下1层
建筑结构：钢筋混凝土结构
North China Daily News Building（Guilin Building, Shanghai Silk Import and Export Corporation Shanghai Tonglian Industrial Company）
Construction purposes：Office
Location：17 Zhongshan Road（E I）

14 麦加利银行大楼（渣打银行大楼、春江大楼、上海家用纺织品进出口总公司，上海市优秀历史建筑）

建筑用途：办公建筑
地理位置：中山东一路18号
开放时间及电话：12：00～24：00，021-63218500
公共交通：公交20、33、37、42、55、123区间、135、305、307、921、928路
停车场：九江路北侧停车场
设计：英商公和洋行
建成时间：1923年
建筑面积：10065平方米
建筑层数：6层
建筑结构：钢筋混凝土框架结构
Chartered Bank Building（Standard Chartered Bank, Chunjiang Building, Shanghai Textiles Import and Export Corporation）
Construction purposes：Office
Location：18 Zhongshan Road（E I）

15 汇中饭店（和平饭店南楼，上海市优秀历史建筑、全国重点文物保护单位、上海市文物保护单位）

建筑用途：商业建筑
地理位置：中山东一路19号
开放时间及电话：全天，021-63216888
公共交通：轨道交通2号线，公交20、33、37、42、55、123区间、135、305、307、921、928路
停车场：滇池路南侧路面停车场
设计：英商马礼逊洋行
建成时间：1906年（清光绪三十二年）
建筑面积：11697平方米
建筑层数：6层（局部7层）
建筑结构：钢筋混凝土、砖木结构
Palace Hotel（Peace Commerce South Building）
Construction purposes：Commerce
Location：19 Zhongshan Road（E I）

16 沙逊大厦（华懋饭店大厦、和平饭店北楼，上海市优秀历史建筑、全国重点文物保护单位、上海市文物保护单位）

建筑用途：商业建筑
地理位置：中山东一路20号
开放时间及电话：全天，021-63216888
公共交通：轨道交通2号线，公交20、33、37、42、55、123区间、135、305、307、921、928路
停车场：滇池路南侧路面停车场
设计：英商公和洋行
建成时间：1929年
建筑面积：36317平方米
建筑层数：地上13层、地下1层
建筑结构：钢框架结构
Sassoon House（The Cathay Hotel, Peace Commerce North Building）
Construction purposes：Commerce
Location：20 Zhongshan Road（E I）

13 字林大楼（桂林大楼、丝绸进出口公司上海通联实业总公司，上海市优秀历史建筑）

占地面积为1106平方米。外观呈现文艺复兴后期式样，是上海最早的10层以上建筑物。正立面中部饰有古典柱式及文艺复兴时期的浮雕，底层和夹层外墙面用花岗石砌筑。正面底部2层作基座式处理，粗石墙面，入口处饰有多立克式柱和大理石门额，顶层有多立克式双柱廊与之相呼应。整个立面作古典式三段处理。

14 麦加利银行大楼（渣打银行大楼、春江大楼、上海家用纺织品进出口总公司，上海市优秀历史建筑）

占地面积为1755平方米。立面采用横、竖三段划分的构图手法，端庄整齐、严谨对称，具有典型的希腊复兴古典主义建筑风格。底层外墙面以宽缝花岗石饰面，以上为狭缝花岗石饰面。二至四层中部设两根仿爱奥尼式巨柱，第五层中部有6根方型柱子。立面两侧设挑出阳台，门洞以上方有希腊式山花，顶部设出挑腰线、檐口。东立面入口设两扇大铜门，大厅内为黑色大理石地面，白色大理石饰面，显得庄严而高贵。

15 汇中饭店（和平饭店南楼，上海市优秀历史建筑、全国重点文物保护单位、上海市文物保护单位）

占地面积为2125平方米。底层设餐厅等，二至五层为客房，设计有120套高级客房，六层为员工宿舍。并建造了一个为当时上海最早的屋顶花园，现改建成为玻璃墙面的屋顶餐厅。底层外墙面以花岗石贴面，上部各层饰白色面砖，楼层间束腰线、外窗套和最上两层窗间墙用清水红砖装饰，部分窗口上配以弧形或三角形山花。建筑外貌具有文艺复兴风格。内部装修十分豪华。

16 沙逊大厦（华懋饭店大厦、和平饭店北楼，上海市优秀历史建筑、全国重点文物保护单位、上海市文物保护单位）

沙逊大厦是一座集旅馆、办公和商业于一体的综合楼，占地面积为4622平方米，高度为77米。其标准层平面呈A形，主要分成两部分，一部分作新沙逊洋行等办公之用，另一部分用来开设旅馆。底层原设有供出租用的穿越式购物廊，东大厅分别租给荷兰银行和华比银行，西大厅作为饭店大堂。二三层为出租办公室，四层即为新沙逊洋行及一部分下属公司办公室，五至九层为旅馆部，内设大酒吧、中国式餐厅和舞厅，九层有夜总会及小餐厅，十层原为维克多·沙逊本人所居住。建筑外墙面用花岗石贴面，外观强调竖直线条，腰线和女儿墙处有几何纹样雕刻，具有"装饰艺术"风格。塔楼顶部冠以高达19米的金字塔形屋顶，突出了建筑形象。

17 中国银行大楼（中国银行上海分行，上海市优秀历史建筑、全国重点文物保护单位、上海市文物保护单位）

占地面积为 5075 平方米，建筑高度约 70 米，由东、西两幢大楼组成。建筑立面强调竖直线条和几何图案装饰，顶部两侧呈台阶状。设计者并没有完全仿照西洋摩天楼，而是探索将中国民族文化精神融入到现代建筑中。大楼冠以四方攒尖顶，檐下有简化的仿木斗栱石装饰。正立面两侧配置以对称的镂空中国传统"寿"字图案花格窗，大门上方饰以孔子像等石浮雕（"文化大革命"期间已被凿去）。门外九级花岗石台阶踏步，取"九九"无穷之意。中国银行大楼无论是建筑规模或设施，均堪称当时远东地区之冠。

18 横滨正金银行上海分行大楼（中国工商银行上海分行，上海市优秀历史建筑）

占地面积为 2500 平方米。建筑立面强调中轴对称和三段式划分，外形端庄，呈古典主义建筑风格。底层外墙面以宽缝花岗石饰面，二至六层外墙面以狭缝花岗石饰面，二至五层中部设有两根仿爱奥尼式巨柱，其上有带齿形饰台口线与屋顶的希腊式女儿墙相呼应。底层两侧拱券锁石上有浮雕怪面头像饰，局部采用日本武士及菩萨雕像作为装饰。

19 扬子大楼（中国农业银行上海分行大楼，上海市优秀历史建筑）

占地面积为 639 平方米，折中主义式外貌。建筑底层两侧设平梁式入口，各有两扇铜大门。一二层采用粗糙花岗石饰面，三至五层为磨石对缝外墙面，其上有带齿形饰挑出之腰线。二层有半圆形拱券落地长窗通向前阳台，三至五层设贯通壁柱，六层中部设仿爱奥尼式双柱廊，顶层处理成法国孟莎式屋顶形式，立面丰富。

20 怡和洋行新大楼（外贸大楼，上海市优秀历史建筑）

占地面积为 2100 平方米。原为 5 层，20 世纪 30 年代加建 1 层，1983 年又加建 1 层，现为 7 层，对原有建筑立面构图造成一定影响，加建部分明显。平面布局严整，外墙面采用凿琢较细的花岗石饰面，东、北立面中部均贯以类似科林斯式的石柱，整个建筑立面强调横线条构图，呈现稳重、宏伟态势。建筑外貌具有新古典主义风格。

17 中国银行大楼（中国银行上海分行，上海市优秀历史建筑、全国重点文物保护单位、上海市文物保护单位）
建筑用途：办公建筑
地理位置：中山东一路 23 号
开放时间及电话：周一至周五 9：00～17：00，周六至周日 10：00～16：00，021-63291979
公共交通：公交 33、37、55、123 区间、307、921、928 路
停车场：滇池路南侧路面停车场
设计：英商公和洋行＋陆谦受
建成时间：1937 年
建筑面积：32548 平方米
建筑层数：东楼地上 15 层、地下 2 层；西楼 4 层
建筑结构：钢框架结构（东楼）、钢筋混凝土结构（西楼）
Bank of China Building（Bank of China Shanghai Branch）
Construction purposes：Office
Location：23 Zhongshan Road（E I）

18 横滨正金银行上海分行大楼（中国工商银行上海分行，上海市优秀历史建筑）
建筑用途：办公建筑
地理位置：中山东一路 24 号
开放时间及电话：周一至周五 9:00～17:00，周六至周日 9:00～12:00、13:30～17:00，021-63211820
公共交通：公交 33、37、55、123 区间、307、921、928 路
停车场：滇池路南侧路面停车场
设计：英商公和洋行
建成时间：1924 年
建筑面积：18932 平方米
建筑层数：6 层（底层有夹层）
建筑结构：钢筋混凝土框架结构
Yokohama Specie Bank Shanghai Branch Building（Industrial and Commerce Bank of China Shanghai Branch）
Construction purposes：Office
Location：24 Zhongshan Road（E I）

19 扬子大楼（中国农业银行上海分行大楼，上海市优秀历史建筑）
建筑用途：办公建筑
地理位置：中山东一路 26 号
开放时间及电话：周一至周五 9:00～16:30、周 六 9:00～11:30、13:00～15:00，021-63291836
公共交通：公交 33、37、55、123 区间、307、921、928 路
停车场：滇池路南侧路面停车场
设计：英商公和洋行
建成时间：1920 年
建筑面积：4374 平方米
建筑层数：7 层
建筑结构：钢筋混凝土框架结构
Yangtze Insurance Association Building（Agricultural Bank of China Shanghai Branch Building）
Construction purposes：Office
Location：26 Zhongshan Road（E I）

20 怡和洋行新大楼（外贸大楼，上海市优秀历史建筑）
建筑用途：办公建筑
地理位置：中山东一路 27 号
开放时间及电话：021-63290161
公共交通：公交 33、37、55、123 区间、307、921、928 路
停车场：滇池路南侧路面停车场
设计：英商思九生洋行
建成时间：1922 年
建筑面积：15976 平方米
建筑层数：7 层
建筑结构：钢筋混凝土结构
Jardine Matheson's New Building（Shanghai Foreign Trade Building）
Construction purposes：Office
Location：27 Zhongshan Road（E I）

21 格林邮船大楼（美国新闻署大楼、上海人民广播电台大楼，上海市优秀历史建筑）
建筑用途：办公建筑
地理位置：中山东一路 28 号（北京东路 2 号）
开放时间及电话：全天，021-63606360
公共交通：公交 33、37、55、123 区间、307、921、928 路
停车场：上海半岛酒店停车库，中山东一路 32 号
设计：英商公和洋行
建成时间：1922 年
建筑面积：11181 平方米
建筑层数：主体 7 层，局部 8 层
建筑结构：钢筋混凝土框架结构
Glen Line Building（United States Information Agency Building, Shanghai People's Radio Building）
Construction purposes：Office
Location：28 Zhongshan Road（E Ⅰ）/2 Beijing Road（E）

23 外白渡桥（上海市优秀历史建筑）
建筑用途：桥梁
地理位置：中山东一路、东大名路之间的苏州河河段上
公共交通：公交 33、37、55、123 区间、307、921、928 路
停车场：上海半岛酒店地下停车库，中山东一路 32 号
设计：英国克莱佛桥梁公司
建成时间：1907 年（清光绪三十三年）
建筑结构：钢架结构
Garden Bridge of Shanghai
Construction purposes：Bridge
Location：the reach of Suzhou River between Zhongshan Road（E Ⅰ）and Dongdaming Road

21 格林邮船大楼（美国新闻署大楼、上海人民广播电台大楼，上海市优秀历史建筑）
占地面积为 1751 平方米。坐北朝南，将正门置于北京路上，东立面临黄浦江，外观呈新古典派文艺复兴风格。一二层用花岗石饰面，拱形断山花大门两边设置仿爱奥尼式石柱。第二层部分设阳台，四五层中央设阳台，南面三四层设悬楼，顶部渐退台成塔状造型。现大楼除底层东段部分被中国光大银行上海分行租用外，其余部分由上海市文化广播影视管理局使用。

22 东方汇理银行上海分行大楼（东方大楼、上海市公安局交通厅、中国光大银行，上海市优秀历史建筑）
占地面积 1236 平方米。外观匀称、典雅、端庄，与其他外滩建筑相当和谐。高 21.6 米，平均层高大大超过后建的许多建筑，立面比例严谨，是上海少见的正宗法式建筑，具有文艺复兴风格。外墙面用工整的花岗石块贴面并勾勒水平线条，有精致的盾形饰，檐口下有齿形饰，上面有透空式带花瓶栏杆的女儿墙，两侧外墙面上有精致的垂花饰。底层大厅设双排爱奥尼式大理石柱廊，为了解决采光问题，中央设拱形玻璃天棚，这种模式为当时上海许多银行所常用。

23 外白渡桥（上海市优秀历史建筑）
架设在苏州河与黄浦江汇合处的外白渡桥，为刚架结构下承式桥，是上海第一座钢铁结构桥，也是上海市区最大的一座钢铁桥。桥有 2 孔，共长 106.7 米，车行道宽 11.2 米，两侧人行道各宽 3.6 米，载重为 20 吨。从落成纪念碑上的英文桥名"Garden Bridge"，应称为"公园桥"。

22 东方汇理银行上海分行大楼（东方大楼、上海市公安局交通厅、中国光大银行，上海市优秀历史建筑）
建筑用途：办公建筑
地理位置：中山东一路 29 号
开放时间及电话：全天，021-63606360
公共交通：公交 33、37、55、123 区间、307、921、928 路
停车场：上海半岛酒店停车库，中山东一路 32 号
设计：英商通和洋行
建成时间：1911 年（清宣统三年）
建筑面积：2772 平方米
建筑层数：3 层
建筑结构：钢筋混凝土框架结构
Calyon Bank Shanghai Branch Building（Oriental Building, Shanghai Public Security Bureau Department of Transportation, China Everbright Bank）
Construction purposes：Office
Location：29 Zhongshan Road（E Ⅰ）

02 外滩源地块图

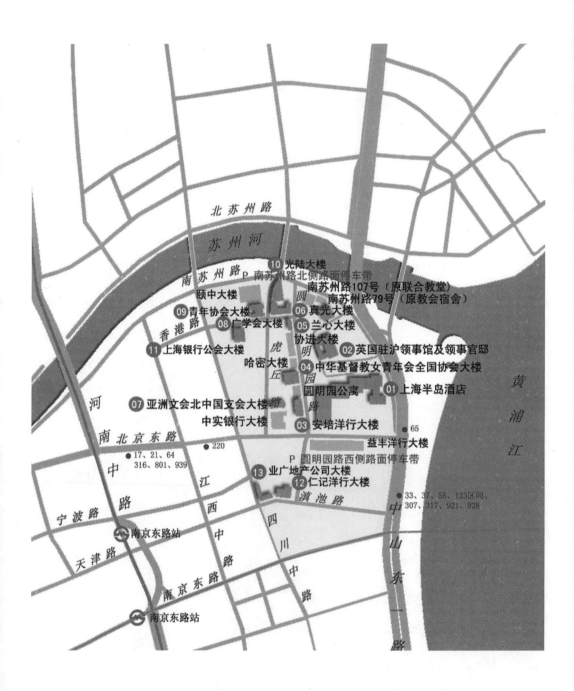

01 上海半岛酒店
建筑用途：商业建筑
地理位置：中山东一路 32 号
开放时间及电话：全天，021-23272888
公共交通：公交 33、37、55、65、
123 区间、307、921、928 路
停车场：上海半岛酒店停车库
设计：BBG/Architects（美）
建成年份：2010 年
建筑面积：96590 平方米
建筑层数：地上 15 层、地下 3 层
建筑结构：钢筋混凝土框架结构
The Peninsula Shanghai
Construction purposes：Commerce
Location：32 Zhongshan Road（E I）

英国驻沪领事馆

领事官邸

02 英国驻沪领事馆及领事官邸（上海市机管局，上海市优秀历史建筑）
建筑用途：办公建筑
地理位置：中山东一路 33 号
开放时间及电话：周一至周五
13：30 ～ 17：30，021-62797650
公共交通：公交 33、37、55、65、123
区间、307、921、928 路
停车场：上海半岛酒店地下停车库
设计：格罗斯曼（英）+ 鲍伊斯（英）
建成时间：1872 年（清同治十一年，
领事馆）、1882 年（清光绪八年，领
事官邸）
建筑面积：5079 平方米（领事馆）
建筑层数：2 层
建筑结构：砖木结构（领事馆）、木结
构（领事官邸）
British Consulate in Shanghai（Airport
Authority Shanghai）
Construction purposes：Office
Location：33 Zhongshan Road（E I）

03 安培洋行大楼（上海广告公司，上海市优秀历史建筑）
建筑用途：办公建筑（商业建筑）
地理位置：圆明园路 97 号
开放时间及电话：未开放
公共交通：公交 33、37、55、65、
123 区间、220、307、921、928 路
停车场：圆明园路西侧路面停车带，圆
明园路北京东路
设计：英商通和洋行
建成时间：1908 年（清光绪三十四年）
建筑面积：2400 平方米
建筑层数：3 层
建筑结构：砖木结构
Ampire & Co. Building（Shanghai
Advertising Company）
Construction purposes：Office
（Commerce）
Location：97 Yuanmingyuan Road

04 中华基督教女青年会全国协会大楼（市政设计院，上海市优秀历史建筑）
建筑用途：宗教建筑（办公建筑）
地理位置：圆明园路 133 号
开放时间及电话：未开放
公共交通：公交 33、37、55、65、
123 区间、220、307、921、928 路
停车场：圆明园路西侧路面停车带，圆
明园路北京东路
设计：李锦沛
建成时间：1933 年
建筑面积：5834 平方米
建筑层数：8 层
建筑结构：钢筋混凝土框架结构
Young Women's Christian Association
Building（Shanghai Municipal
Engineering Design Institute）
Construction purposes：Religion
（Office）
Location：133 Yuanmingyuan Road

01 上海半岛酒店
占地超过 5300 平方米，共有五个临街
入口，立面造型简洁、干净利落。该
酒店共有 235 间客房、44 间套房及 39
个单元的酒店式公寓。配套设施齐全，
拥有 5 间餐厅、宴会设施（包括一间
豪华宴会厅）、半岛水疗中心、游泳池
及购物商场。

02 英国驻沪领事馆及领事官邸（上海市机管局，上海市优秀历史建筑）
占地 38559 平方米。属于外廊式建筑，
建筑风格为英国文艺复兴式。领事馆面
向大草坪的东立面，底层有廊式有 5 孔
券廊，二层有廊式内阳台，窗洞上有半
圆券或平券，底层多用落地长窗，后使
用单位将其改成短窗。原为清水砖外墙，
后改成水泥砂浆抹灰混水外墙面，勾勒
横线条。领事官邸位于领事馆北侧，建
筑风格与办公楼相近，并有廊与办公楼
连造。此处建筑是上海外滩建筑群中至
今仍保存的年代最久的近代建筑。虽然
建筑局部经多次修缮后已改动，但是基
本格局仍保持原状，它成为开埠后上海
历史的一个见证。

03 安培洋行大楼（上海广告公司，上海市优秀历史建筑）
安培洋行沿圆明园路立面呈中轴对称，
在主入口上方三层的位置有一出挑的半
圆形窗，是整幢建筑的点睛之处。二层
左右两侧各有一扇装饰有山花、卷头等
古典符号的窗户。在顶层同样的位置对
应着双坡屋顶，与二层的窗楣作了呼应，
保证了整个立面的对称完整。内部仍保
留着花饰精美的楼梯、栏杆和扶手。多
家知名机构曾经入驻，如第二次世界大
战后的巴拿马公使馆、安培洋行、橡胶
业同业公会等。未来将建成国际知名奢
华零售品牌旗舰店和高级餐厅。

04 中华基督教女青年会全国协会大楼（市政设计院，上海市优秀历史建筑）
占地面积为 890 平方米。前部 5 层为
向南开口的三合院，建筑正立面朝东，
其五层以上逐层后退成台阶状。外墙面
以褐色泰山毛面砖饰面，水刷石莲瓣须
弥座勒脚。窗下墙和女儿墙也作水刷石
回纹饰。入口门套用花岗石传统式勾头、
滴水及石刻纹饰。木门扇采用菱花格心
中国古典样式。内院外廊的中国式披檐、
栏杆，办公室内的井口天花以及简化的
仿和玺彩画等，使这大楼既有现代建筑
的体型轮廓，又具有中国传统建筑的装
饰特色，是一幢将现代体量与中国传统
装饰合而为一的新折中主义建筑。该楼
曾进驻中国征信所、中国建筑研究学会、
捷克领事馆、上海市政工程设计院等机
构。未来将会建成奢华品牌旗舰店。

05 兰心大楼（渣打银行上海分行，上海市优秀历史建筑）

占地面积为 1326 平方米。大楼里的写字间层曾为汇丰银行办事处使用，同时它亦是外侨在上海创建最早的剧场——兰心戏剧院的旧址。大楼坐西朝东，外墙立面采用褐色面砖饰面，装饰简洁。主入口略突出，设齿形隅石，层间设连续式平拱钢窗，横线条韵味十足。顶部挑出阳台饰爱奥尼式柱，窗楣上置三角形山墙花装饰。呈现出现代主义建筑风格，且局部带有新古典主义装饰。未来将成为世界顶级私人会所。

06 真光大楼（上海市优秀历史建筑）

真光大楼曾是一处学术重镇，沪江商学院就曾经在这里办教学点，其前身为浸信会大楼。大楼外墙为褐色面砖饰面，属"装饰艺术"风格，立面排列锐角方棱作为装饰线条，略高出女儿墙作收头。收拢于顶端的锐角锥以浅米黄色作为点缀，平淡中有变化，也使整个建筑显得凌厉而轻巧。将会成为时尚尊贵的精品酒店。

07 亚洲文会北中国支会大楼（外滩美术馆、博物院大楼、青岛工行，上海市优秀历史建筑）

该建筑二层为演讲厅，三层为文会的图书馆，四五层为文会的博物院，四层陈列自然历史文物，五层陈列中国历史文物，六层为中国科学美术杂志社所借用。该大楼外观具有"装饰艺术"风格，底层外墙面采用花岗石饰面，以上各层为清水砖外墙面。正立面以竖线条为主，一些细部处理呈中国古典式样，如底层入口处三樘半圆拱券门、二层中部阳台的望柱栏杆以及顶部装饰灯等。原入口铁门栅栏作"寿"字图案形，其两侧的八角窗，望去如"八卦"。建筑设计将一些中国传统装饰元素融入到欧洲"装饰艺术"风格之中，使建筑外观别具一格。

08 广学会大楼（市文体进出口公司，上海市优秀历史建筑）

广学会大楼外观呈"装饰艺术"风格。立面有锐角状竖线条装饰，出女儿墙收头。沿街外墙面底层用水刷石饰面，现局部已改为花岗石饰面。二层以上用深褐色毛面砖饰面，入口处一至九层有一贯通的水刷石墙面，顶部为教堂式尖拱券。将会成为时尚尊贵的精品酒店。

09 青年协会大楼（虎丘公寓，上海市优秀历史建筑）

占地面积为 1031 平方米，是一幢现代的合院式公寓。入口立面内凹对称，呈折线形，打破了古典建筑平整对称的立面构图，将传统的三段式弱化。底层用灰白色的粉刷墙面，与二层相接的地方由浅浅的腰线进行过渡。上部采用简洁的装饰处理，五层窗台处的线脚也被其上的水泥贴面所淡化。女儿墙顶部仅有一道薄薄的压顶，使整幢建筑显得简洁而又不失精细，为当时现代建筑的一个典范。

05 兰心大楼（渣打银行上海分行，上海市优秀历史建筑）
建筑用途：办公建筑（商业建筑）
地理位置：圆明园路 185 号
开放时间及电话：未开放
公共交通：公交 33、37、55、65、123 区间、220、307、921、928 路
停车场：南苏州路北侧路面停车带，南苏州路虎丘路
设计：英商通和洋行
建成时间：1927 年
建筑面积：2000 平方米
建筑层数：主体 5 层，局部 6 层
建筑结构：钢筋混凝土结构
Lyceum Building（Standard Chartered Bank Shanghai Branch）
Construction purposes：Office（Commerce）
Location：185 Yuanmingyuan Road

07 亚洲文会北中国支会大楼（外滩美术馆、博物院大楼、青岛工行，上海市优秀历史建筑）
建筑用途：展览建筑
地理位置：虎丘路 20 号
开放时间及电话：周二~周日 10：00～18：00（17：30 停止售票）
公共交通：公交 17、21、64、220、316、801、939 路
停车场：圆明园路西侧路面停车带，圆明园路北京东路
设计：英商公和洋行
建成时间：1932 年
建筑面积：2200 平方米
建筑层数：6 层
建筑结构：钢筋混凝土框架结构
North China Branch of the Royal Asiatic Society（Rockbund Art Museum, Museum Building, Qingdao Industrial and Commerce Bank）
Construction purposes：Exhibition
Location：20 Huqiu Road

06 真光大楼（上海市优秀历史建筑）
建筑用途：办公建筑（商业建筑）
地理位置：圆明园路 209 号
开放时间及电话：未开放
公共交通：公交 33、37、55、65、123 区间、220、307、921、928 路
停车场：南苏州路北侧路面停车带，南苏州路虎丘路
设计：邬达克（匈）
建成时间：1930 年
建筑面积：3347 平方米
建筑层数：8 层
建筑结构：钢筋混凝土结构
True Light Building
Construction purposes：Office（Commerce）
Location：209 Yuanmingyuan Road

08 广学会大楼（市文体进出口公司，上海市优秀历史建筑）
建筑用途：办公建筑（商业建筑）
地理位置：虎丘路 128 号
开放时间及电话：改建中
公共交通：公交 17、21、64、220、316、801、939 路
停车场：南苏州路北侧路面停车带，南苏州路虎丘路
设计：邬达克（匈）
建成时间：1933 年
建筑面积：4089 平方米
建筑层数：9 层
建筑结构：钢筋混凝土框架结构
Christian Literature Society for China Building（Shanghai Stationery Import & Export Company）
Construction purposes：Office（Commerce）
Location：128 Huqiu Road

13 业广地产公司大楼（电视杂志社，上海市优秀历史建筑）
建筑用途：办公建筑
地理位置：滇池路 120 号
开放时间及电话：不对外开放
公共交通：公交 33、37、55、123 区间、307、921、928 路
停车场：圆明园路西侧路面停车带，圆明园路北京东路
设计：英商通和洋行
建成时间：1908 年（清光绪三十四年）
建筑面积：不详
建筑层数：4 层（连屋顶层阁楼为 5 层）
建筑结构：砖木结构
Shanghai Land Investment Co. Building（TV & Magazine Company）
Construction purposes：Office
Location：120 Dianchi Road

09 青年协会大楼（虎丘公寓，上海市优秀历史建筑）
建筑用途：居住建筑
地理位置：虎丘路 131 号
公共交通：公交 17、21、64、220、316、801、939 路
停车场：南苏州路北侧路面停车带，南苏州路虎丘路
设计：安铎生（教会建筑师）
建成时间：1924 年
建筑面积：4799 平方米
建筑层数：6 层
建筑结构：砖混结构
Youth Association Building（Huqiu Apartment）
Construction purposes：Residence
Location：131 Huqiu Road

11 上海银行公会大楼（爱建公司，上海市优秀历史建筑）
建筑用途：办公建筑
地理位置：香港路 59 号
电话：021-63299535
公共交通：公交 17、21、64、220、316、801、939 路
停车场：南苏州路北侧路面停车带，南苏州路虎丘路
设计：过养默
建成时间：1925 年
建筑面积：2850 平方米
建筑层数：8 层
建筑结构：钢筋混凝土框架结构
Shanghai Chinese Bank Association Building（Aijian Company）
Construction purposes：Office
Location：59 Hongkong Road

10 光陆大楼（外贸会堂，上海市优秀历史建筑）
占地面积为 923 平方米。平面为扇形，顶部有一比较典型的具有"装饰艺术"风格的小塔楼。底部西面原为光陆大戏院，上部为办公用房和公寓，结构处理的技术水平较高。光陆大戏院的观众厅内有 730 个席位，其中 230 个楼座，左右两侧还设楼座包厢。观众厅顶部中间有圆形穹顶，穹顶和四周墙面用花纹、人像浮雕装饰。结构处理技术水平较高。场内设有暖气设施，四壁隔声，是当时设施最完善的戏院之一。将来会建成高级办公大楼。

11 上海银行公会大楼（爱建公司，上海市优秀历史建筑）
坐南朝北，占地面积为 671 平方米。前部 3 层，中部 5 层，后部现为 8 层。正立面中部为贯通一二层的 5 间古典复兴的科林斯式柱廊。台口的柱顶过梁上之壁缘有环形饰，台口线处有齿形饰。挑出的台口线之上为第三层。三层顶部女儿墙正中有盾形饰，窗下墙处有垂花饰。外观呈古典主义建筑风格。

12 仁记洋行大楼（海运局服务公司，上海市优秀历史建筑）
大楼弧形转角处为 4 层，原上带有圆锥形金属表皮屋顶，现已改为平屋顶，但仍为立面构图中心。清水红砖外墙面、砖拱。立面用腰线作横线分隔处理，窗间墙处设仿爱奥尼式砖砌壁柱，柱头等处砖雕花饰做工精湛，转角处有法国式落地木长窗。呈典型的英国安妮女王时期建筑风格。

10 光陆大楼（外贸会堂，上海市优秀历史建筑）
建筑用途：城市综合体
地理位置：虎丘路 146 号
电话：021-63215611
公共交通：公交 17、21、64、220、316、801、939 路
停车场：南苏州路北侧路面停车带，南苏州路虎丘路
设计：匈商鸿达洋行
建成时间：1928 年
建筑面积：7129 平方米
建筑层数：8 层
建筑结构：钢筋混凝土框架结构
Guanglu Building（Trade Hall）
Construction purposes：Urban Complex
Location：146 Huqiu Road

12 仁记洋行大楼（海运局服务公司，上海市优秀历史建筑）
建筑用途：办公建筑（居住建筑）
地理位置：滇池路 100～110 号
开放时间及电话：不对外开放
公共交通：公交 33、37、55、123 区间、307、921、928 路
停车场：圆明园路西侧路面停车带，圆明园路北京东路
设计：英商通和洋行
建成时间：1908 年（清光绪三十四年）
建筑面积：不详
建筑层数：3 层（连屋顶层阁楼为 4 层）
建筑结构：砖木结构
Gibb Livingston & Co. Building（Marine Bureau Service Company）
Construction purposes：Office（Residence）
Location：100 –110 Dianchi Road

13 业广地产公司大楼（电视杂志社，上海市优秀历史建筑）
大楼清水红砖墙面，砖工精细，墙面窗洞进深较大，上部门窗有巴洛克的花饰。建筑上部有齿状的压顶，屋面开设连续的老虎窗洞，屋顶变化多样，造型丰富。南入口门洞为叠涩式样。整个建筑呈英国安妮女王时期风格。

03 南京东路（北京东路－延安东路）地块图

01 国华银行（黄浦区税务局，上海市优秀历史建筑）
建筑用途：办公建筑
地理位置：北京东路342号
开放时间及电话：周一至周六
7：45～16：30、周日 8：00～16：00，
021-63296888
公共交通：轨道交通2、10号线，公交 14、17、21、64、220、316、801、939 路
停车场：宁波路南侧路面停车带，宁波路四川中路
设计：英商通和洋行

建成时间：1933 年
建筑面积：8107 平方米
建筑层数：地上 10 层、地下 1 层
建筑结构：钢筋混凝土框架结构
China State Bank Building（Huangpu Inland Revenue Department）
Construction purposes：Office
Location：342 Beijing Road（E）

02 盐业大楼（盐业银行、上海长江电气集团，上海市优秀历史建筑）
建筑用途：办公建筑
地理位置：北京东路 280 号
开放时间及电话：未开放
公共交通：轨道交通 2、10 号线，公交 14、17、21、64、220、316、801、939 路
停车场：宁波路南侧路面停车带，宁波路四川中路
设计：英商通和洋行
建成时间：1931 年
建筑面积：6607 平方米
建筑层数：7 层
建筑结构：钢筋混凝土结构
Yien Yieh Building（Yien Yieh Commerce Bank, Shanghai Changjiang Electric Group）
Construction purposes：Office
Location：280 Beijing Road（E）

03 四明银行大楼（上海建筑材料集团，上海市优秀历史建筑）
建筑用途：办公建筑
地理位置：北京东路 232 ～ 240 号
开放时间及电话：9：00 ～ 17：00，021-63217238
公共交通：轨道交通 2、10 号线，公交 14、17、21、64、220、316、801、939 路
停车场：上海半岛酒店停车库，中山东一路 32 号
设计：卢镛标
建成时间：1921 年
建筑面积：不详
建筑层数：3 层
建筑结构：砖混结构
Ningpo Commerce Bank Building（Shanghai Building Material Group General Company）
Construction purposes：Office
Location：232-240 Beijing Road（E）

04 浙江兴业银行（上海市建工集团、上海市物资局、北京东路铁路售票处等，上海市优秀历史建筑）
建筑用途：办公建筑
地理位置：北京东路 230 号
开放时间及电话：11：00 ～ 14：00，17：00 ～ 21：00，021-63238008
公共交通：轨道交通 2、10 号线，公交 14、17、21、64、220、316、801、939 路
停车场：宁波路南侧路面停车带，宁波路四川中路
设计：华盖建筑事务所
建成时间：1936 年
建筑面积：不详
建筑层数：6 层
建筑结构：钢筋混凝土框架结构
Zhejiang Industrial Bank（Shanghai Construction Group, Shanghai Materials Bureau, Beijing Road（E）Ticket Office，etc.）
Construction purposes：Office
Location：230 Beijing Road（E）

02 盐业大楼（盐业银行、上海长江电气集团，上海市优秀历史建筑）
简化的新古典主义风格。外观简洁，构图严整，立面装饰集中于底层沿街部位、立面中部和檐口。南立面构图中轴对称，底层层高较高，转角有隅石装饰。入口大门上面有圆环装饰，窗口周围线脚装饰比例协调且呈现巴洛克风格。檐部出挑，内部吊顶精美。

03 四明银行大楼（上海建筑材料集团，上海市优秀历史建筑）
以转角处为主立面并设置入口，大门两侧有塔司干式花岗石柱，上有外凸曲面门额，其上有带花瓶栏杆的外凸弧形阳台，两侧爱奥尼式花岗石柱贯通两层，转角处三层有椭圆形的牛眼窗。底层有连续半圆拱券窗洞，拱券顶有旋涡饰，建筑构图上具有连续的韵律美。三层窗间有方圆间隔变化的石柱，窗口上有弧形山花，上有精致的巴洛克式雕饰。挑檐下有齿形饰，挑檐处还有三角形断檐式山花，屋顶四周有带花瓶栏杆的透空式女儿墙。该大楼具有折中主义风格。

04 浙江兴业银行（上海市建工集团、上海市物资局、北京东路铁路售票处等，上海市优秀历史建筑）
该建筑平面形式呈梯形，具有现代主义建筑风格。立面简洁，一二层为大窗，三层及以上窗式为三窗并列排列，形成立面节奏。顶部饰以简洁方块装饰板，整个立面纹饰丰富精美。

地图标注：
上海半岛酒店
中山东路
带滇池路
黄浦江
陵大楼
㉘中华邮政储金汇业局
㉒三井银行大楼
㉑德华银行上海分行大楼
南大楼
四川中路西侧临时停车场
㉙正广和汽水有限公司新办公楼
㉛三菱洋行大楼
四川中路广东路停车场
㉚永年大楼
北京东路
㉟大北电报公司大楼
㉞惠德丰大楼
商纱布交易所大楼
金陵东路
四川南路
延安东路
江西南路

01 国华银行（黄浦区税务局，上海市优秀历史建筑）
占地面积为 878 平方米。东南向转角处顶部收进成台阶状，底层设主入口。半圆拱券门洞高 2 层，门扇花饰精致。转角处最高为 10 层，沿北京东路和河南中路两翼跌落至 9 层。转角与两翼外墙面作"装饰艺术"的竖直线条处理，立面简洁明朗。大厅原为银行营业厅，周边设夹层，中央柱子以大理石饰面，墙裙采用彩色瓷砖饰面，顶部有彩色玻璃天棚。二三层为银行写字间，六层为银行俱乐部，其余楼层均为出租写字间。

05 沙美大楼（沙美银行大楼、信托大楼，上海市优秀历史建筑）

建筑平面呈梯形。立面为古典三段式，中部外凸，主入口券式门洞，两侧饰塔司干柱。二层以上后退形成阳台，设石柱栏杆，三四层外凸阳台为纹饰简约优美的铸铁栏杆，窗间墙均有壁柱。整个立面形象丰富、装饰精美庄重。大楼局部具有折中主义风格、巴洛克细部特征。主入口外凸向高，以科林斯柱支撑，上饰三角形的山花涡卷，显出豪华气派。

06 上海铁道宾馆（中国饭店，上海市优秀历史建筑）

上海铁道宾馆是一幢折中主义风格建筑，1949年前为当时社会名流云集的场所。深棕色立面由拼花面砖构成菱形装饰图案。底层大尺度半圆券，二至四层为白色双联式，依次为平券、浅出檐雨篷板与半圆券。四层顶部出檐较深，有精细雕饰。五六层依次后退，顶部有加建，大楼为混凝土条形基础、钢筋混凝土立柱，现浇钢筋混凝土楼板。

07 新光大戏院（新光影艺苑，上海市优秀历史建筑）

新光大戏院占地面积1160平方米。立面为三段式，东立面及南立面由红、黄拼花面砖构成菱形装饰图案。南立面纵向第二段有2层通高圆券，券边装饰图案精美，带有伊斯兰建筑风格，两侧各有一螺旋型壁柱。一层檐部有波浪形花纹，顶部檐口较厚，有精细雕饰，是一幢折中主义建筑。

08 南京饭店（上海市优秀历史建筑）

南京饭店是具有现代主义建筑风格的建筑，但细部具有"装饰艺术"风格。西立面最大特色为在四五两层有呈钝角外凸阳台，上有"装饰艺术"风格铸铁栏杆。其余开间则为五层顶部的竖向"装饰艺术"风格装饰带。北立面亦为较有特色的"装饰艺术"风格。

05 沙美大楼（沙美银行大楼、信托大楼，上海市优秀历史建筑）
建筑用途：办公建筑
地理位置：北京东路190号
开放时间及电话：未开放
公共交通：轨道交通2、10号线，公交14、17、21、64、220、316、801、939路
停车场：宁波路南侧路面停车带，宁波路四川中路
设计：英商通和洋行
建成时间：1921年
建筑面积：3692平方米
建筑层数：5层
建筑结构：钢筋混凝土框架结构
Shamei Building（Shamei Bank Building, Trust Building）
Construction purposes：Office
Location：190 Beijing Road（E）

07 新光大戏院（新光影艺苑，上海市优秀历史建筑）
建筑用途：观演建筑
地理位置：宁波路586号
开放时间及电话：周一至周五9：00～16：00，021-63511055
公共交通：轨道交通1、2、8号线，公交21、316、318、451路
停车场：六合路停车场，六合路近牛庄路
设计：美商哈沙德洋行
建成时间：1930年
建筑面积：2860平方米
建筑层数：3层
建筑结构：钢筋混凝土框架结构
Strand Theater
Construction purposes：Performance
Location：586 Ningbo Road

06 上海铁道宾馆（中国饭店，上海市优秀历史建筑）
建筑用途：商业建筑
地理位置：宁波路588号，贵州路160～170号
开放时间及电话：全天，021-51508777
公共交通：轨道交通1、2、8号线，公交21、316、318、451路
停车场：六合路停车场，六合路近牛庄路
设计：不详
建成时间：1930年
建筑面积：不详
建筑层数：7层
建筑结构：钢筋混凝土框架结构
Railway Hotel Shanghai（China Hotel）
Construction purposes：Commerce
Location：588 Ningbo Road/160-170 Guizhou Road

08 南京饭店（上海市优秀历史建筑）
建筑用途：商业建筑
地理位置：山西南路182～200号，天津路211弄191号
开放时间及电话：全天，021-63222888
公共交通：轨道交通2、10号线，公交14、17、19、21、64、66、306、316、801、929、939路
停车场：南京饭店停车场
设计：杨锡镠
建成时间：1929年
建筑面积：不详
建筑层数：8层
建筑结构：钢筋混凝土框架结构
Nanjin Hotel
Construction purposes：Commerce
Location：182-200 Shanxi Road（S）/191 Lane 211 Tianjin Road

09 大新公司大楼（上海第一百货商店，上海市优秀历史建筑、上海市文物保护单位）

建筑用途：商业建筑
地理位置：南京东路 830 号
开放时间及电话：9：00 ～ 22：00，021-63528755
公共交通：轨道交通 1、2、8 号线，公交 18、20、37、108、312、318、330、451、518、584、802、930 路，新川专线，隧道三线，隧道夜宵线
停车场：百联世贸国际广场停车库
设计：基泰工程司
建成时间：1936 年
建筑面积：28000 平方米
建筑层数：10 层
建筑结构：钢筋混凝土结构
Sun Company Building（Shanghai First Department Store Building）
Construction purposes：Commerce
Location：830 Nanjing Road（E）

10 百联世贸国际广场

建筑用途：城市综合体
地理位置：南京东路 819 号
开放时间及电话：10：00 ～ 22：00，021-33134718
公共交通：轨道交通 1、2、8 号线，公交 18、20、37、108、312、318、330、451、518、584、802、930 路，新川专线，隧道三线，隧道夜宵线
停车场：百联世贸国际广场停车库
设计：德国英根霍芬·奥弗迪克与合伙人建筑事务所＋华东建筑设计研究院
建成时间：2006 年
建筑面积：170000 平方米
建筑层数：地上 60 层、地下 3 层
建筑结构：框筒结构
Brilliance Shimao International Plaza
Construction purposes：Urban Complex
Location：819 Nanjing Road（E）

11 新新公司大楼（上海第一食品商店，上海市优秀历史建筑、上海市文物保护单位）

建筑用途：商业建筑
地理位置：南京东路 720 号
开放时间及电话：9：30 ～ 22：00，021-63222777
公共交通：轨道交通 1、2、8 号线，公交 18、20、37、108、312、318、330、451、518、584、802、930 路，新川专线，隧道三线，隧道夜宵线
停车场：百联世贸国际广场停车库，南京东路 819 号
设计：匈商鸿达洋行
建成时间：1926 年
建筑面积：22032 平方米
建筑层数：7 层
建筑结构：钢筋混凝土框架结构
Sun Sun Company Building（Shanghai First Provisions Company Building）
Construction purposes：Commerce
Location：720 Nanjing Road（E）

12 先施大楼（上海时装公司、东亚饭店，上海市优秀历史建筑、上海市文物保护单位）

建筑用途：城市综合体
地理位置：南京东路 690 号
开放时间及电话：9：00 ～ 22：00，021-63226888
公共交通：轨道交通 1、2、8 号线，公交 18、20、37、108、312、318、330、451、518、584、802、930 路，新川专线，隧道三线，隧道夜宵线
停车场：百联世贸国际广场停车库，南京东路 819 号
设计：英商德和洋行
建成时间：1917 年
建筑面积：30184 平方米
建筑层数：7 层
建筑结构：钢筋混凝土框架结构
Sincere Company Building（Shanghai Fashion Store, East Asia Hotel Building）
Construction purposes：Urban Complex
Location：690 Nanjing Road（E）

09 大新公司大楼（上海第一百货商店，上海市优秀历史建筑、上海市文物保护单位）

占地面积为 3667 平方米。建筑平面基本上呈正方形，沿转角处作弧形处理。大楼立面简洁，以竖线条构图为主，外形具有"装饰艺术"风格，屋顶上的栏杆、花架下挂落有明显的中国式装饰味道，以出挑较大的连续通长遮阳与上部分隔。为了使商场宽敞，柱网间距较大。沿六合路的楼梯间外墙上的窗采用随楼梯斜度倾斜的窗。为了充分利用楼梯间的空间，增加人流的股数，采用了墙承式剪刀式楼梯，在楼梯平台墙上安装镜面玻璃，以利上下行人互相察觉避让。该大楼一至四层为商场，五层为舞厅和酒家，六至十层为大新游乐场，顶层还设花园。

10 百联世贸国际广场

百联世贸国际广场位于南京路步行街起点，基地占地面积为 13350 平方米。主体建筑高达 333 米，居浦西楼宇之冠。简洁的几何造型勾勒出主楼形象，成为南京路又一标志性景观。十一层至六十层为五星级世茂皇家艾美酒店，一至十层则定位为全新高档购物中心，商场面积达 43200 平方米。南京路入口处有钢结构覆盖的巨大半室外空间。

11 新新公司大楼（上海第一食品商店，上海市优秀历史建筑、上海市文物保护单位）

占地面积为 4280 平方米，高 30 米。建筑立面简化了欧洲古典主义反复表现的线条和装饰，趋于简洁明朗，但依然采用竖向三段式划分处理手法。临南京路中间顶部设一座高耸的四层透空式塔楼，现仅存下部方形的两层。新新公司商场占 3 层楼面的大部分，四层为总进货间、货仓、保卫科等，六层有游乐场，屋顶还设屋顶花园。在各层楼面，先后曾辟出新新第一楼、新新茶室、新新饭店、新都饭店及供应粤菜的万象厅。

12 先施大楼（上海时装公司、东亚饭店，上海市优秀历史建筑、上海市文物保护单位）

占地面积为 7000 平方米。先施公司大楼是集商场、酒店、旅馆和游乐场于一体的城市综合体。建筑立面采用古典三段式划分，立面强调横线条，作分层横向处理。底层沿街 20 世纪 60 年代改建成骑楼式外廊，有巴洛克式的连续拱券门洞通向街道，二层有阳台，围以钢筋混凝土栏杆，三四层也有挑出阳台，围以曲铁栏杆。东南转角处立面作重点处理，设 3 层高塔楼。塔楼围以塔司干式列柱并透空处理，虚实对比强烈，造型由方及圆，逐层收进，基座嵌圆形大时钟。二三层转角处设仿爱奥尼式柱支承弧形断山花。在七层顶部女儿墙至东南转角处作弧形凸起。建筑外貌具有折中的文艺复兴与巴洛克建筑特色。该大楼一至三层为商场，四五层为东亚旅馆和酒店，六七层为"先施乐园"的游乐场，设有京剧、地方戏、魔术、杂技、电影等专场。

13 永安公司大楼（华联商厦，上海市优秀历史建筑、上海市文物保护单位）

占地面积为5681平方米。平面为矩形，其东北部呈弧形，立面竖向三段划分，强调水平线条，二、六层均挑出长外廊，设有铁栏杆。转角处大门两旁有仿爱奥尼式双柱，四五层为连通的弧形阳台。沿南京东路顶层上有一座3层的巴洛克式塔楼，名"倚云阁"。外墙面采用青水泥白石子水刷石饰面，表现出折中主义风格。一至四层为商场，设44个部门，是个规模宏大的百货商场。在二、五层还分别设有大东旅馆、大东酒楼、大东舞厅、咖啡座、茶室和永安水火保险公司等，屋顶设"天韵楼"游乐场。

14 新永安大楼（华侨商店、七重天宾馆等，上海市优秀历史建筑、上海市文物保护单位）

占地面积为1400平方米。八层以下为梯形，八层以上作塔楼状，呈方形，高105米。在浙江中路上空建有两座平行的封闭式架空通廊与老大楼连接相通。新大楼一至五层作为永安公司营业部及商场，六层至屋顶为茶园、酒楼和游乐场等，其中七层曾辟为闻名的"七重天"酒楼。建筑具有现代高层建筑风格。

15 大陆商场（慈淑大楼、东海商都、353广场，上海市优秀历史建筑）

大陆商场占地面积为6000平方米。周边式布局，中间有天井，改善了室内采光和通风。沿南京路一面为7层（原6层，顶层为1934年加建），中部过街楼部位为8层。东部山东路转角处有10层的塔楼，既作为该大楼的标志，又作为引导南京路行人的视点。沿九江路为8层，且五六层均后退成台阶状。大楼一至四层为出租营业厅，当年采用走马廊式布置柜台，与南京路上其他百货公司不同，有独特风格。五至六层为出租写字间，屋顶设花园。建筑外貌采用近代西方常见的"装饰艺术"的竖向线条。

16 宏伊国际广场

宏伊国际广场由塔楼和裙房组成，总建筑高度为142米。其中地下一层至裙房七层为高档时尚购物和休闲餐饮中心，塔楼八层至二十九层为国际甲级办公区。宏伊国际广场是一幢综合了购物、休闲、餐饮和办公功能的城市综合体。

13 永安公司大楼（华联商厦，上海市优秀历史建筑、上海市文物保护单位）
建筑用途：商业建筑
地理位置：南京东路635号
开放时间及电话：9：30～22：00，021-63224466
公共交通：轨道交通1、2、8号线，公交18、20、37、108、312、318、330、451、518、584、802、930路，新川专线，隧道三线，隧道夜宵线
停车场：百联世贸国际广场停车库，南京东路819号
设计：英商公和洋行
建成时间：1918年
建筑面积：30992平方米
建筑层数：主体6层，局部7层
建筑结构：混凝土结构
Wing On Company Building（Hualian Department Store）
Construction purposes：Commerce
Location：635 Nanjing Road（E）

14 新永安大楼（华侨商店、七重天宾馆等，上海市优秀历史建筑、上海市文物保护单位）
建筑用途：商业建筑
地理位置：南京东路627号
开放时间及电话：9：30～22：00，021-51872725
公共交通：轨道交通1、2、8号线，公交18、20、37、108、312、318、330、451、518、584、802、930路，新川专线，隧道三线，隧道夜宵线
停车场：百联世贸国际广场停车库，南京东路819号
设计：美商哈沙德洋行
建成时间：1933年
建筑面积：25000平方米
建筑层数：22层
建筑结构：钢框架结构
New Wing On Company Building（Huaqiao Store, Seventh Heaven Hotel, etc.）
Construction purposes：Commerce
Location：627 Nanjing Road（E）

15 大陆商场（慈淑大楼、东海商都、353广场，上海市优秀历史建筑）
建筑用途：城市综合体
地理位置：南京东路353号
开放时间及电话：10：00～22：00，021-63535353
公共交通：轨道交通2、10号线，公交20、37、49、66、66区间、123区间、220、306、330、864、921、929路
停车场：上海置地广场停车库
设计：庄俊
建成时间：1933年
建筑面积：32223平方米
建筑层数：10层
建筑结构：钢筋混凝土结构
Continental Emporium（Cishu Building, Donghai Office Building, Plaza 353）
Construction purposes：Urban Complex
Location：353 Nanjing Road（E）

16 宏伊国际广场
建筑用途：城市综合体
地理位置：南京东路299号
开放时间及电话：10：00～22：00，021-63221599
公共交通：轨道交通2、10号线，公交20、37、49、66、66区间、123区间、220、306、330、864、921、929路
停车场：宏伊国际广场停车库
设计：美国凯利森建筑设计事务所
建成时间：2007年
建筑面积：63453平方米
建筑层数：地上29层、地下3层
建筑结构：钢筋混凝土框筒结构
Hong Yi International Plaza
Construction purposes：Urban Complex
Location：299 Nanjing Road（E）

17 上海电力公司大楼（华东电力管理局大楼，上海市优秀历史建筑）

建筑用途：办公建筑

地理位置：南京东路 181 号

开放时间及电话：周一至周五
8：30 ～ 17：00，周六至周日
9：00 ～ 16：00，021-63291010

公共交通：轨道交通 2、10 号线，公交 20、37、66、66 区间、220、306、330、864、921、929 路

停车场：九江路北侧停车场，九江路江西中路

设计：美商哈沙德洋行

建成时间：1931 年

建筑面积：不详

建筑层数：6 层

建筑结构：钢筋混凝土框架结构

Shanghai Power Company Building (East China Electric Power Authority Building)

Construction purposes：Office

Location：181 Nanjing Road (E)

18 迦陵大楼（嘉陵大楼，上海市优秀历史建筑）

建筑用途：办公建筑

地理位置：南京东路 99 号，四川中路 346 号

开放时间及电话：周一至周五
9：00 ～ 17：00、周六至周日
10：00 ～ 17：00，021-51693153

公共交通：轨道交通 2、10 号线，公交 20、30、37、66、66 区间、135、135 区间、220、306、330、864、921、929 路

停车场：九江路北侧停车场，九江路江西中路

设计：英商德和洋行

建成时间：1937 年

建筑面积：10110 平方米

建筑层数：14 层

建筑结构：钢筋混凝土框架结构

Jialing Building

Construction purposes：Office

Location：99 Nanjing Road (E) /346 Sichuan Road (M)

19 圣三一基督教堂（大礼拜堂、圣书公会堂、红礼拜堂、黄浦区府礼堂、办公楼，上海市优秀历史建筑、上海市文物保护单位）

建筑用途：宗教建筑

地理位置：九江路 211 号

开放时间及电话：修复中

公共交通：轨道交通 2、10 号线，公交 17、20、37、42、49、64、66、66 区间、220、306、316、330、801、864、921、929 路

停车场：九江路北侧停车场，九江路江西中路

设计：乔治·吉尔伯特·司各脱（英）

建成时间：1869 年（清同治八年）

建筑面积：2240 平方米

建筑层数：2 层

建筑结构：砖木结构

Holy Trinity Christian Church (Big Church, Holy Trinity Christian Church, Holy Trinity Christian Church, Huangpu District Government Hall, Office Building)

Construction purposes：Religion

Location：211 Jiujiang Road

20 大陆大楼（大陆银行、上投大厦，上海市优秀历史建筑）

建筑用途：办公建筑

地理位置：九江路 111 号

开放时间及电话：周一～周五
9：00 ～ 16：00，021-63231111

公共交通：轨道交通 2、10 号线，公交 20、30、42、135、135 区间、864 路

停车场：九江路北侧停车场，九江路江西中路

设计：基泰工程司

建成时间：1932 年

建筑面积：不详

建筑层数：11 层

建筑结构：钢筋混凝土结构

Continental Building (Continental Bank, Shanghai Trust Building)

Construction purposes：Office

Location：111 Jiujiang Road (E)

17 上海电力公司大楼（华东电力管理局大楼，上海市优秀历史建筑）
上海电力公司大楼立面强调竖向线条，转角塔楼和压檐墙都有精美的几何图案装饰。底层下部采用花岗石和大理石做勒脚，上部则为水泥砂浆抹灰外墙面。底层以上外墙面饰以褐色面砖，颇有些头重脚轻之感。建筑整体呈"装饰艺术"风格。

18 迦陵大楼（嘉陵大楼，上海市优秀历史建筑）
迦陵大楼呈北低南高态势，北部为 8 层，南部为 10 层，塔楼为 14 层。原除勒脚采用花岗石外，其余外墙面均为斩假石饰面。外观处理简洁，仅压顶部位有"装饰艺术"纹饰与线脚。顶部为台阶状，造型富有变化。

19 圣三一基督教堂（大礼拜堂、圣书公会堂、红礼拜堂、黄浦区府礼堂、办公楼，上海市优秀历史建筑、上海市文物保护单位）
圣三一堂是上海第一座基督教堂。外观大体上属于哥特复兴式，教堂内外两侧皆为尖券排柱长廊。建筑平面符合教堂规范，为拉丁十字式，长约 47 米，宽约 18 米，堂身高 19 米。后部的至圣所为古安立甘式半穹顶结构。堂内设有圣坛、讲台、洗礼池，均装饰有精美浮雕。玻璃窗的设计与众不同，既非全部采用白玻璃，也没有全部采用彩色玻璃，而是花白相间，不成规则。通常的一种解释是这座教堂自建成以后，每隔一两年，便换上几块彩色玻璃。每一次玻璃的更换，都是为了纪念某一位死去的英国教徒。

20 大陆大楼（大陆银行、上投大厦，上海市优秀历史建筑）
"装饰艺术"风格，立面强调竖向构图。底部两层花岗石砌筑，窗洞口上下连通，中部与顶部略有后退，形成对称的层次感，女儿墙和基座上的门窗檐口有几何装饰图案。

21 德华银行上海分行大楼（江川大楼、物资供应站、市医药供应公司，上海市优秀历史建筑）

该大楼原高 4 层，1988 年加建两层，现为 6 层，破坏了原立面的和谐比例，无基座层。四根仿科林斯式花岗石柱贯通一至三层，台口线下有齿形饰，朝向西北转角入口处有巴洛克式的断山花装饰。建筑外墙面采用花岗石饰面，建筑整体呈新古典主义风格。

22 三井银行大楼（上海公库、建设银行分行，上海市优秀历史建筑）

三井银行大楼顶部 2 层为后退台阶式。南立面设 6 根贯通三至六层的六边形壁柱，中间为两双壁柱，外墙面采用花岗石饰面，主门口的双扇推拉式铜门及铜窗栅有精致的花纹图案，整个建筑呈带有"装饰艺术"纹样的新古典主义式。门廊两边还有一对石狮子，更增加了银行建筑的威严与庄重。营业大厅两层高，有三面回廊，大理石墙面，顶部还有彩色玻璃顶棚，气派非凡。

23 中华邮政储金汇业局（外滩邮电支局，上海市优秀历史建筑）

中华邮政储金汇业局占地面积为 914 平方米，坐北朝南。主立面中部设有四根贯通 3 层的仿爱奥尼式柱，突出了立面的竖向划分。1935 年改属邮政总局，原址在福州路江西路建设大厦，抗战胜利后迁于此。业务为办理邮政储金、邮政汇总及一般银行业务。

24 扬子饭店（长江饭店、申江饭店，上海市优秀历史建筑）

扬子饭店占地面积为 1802 平方米。是一幢较典型的现代主义建筑，具有"装饰艺术"风格。南立面逐层向内收缩形成台阶状造型。各立面为简洁垂直线条处理，在东南转角形成内收塔楼并重点装饰，形成建筑构图中心。外挑阳台简洁无装饰，底层墙面为新装修，这座饭店位于沐恩堂东侧，并与之形成良好的视觉效果。

21 德华银行上海分行大楼（江川大楼、物资供应站、市医药供应公司，上海市优秀历史建筑）

建筑用途：办公建筑
地理位置：九江路 89 号
开放时间及电话：9：00 ～ 1：00，021-63211775
公共交通：轨道交通 2、10 号线，公交 20、30、42、135、135 区间、864 路
停车场：九江路北侧停车场，九江路江西中路
设计：德商培高洋行
建成时间：1916 年
建筑面积：不详
建筑层数：6 层
建筑结构：钢筋混凝土框架结构
Deutsch–Asiatische Bank Shanghai Branch Building（Jiangchuan Building, Material Supply Station, Shanghai Medical Supply Company）
Construction purposes：Office
Location：89 Jiujiang Road

23 中华邮政储金汇业局（外滩邮电支局，上海市优秀历史建筑）

建筑用途：办公建筑
地理位置：九江路 36 号
开放时间及电话：7：00 ～ 19：00，021-63214635
公共交通：轨道交通 2、10 号线，公交 20、30、42、135、135 区间、864 路
停车场：九江路北侧停车场，九江路江西中路
设计：英商德和洋行
建成时间：1936 年
建筑面积：不详
建筑层数：5 层
建筑结构：钢筋混凝土结构
China Postal Remittances and Saving Bank（Bund Post Office）
Construction purposes：Office
Location：36 Jiujiang Road

22 三井银行大楼（上海公库、建设银行分行，上海市优秀历史建筑）

建筑用途：办公建筑
地理位置：九江路 50 号
开放时间及电话：周一至周五 9：00 ～16：30、周六10：00 ～ 16：00，021-63236470
公共交通：轨道交通 2、10 号线，公交 20、30、42、135、135 区间、864 路
停车场：九江路北侧停车场，九江路江西中路
设计：英商公和洋行
建成时间：1934 年
建筑面积：不详
建筑层数：9 层
建筑结构：钢筋混凝土框架结构
Mitsui Bank Building（Shanghai Public Treasury, Branch of Construction Bank）
Construction purposes：Office
Location：50 Jiujiang Road

24 扬子饭店（长江饭店、申江饭店，上海市优秀历史建筑）

建筑用途：商业建筑
地理位置：汉口路 740 号
开放时间及电话：全天，021-60800800
公共交通：轨道交通 1、2、8 号线，公交 18、20、37、108、312、318、330、451、518、584、801、930 路，新川专线，隧道三线，隧道夜宵线
停车场：扬子饭店停车场
设计：李幡
建成时间：1934 年
建筑面积：10800 平方米
建筑层数：9 层
建筑结构：钢筋混凝土结构
Yangzi Hotel（Changjiang Hotel, Shenjiang Hotel）
Construction purposes：Commerce
Location：740 Hankou Road

25 申报馆（三环房产公司，上海市优秀历史建筑）
建筑用途：办公建筑
地理位置：汉口路 309 号
开放时间及电话：9：00～17：00，
021-62412935
公共交通：轨道交通 2、10 号线，公交 17、30、37、42、49、64、123 区间、316、801、864 路
停车场：申闻大厦停车库
设计：不详
建成时间：1918 年
建筑面积：3680 平方米
建筑层数：5 层
建筑结构：钢筋混凝土框架结构
Shenbao Publishing House（Sanhuan Estate Company）
Construction purposes：Office
Location：309 Hankou Road

27 中南大楼（爱建金融大楼，上海市优秀历史建筑）
建筑用途：办公建筑
地理位置：汉口路 110 号
开放时间及电话：9：00～16：30，
021-63230880
公共交通：轨道交通 2、10 号线，公交 17、20、30、42、49、64、135、135 区间、316、801、864 路
停车场：九江路北侧停车场，九江路江西中路
设计：英商马海洋行
建成时间：1924 年
建筑面积：不详
建筑层数：7 层
建筑结构：钢筋混凝土框架结构
China & South Sea Bank Building（Aijian Financial Building）
Construction purposes：Office
Location：110 Hankou Road

26 公共租界工部局大楼（上海市市政工程局等单位，上海市优秀历史建筑、上海市文物保护单位）
建筑用途：办公建筑
地理位置：汉口路 193～223 号
开放时间及电话：9：00～17：00，
021-63235533
公共交通：轨道交通 2、10 号线，公交 17、42、49、64、316、801、864 路
停车场：公共租界工部局大楼停车场
设计：特纳（英）
建成时间：1919 年
建筑面积：23000 平方米
建筑层数：4 层
建筑结构：钢筋混凝土框架结构
Shanghai Municipal Council Building（Shanghai Municipal Engineering Bureau, etc.）
Construction purposes：Office
Location：193-223 Hankou Road

28 美国总会（旅沪美侨俱乐部、花旗总会、高级法院，上海市优秀历史建筑）
建筑用途：商业建筑（办公建筑）
地理位置：福州路 209 号
开放时间及电话：不详
公共交通：轨道交通 2、10 号线，公交 17、49、64、66、66 区间、123 区间、306、316、801、929 路
停车场：福州路北侧临时停车场
设计：邬达克（匈）＋美商克利洋行
建成时间：1925 年
建筑面积：6753 平方米
建筑层数：7 层
建筑结构：钢筋混凝土结构
American Club（American Club, American Club, High Court）
Construction purposes：Commerce（Office）
Location：209 Fuzhou Road

25 申报馆（三环房产公司，上海市优秀历史建筑）
申报是近代中国发行时间最久、影响最大的报纸。报馆大楼坐南朝北，正门位于转角处，建筑檐口出檐较深，并设带旋涡饰的牛腿，下面为齿形饰，中间有束腰线，整个建筑略具新古典主义风格。底层为报馆印报工场，二层为营业厅、编辑室，三层为经理室、编辑室、会客室、餐厅等，四五层为编辑室、图书室、校对室、照相间等。

26 公共租界工部局大楼（上海市市政工程局等单位，上海市优秀历史建筑、上海市文物保护单位）
占地面积为 4832 平方米。主入口设在东北角，内有大理石饰面楼梯，前面有扇形门廊，用 4 根方柱和 12 根塔司干式花岗岩石柱支撑大平台，三楼有半圆形凸出阳台。院内原有一供万国商团训练的风雨操场，后改为汽车库，现成为礼堂。外墙面用花岗石饰面，显得雄厚坚实。二层窗洞上面以弧形和三角形的断山花相间。三四层之间有大挑檐。底层半圆拱券顶上有旋涡饰，墙脚边砌有矩形花坛。该建筑为新古典主义和巴洛克风格的结合。

27 中南大楼（爱建金融大楼，上海市优秀历史建筑）
中南大楼底层为营业大厅，其余皆为办公用房及库房。大楼坐北朝南，原高 5 层，1997 年大修时加建 2 层。立面为严谨对称的新古典主义构图，横、竖均为三段式划分，原为一个大门入口，其两侧有塔司干式双花岗石柱，二至四层中部有贯通三层的多立克式花岗石巨柱 4 根。大修时改为 3 个大门入口，每个入口两侧有塔司干式双花岗石柱共 8 根，窗洞四周有精致的雕饰。外墙面原为水刷石饰面，大修时外墙面及柱子均改为涂料。

28 美国总会（旅沪美侨俱乐部、花旗总会、高级法院，上海市优秀历史建筑）
占地面积为 916 平方米。外立面竖向作三段式划分，底层中部入口处为由 4 根塔司干式柱子围合而成的浅门廊。二层有落地长窗，配以半圆装饰拱，外面挑出通长铁栏杆阳台。一至五层皆为矩形窗洞，窗洞上面有白色大理石的平券状楣饰，顶层为帕拉第奥母题式双壁柱券窗，其上有挑出的檐口，檐口下饰有排齿，一二层间有带排齿的束腰线。门厅内有一部大理石楼梯，底层设餐厅，东西各设一部电梯，西部为弹子房，东部为酒吧间。二层为休息室、扑克室、麻将室、阅览室、舞厅。三层以上为会员住宿房间，内部装修比较细腻、豪华。建筑呈美洲殖民地时期乔治式风貌。

29 正广和汽水有限公司新办公楼（上海市机要局，上海市优秀历史建筑）
该建筑为英国露明木骨架建筑（half-timbered building），平面凹形，两翼向后。南立面对称，中部架空为过街楼式主入口，山墙屋顶博风板上有木雕饰，红平瓦双陡坡屋面，砖砌壁炉烟囱。

30 永年大楼（永年人寿保险公司、轻工业局老干部大学、上海巴黎国际银行，上海市优秀历史建筑）
主立面大门面向东北，入口门廊前有一对仿爱奥尼式石柱，上部大石柱间还施以小石柱。底层有连续古典式半圆拱券窗，二三层有贯通两层的仿爱尼式石壁柱，二层窗洞有巴洛克式弧形和三角形相间的断山花装饰，三层为平窗洞，给立面造成一种变化多端的气氛，屋顶檐口处有齿形饰，原屋顶处有透空式花瓶栏杆女儿墙。门厅上穹顶及四壁均有以金色及彩色马赛克镶拼而成的图画，内容皆为圣经故事，画面五光十色，使整个门厅显得十分豪华气派。整个建筑具有英国新古典主义特征，局部带有巴洛克装饰。

31 三菱洋行大楼（兰会所、懿德大楼，上海市优秀历史建筑）
该大楼占地面积 782 平方米。主要入口设在转角处，二至四层转角嵌入半圆形塔楼，转角处为构图中心。勒脚及窗台采用花岗石制作，外墙面采用青石饰面，窗下墙处有垂花饰。立面竖向作三段式划分处理。底层有半圆形拱券木窗，二三层连在一起处理成贯通两层的仿科林斯式方形壁柱及半圆形拱券木窗。外貌呈新古典主义格调，略带巴洛克式装饰。

32 中汇大厦（上海市优秀历史建筑）
占地 1296 平方米，红砖清水外墙，集银行、写字间、公寓于一体。银行大厅立柱、地板及柜台均用大理石铺砌。天棚用钢条作径，中嵌小方玻璃，新奇夺目，在当时可称沪上一绝。四周墙面全用玻璃砖贴砌。二楼设信托部、地产部、保管库、会议厅、董事和董事长室及各科办公室。三至九层为写字间，共 200 余间，每层设宽大休息场所，供租户会客之用。大厦因四面临街，写字间光线十分充足明亮。十至十二层为西式公寓，每室距正屋 3～5 室，附有浴室、厨房伙食间及仆人室等。厨房伙食间有煤气、冰箱、洗物器及伙食橱等一应俱全。十三层为行员休息室。再上两层为水塔。屋顶平台可供住户散步。曾为上海历史博物馆所用。

29 正广和汽水有限公司新办公楼（上海市机要局，上海市优秀历史建筑）
建筑用途：办公建筑
地理位置：福州路 44 号
开放时间及电话：9：00～17：00，021-63230007
公共交通：轨道交通 2、10 号线，公交 17、42、49、64、316、801 路，隧道九线
停车场：四川中路西侧道路停车场
设计：英商公和洋行
建成时间：1936 年
建筑面积：不详
建筑层数：2 层
建筑结构：砖木结构
Aquarius Company New Office Building（Shanghai Confidential Bureau）
Construction purposes：Office
Location：44 Fuzhou Road

30 永年大楼（永年人寿保险公司、轻工业局老干部大学、上海巴黎国际银行，上海市优秀历史建筑）
建筑用途：办公建筑
地理位置：广东路 93 号
开放时间及电话：周一至周五 9：00～17：00，周日 9：00～12：00，13：00～16：00，021-63298200
公共交通：公交 66、66 区间、123、145、306、307、311、316、317、320、576、868、910、929、934 路，隧道九线
停车场：四川中路广东路停车场
设计：英商通和洋行
建成时间：1901 年（清光绪二十七年）
建筑面积：3816 平方米
建筑层数：主体 3 层，局部 4 层
建筑结构：钢筋混凝土框架结构
Yongnian Building（China Mutual Life Insurance Building, Retired University of Light Industry Bureau, Shanghai International Bank of Paris）
Construction purposes：Office
Location：93 Guangdong Road

31 三菱洋行大楼（兰会所、懿德大楼，上海市优秀历史建筑）
建筑用途：办公建筑（商业建筑）
地理位置：广东路 94～102 号
开放时间及电话：11：00～23：00，021-63238029
公共交通：公交 311、316、320 路，隧道九线
停车场：四川中路广东路停车场
设计：福井房一（日）
建成时间：1912 年
建筑面积：2945 平方米
建筑层数：4 层（转角处 5 层）
建筑结构：混合结构
Mitsubishi Corporation Building（LAN, Yide Building）
Construction purposes：Office（Commerce）
Location：94-102 Guangdong Road

32 中汇大厦（上海市优秀历史建筑）
建筑用途：城市综合体
地理位置：延安东路 143 号
开放时间及电话：9：00～17：00，021-63742264
公共交通：公交 17、66、66 区间、71、127、145、202、306、929、934 路
停车场：外滩中心停车场，延安东路 222 号
设计：黄日鲲 + 赖安吉爱（法）
建成时间：1934 年
建筑面积：不详
建筑层数：15 层
建筑结构：钢筋混凝土结构
Central Tower
Construction purposes：Urban Complex
Location：143 Yan'an Road（E）

33 上海华商纱布交易所大楼（上海自然博物馆，上海市优秀历史建筑）
建筑用途：办公建筑（展览建筑）
地理位置：延安东路 260 号
开放时间及电话：周二至周日
9：00 ～ 17：00，021-63213548
公共交通：公交 66、66 区间、71、127、145、202、306、311、316、320、584、929、934、980 路、隧道三、六、九线、隧道夜宵线
停车场：外滩中心停车场，延安东路 222 号
设计：英商通和洋行
建筑时间：1923 年
建筑面积：12320 平方米
建筑层数：5 层
建筑结构：钢筋混凝土框架结构
Chinese Cotton Goods Exchange Building（Shanghai Museum of Natural History）
Construction purposes：Office（Exhibition）
Location：260 Yan'an Road（E）

34 惠德丰大楼（德士古大楼、四川大楼、上海黄浦房地产股份有限公司，上海市优秀历史建筑）
建筑用途：办公建筑
地理位置：延安东路 110 号
开放时间及电话：9：00 ～ 17：00，021-63232397
公共交通：公交 66、66 区间、71、123、127、145、202、306、307、311、316、317、320、576、868、910、929、934 路
停车场：四川中路广东路停车场
设计：伯韵士（挪）
建成时间：1943 年
建筑面积：不详
建筑层数：7 层
建筑结构：钢筋混凝土框架结构
Wheelock Building（Caltex Petroleum Corporation Building, Sichuan Building, Shanghai Huangpu Real Estate Company）
Construction purposes：Office
Location：110 Yan'an Road（E）

35 大北电报公司大楼（上海长途电信科技发展公司、上海市城市交通管理局，上海市优秀历史建筑）
建筑用途：办公建筑
地理位置：延安东路 34 号
开放时间及电话：装修中，021-63630922
公共交通：公交 123、145、307、311、316、317、320、576、868、910、934 路，隧道九线
停车场：四川中路广东路停车场
设计：英商新瑞和洋行
建成时间：1922 年
建筑面积：不详
建筑层数：7 层
建筑结构：钢框架结构
Great Northern Telegraph Corporation New Building（Shanghai Telecom Science & Technology Development Company, Ltd., Shanghai Urban Transport Bureau）
Construction purposes：Office
Location：34 Yan'an Road（E）

33 上海华商纱布交易所大楼（上海自然博物馆，上海市优秀历史建筑）
占地面积为 2687 平方米，建筑风格为折中主义式。立面以束腰线竖向划分为三段，三四层有变形的爱奥尼式方壁柱，每根窗间壁柱上下对齐，呈叠柱式。主入口开间略向前凸出，顶部有三角形断山花装饰。入口设在二楼，由底层室内大台阶拾级而上直接进入二楼大厅。入口大门处有 4 根柱子，中间 2 根为仿爱奥尼式壁柱，两侧为变形的爱奥尼式方壁柱。束腰线下均有齿形饰，西南向转角处有冠以圆穹顶的塔楼。

34 惠德丰大楼（德士古大楼、四川大楼、上海黄浦房地产股份有限公司，上海市优秀历史建筑）
建筑造型采用当时流行的德国包豪斯（Bauhaus）设计理念，建筑立面强调横线条构图，属现代主义建筑风格。转角处主入口为构图中心，顶部女儿墙高起。外墙面用米色毛釉面砖贴面，走廊用水磨石饰面。该大楼主要作办公之用，所以全部房间按办公室功能分隔，办公室全部采用硬木狭条地板。

35 大北电报公司大楼（上海长途电信科技发展公司、上海市城市交通管理局，上海市优秀历史建筑）
大北电报公司大楼坐北朝南，以延安东路的正门为纵轴线，两边形成对称，三个入口大门，门洞两侧各有塔司干式石柱一对。立面按西方古典柱式构图，整幢大楼以一二层，中间三至五层和第六层作竖向三段划分处理，一二层处理成基座，第六层处理成檐部，出挑深远的台口线之上的第七层形似屋顶层，其南面有通长的阳台。每层窗口、窗下墙处有不同的古典装饰。室内有象征丹麦的装饰符号。整个建筑显得简洁、典雅、匀称、协调和平稳，具有折中主义建筑风格。

01 基督教青年会大楼（浦光中学、浦光大楼，上海市优秀历史建筑）
建筑用途：宗教建筑（文化建筑）
地理位置：四川中路 595 ～ 607 号
开放时间及电话：学校不对外开放，
021–63231701
公共交通：轨道交通 10 号线，公交
14、17、21、64、220、316、801、
939 路
停车场：上海半岛酒店停车库，中山东
一路 32 号
设计：英商爱尔德洋行
建成时间：1907 年（清光绪三十三年）
建筑面积：不详
建筑层数：9 层
建筑结构：砖混结构
Ymca Building（Puguang Middle
School, Puguang Building）
Construction purposes：Religion
（Culture）
Location：595–607 Sichuan Road（M）

02 慈安里（上海市优秀历史建筑）
建筑用途：居住建筑
地理位置：四川中路 391 号，南京东
路 114 ～ 142 号
开放时间及电话：住宅不对外开放
公共交通：轨道交通 2、10 号线，公
交 20、37、66、66 区间、220、306、
921、929 路
停车场：天津路北侧路面停车带
设计：英商爱尔德洋行
建成时间：1906 年（清光绪三十二年）
建筑面积：4793 平方米
建筑层数：5 层（顶层为阁楼）
建筑结构：砖木混合结构
Hall & Holtz Co. Building
Construction purposes：Residence
Location：391 Sichuan Road（M）/
114–142 Nanjing Road（E）

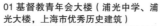

01 基督教青年会大楼（浦光中学、浦光大楼，上海市优秀历史建筑）
建筑平面呈梯形，是一幢较典型的新古典主义建筑。清水砖墙涂有红色涂料，入口处有被打断的白色三角形山花装饰，及方形爱奥尼柱式，形成立面的视觉中心。底层有五个尺度较大的拱形门洞，带券心石。黑色钢窗，窗套三至五层凸出强调竖向线条。上部 3 层向后形成退台式，并主要强调横向划分，与下部协调性稍差。

02 慈安里（上海市优秀历史建筑）
占地面积为 969 平方米。建筑平面呈 L形，沿街底层建成店面。立面为青砖墙面，典雅素净，局部采用古典装饰符号，屋顶老虎窗立面为巴洛克式，与楼层横线在色彩上均为白色，彼此呼应，亦使建筑外立面丰富多彩。建筑风格主要呈法国文艺复兴式。

04 四川中路地块图

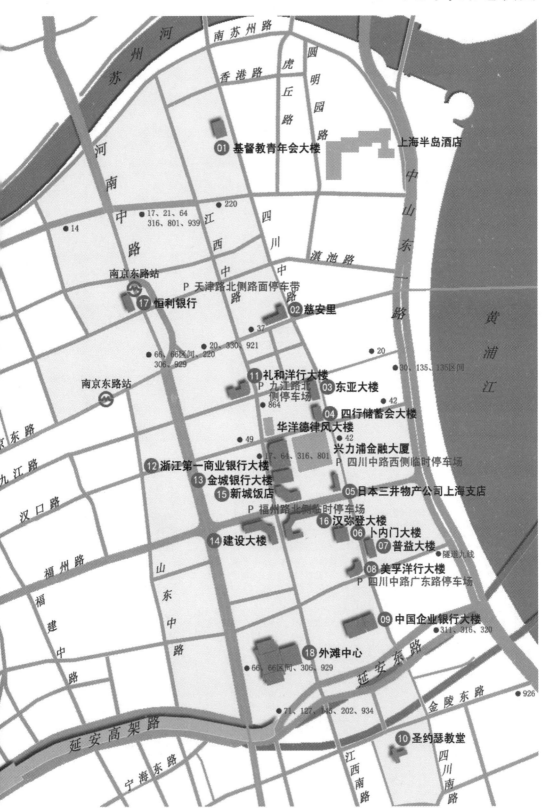

基督教青年会大楼 **01**

上海半岛酒店

● 17、21、64 316、801、939

● 220

● 14

南京东路站

P 天津路北侧路面停车带

17 恒利银行

02 慈安里

● 37

● 20、330、921

● 20

● 66、66区间、220 306、929

● 30、135、135区间

南京东路站

11 礼和洋行大楼

03 东亚大楼

P 九江路北侧停车场

● 42

● 864

04 四行储蓄会大楼

● 49

华洋德律风大楼

● 42

兴力浦金融大厦

● 17、64、316、801

P 四川中路西侧临时停车场

12 浙江第一商业银行大楼

13 金城银行大楼

05 日本三井物产公司上海支店

15 新城饭店

P 福州路北侧临时停车场

16 汉弥登大楼

06 卜内门大楼

07 普益大楼

● 隧道九线

14 建设大楼

08 美孚洋行大楼

P 四川中路广东路停车场

09 中国企业银行大楼

● 311、316、320

18 外滩中心

● 66、66区间、306、929

● 926

● 71、127、145、202、934

10 圣约瑟教堂

03 东亚大楼（东亚银行，上海市优秀历史建筑）

东亚大楼占地面积为 684 平方米。建筑主入口大门面向东北，位于街道拐角处。大门两侧设有塔司干式双大理石柱，并在东北角转角处顶部设柱廊塔楼，使该处更加成为建筑视觉中心。外墙面以竖直线纹图案进行装饰，建筑呈"装饰艺术"风格。底层自用为银行营业厅，其他楼层房间则出租。

04 四行储蓄会大楼（联合大楼、化轻公司、广东发展银行，上海市优秀历史建筑）

该大楼占地面积为 607 平方米。外立面从外形和色彩两方面作竖向三段式划分处理，突出了该建筑的特点。沿四川中路有 4 根贯通一二层的汉白玉壁柱，其两端及沿汉口路的窗两侧为双汉白玉方壁柱。建筑主入口朝东南，高 2 层的双重半圆拱券大门，上有半圆形孔雀开屏图案窗棚，三层转角处有汉白玉的弧形阳台。建筑外观具有英国乔治式折中主义风格。入口底层右侧为营业厅，楼层除部分出租外，余为库房和办公用房。

05 日本三井物产公司上海支店（毛表七厂办公室，上海市优秀历史建筑）

该建筑层高自下而上渐次降低，形成渐变韵律的立面图构，加上每层之间都有腰线，更加突出了这一立面设计特点。顶部出檐较深，檐下及门窗洞等部位均有精致的砖雕及石雕装饰，局部装饰呈古典神庙图构。底层花岗石勒脚，清水红砖外墙面，砖工精湛，以白色线勾缝。东立面有两组竖直的希腊式三角形山花与三连窗、双连窗的组合，东立面二层有出挑很长的附花瓶栏杆的阳台。整个建筑精致细腻。

06 卜内门大楼（储运大楼、上海时运物业集团、上海市新华书店，上海市优秀历史建筑）

占地面积为 676 平方米，平面近方形。外墙面以清水泥水刷石做成仿石墙面，底层仿大块石砌式样，二至五层窗间墙作壁柱状，柱头仿科林斯式。大门为半圆拱券窗，两扇木雕精致的大木门，两侧也为拱券形大玻璃窗。正立面与南立面墙上为引人注目的雕塑。入口上方、挑阳台两侧竖立两根贯通 3 层、柱头为仿科林斯式的圆柱，上承三角形山花和贝壳样纹饰。腰线之上两层的正侧面中部均稍作凹进。建筑外貌具新古典主义特征。

03 东亚大楼（东亚银行，上海市优秀历史建筑）

建筑用途：办公建筑
地理位置：四川中路 299 号
开放时间及电话：9：00 ～ 17：00，021-63297338
公共交通：轨道交通 2、10 号线，公交 20、30、42、135、135 区间、864 路，停车场：九江路北侧停车场，九江路江西中路
设计：匈商鸿达洋行
建成时间：1926 年
建筑面积：4389 平方米
建筑层数：8 层
建筑结构：钢筋混凝土框架结构
East Asia Building（East Asia Bank）
Construction purposes：Office
Location：299 Sichuan Road（M）

05 日本三井物产公司上海支店（毛表七厂办公室，上海市优秀历史建筑）

建筑用途：办公建筑
地理位置：四川中路 175 ～ 185 号
开放时间及电话：9：00 ～ 17：00，021-63239553
公共交通：公交 17、42、49、64、316、801 路
停车场：四川中路西侧临时停车场，四川中路福州路
设计：平野勇造（日）
建成时间：1903 年（清光绪二十九年）
建筑面积：7141 平方米
建筑层数：4 层
建筑结构：砖混结构
Mitsui & Company Shanghai Branch（The Seven Watch Factory Office）
Construction purposes：Office
Location：175–185 Sichuan Road（M）

04 四行储蓄会大楼（联合大楼、化轻公司、广东发展银行，上海市优秀历史建筑）

建筑用途：办公建筑
地理位置：四川中路 261 号
开放时间及电话：尚未营业
公共交通：公交 17、42、49、64、316、801、864 路
停车场：四川中路西侧临时停车场，四川中路福州路
设计：邬达克（匈）
建成时间：1926 年
建筑面积：5441 平方米
建筑层数：地上 9 层、地下 1 层
建筑结构：钢筋混凝土结构
Joint Savings Society Building（Joint Building、Chemicals & Lights Company, Ltd., Guangdong Development Bank）
Construction purposes：Office
Location：261 Sichuan Road（M）

06 卜内门大楼（储运大楼、上海时运物业集团、上海市新华书店，上海市优秀历史建筑）

建筑用途：办公建筑
地理位置：四川中路 133 号
开放时间及电话：9：00 ～ 17：00，021-63231062
公共交通：公交 17、42、64、311、316、320、801 路，隧道九线
停车场：四川中路广东路停车场
设计：格兰姆·布朗（英）+ 温格罗夫（英）
建成时间：1922 年
建筑面积：4636 平方米
建筑层数：7 层
建筑结构：钢筋混凝土框架结构
Brunner Mond Building（Logistics Building, Shanghai Fortune Property Group, Shanghai Xinhua Bookstore）
Construction purposes：Office
Location：133 Sichuan Road（M）

07 普益大楼（上海电器集团总公司等，上海市优秀历史建筑）
建筑用途：办公建筑
地理位置：四川中路 106 ～ 110 号
开放时间及电话：9：00 ～ 17：00，
021-63215530
公共交通：公交 311、316、320 路，
隧道九线
停车场：四川中路广东路停车场
设计：英商德和洋行
建成时间：1922 年
建筑面积：6959 平方米
建筑层数：8 层
建筑结构：钢筋混凝土结构
Asia Realty Co. Building（Shanghai
Electric Group Corporation, etc.）
Construction purposes：Office
Location：106–110 Sichuan Road（M）

09 中国企业银行大楼（轻工业局，上海市优秀历史建筑）
建筑用途：办公建筑
地理位置：四川中路 33 号
开放时间及电话：9：00 ～ 17：00，
021-63234624
公共交通：公交 66、66 区间、71、
127、145、202、306、311、316、
320、929、934 路
停车场：四川中路广东路停车场
设计：美商哈沙德洋行
建成时间：1931 年
建筑面积：9200 平方米
建筑层数：8 层
建筑结构：钢筋混凝土框架结构
The China Industrial Bank Building
（Light Industry Bureau）
Construction purposes：Office
Location：33 Sichuan Road（M）

07 普益大楼（上海电器集团总公司等，上海市优秀历史建筑）
该大楼坐东朝西，一至二层处理成基座，中部和两侧共 3 个半圆拱券门洞，门口各设多立克式青石柱一对，门洞之间设有贯通两层的塔司干式柱。第七层处理成檐部，出挑深远的台口线下有牛腿，第八层形似屋顶层。外墙面及塔司干柱原均以青水泥中掺加细白石碴和细煤棱黑石碴的水刷石饰面，现均已加涂墙面涂料，看不出原材质。建筑外貌呈折中主义风格。

08 美孚洋行大楼（黄浦区中心医院急诊部大楼）
占地面积 959 平方米。入口设在转角处，原为白色大理石塔司干式柱门廊，支承二层阳台。二层设有半圆落地拱券窗，三四层间有带齿形饰的较深挑檐，四层有连续的仿爱奥尼式双壁柱形成的假外廊。转角立面为构图中心。木窗、红砖砌清水外墙面，墙角及中间饰粗花岗石壁柱，屋顶四周围以带花瓶栏杆的透空式女儿墙。该建筑表现为新古典主义风格。

09 中国企业银行大楼（轻工业局，上海市优秀历史建筑）
用地面积为 1310 平方米。坐西朝东，底层层高较高，为银行的营业大厅。勒脚采用磨光的黑花岗石饰面，以上外墙面以褐色毛面砖贴面，形成外墙面材料光滑与毛糙的质感对比。窗下墙等处有细致的装饰，以竖向线条勾划立面，外观较稳重，钢窗制作精致。建筑整体表现出"装饰艺术"风格。

10 圣约瑟教堂（上海市优秀历史建筑）
教堂占地面积为 3570 平方米，墙上设扶壁，混水外墙面，正立面中间是拱形大门，上有尖形断山花，两边为拱形边门。大门上部有玫瑰窗，顶部中央的尖塔的塔座有精致的固定百叶窗，尖塔顶为铁皮制，上装有十字架。教堂正中是大祭坛，左右各有一座小祭坛。内部采用束柱和肋骨穹顶形式，但门窗洞上面均为半圆拱券。带有罗马式与哥特式混合的折中主义倾向。

08 美孚洋行大楼（黄浦区中心医院急诊部大楼）
建筑用途：办公建筑（医疗建筑）
地理位置：四川中路 109 号
开放时间及电话：全天，021-63212487
公共交通：公交 311、316、320 路，
隧道九线
停车场：四川中路广东路停车场
设计：不详
建成时间：1921 年
建筑面积：3805 平方米
建筑层数：4 层
建筑结构：钢筋混凝土框架结构
Standard–Vacuum Oil Company
Building（Central Hospital of Huangpu
District）
Construction purposes：Office
（Hospital）
Location：109 Sichuan Road（M）

10 圣约瑟教堂（上海市优秀历史建筑）
建筑用途：宗教建筑
地理位置：四川南路 36 号
开放时间及电话：9：00 ～ 16：00，
021-63280293
公共交通：公交 17、71、127、145、
202、926、934 路
停车场：外滩中心停车场，延安东路
222 号
设计：罗礼思（葡）
建成时间：1861 年（清咸丰十一年）
建筑面积：969 平方米
建筑层数：2 层
建筑结构：砖混结构
Joseph Cathedral
Construction purposes：Religion
Location：36 Sichuan Road（S）

11 礼和洋行大楼（黄埔旅社、鲤鱼门酒家，上海市优秀历史建筑）

占地面积 583 平方米。原为清水红砖外墙面，现底层外墙面已改用涂料饰面，天然石材雕饰。底层设有连续半圆拱券，以上各层有平缓的砖砌三心拱券，下有花瓶石栏杆，拱券间有双石壁柱，柱顶有石雕，是英国殖民地建筑的典型样式。屋顶上相应部位设有五个巴洛克式山花，起到了很好的装饰作用，丰富了建筑立面造型。礼和洋行大楼在其建成时是当时洋行中最大的建筑。

12 浙江第一商业银行大楼（华东建筑设计研究院，上海市优秀历史建筑）

该大楼坐东朝西，占地面积 1666 平方米。建筑立面运用现代主义设计手法，将建筑功能和装饰有机结合起来，在朴实无华的外墙面上仅在底层用花岗石贴面，以上均贴褐色面砖，显得较稳重。沿江西中路西立面是银行大楼的主立面，为防西晒做横线条遮阳处理。汉口路银行大楼入口处立面，为了表现建筑的高大，做竖线条处理，由此形成明显对比。

13 金城银行大楼（金城大楼、交通银行，上海市优秀历史建筑、上海市文物保护单位）

占地面积为 1775 平方米，高 25.9 米。正立面采用古典主义对称形式，以 6 根方柱横向划分成五段，形成凹凸的墙面，在两根希腊多立克式花岗石柱中间设大门。大门上架巴洛克式弧线五边形花岗石门额，上雕金城银行的标志——龙、凤、斧头等圆形图案。一二层自用，为营业大厅、会客厅、保管库、文书处、会计处和经理室等。入口营业大厅的楼梯处、中间留有较大面积可起缓冲作用的门厅，给人以宽敞的感觉。柱头上有棕叶和盾形饰等；井式楼板顶棚、窗口和楼梯等部位装饰华丽。二至四层均用紫铜色钢窗，临街窗户均装美观的曲铁花窗栅。金城银行大楼融合了新古典主义与折中主义的风格。

14 建设大楼（冶金工业局，上海市优秀历史建筑）

占地面积为 773 平方米。建筑师在设计时已考虑与附近已建成大楼的协调性，该大厦同东南侧的汉弥登大楼、东北侧的都城饭店对峙，故在造型上也采用以竖直线条为主，上部逐渐收缩的塔楼方案，立面放弃繁复的装饰，力求简洁明快。当时，工部局规定在租界主要路段上建造大楼必须考虑道路交通问题，因此，建筑平面在转角主入口处作"八"字形处理，让出部分转角路面作为环形车道，减缓了对交通中枢的压力。该大厦具有现代高层建筑风格。

11 礼和洋行大楼（黄埔旅社、鲤鱼门酒家，上海市优秀历史建筑）
建筑用途：办公建筑（商业建筑）
地理位置：江西中路 255 号
开放时间及电话：9：00 ～ 17：00，021-53080900
公共交通：轨道交通 2、10 号线，公交 17、20、30、37、49、64、135、135 区间、316、801、864 路
停车场：九江路北侧停车场，九江路江西中路
设计：不详
建成时间：1898 年（清光绪十八年）
建筑面积：2949 平方米
建筑层数：主体 4 层，屋顶层阁楼为 5 层
建筑结构：砖木结构
Carlowitz & Co. Building（Huangpu Hotel, Lei Yue Mun Restaurant）
Construction purposes：Office（Commerce）
Location：255 Jiangxi Road（M）

13 金城银行大楼（金城大楼、交通银行，上海市优秀历史建筑、上海市文物保护单位）
建筑用途：办公建筑
地理位置：江西中路 200 号
开放时间及电话：
9：00 ～ 16：30、周一至周五
9：00 ～ 11：30、13：00 ～ 16：30，
021-63293724
公共交通：公交 17、42、49、64、316、801、864 路
停车场：福州路北侧临时停车场，福州路 210 号
设计：庄俊 + 赉丰洋行
建成时间：1926 年
建筑面积：9783 平方米
建筑层数：6 层
建筑结构：钢筋混凝土框架结构
Kincheng Banking（Jincheng Building, Bank of Communications）
Construction purposes：Office
Location：200 Jiangxi Road（M）

12 浙江第一商业银行大楼（华东建筑设计研究院，上海市优秀历史建筑）
建筑用途：办公建筑
地理位置：江西中路 222 号
开放时间及电话：9：00 ～ 17：00，021- 63217420
公共交通：轨道交通 2、10 号线，公交 17、42、49、64、316、801、864 路
停车场：福州路北侧临时停车场，福州路 210 号
设计：华盖建筑事务所
建成时间：1948 年
建筑面积：13223 平方米
建筑层数：共 9 层，其中 1 层为夹层
建筑结构：钢筋混凝土框架结构
Zhejiang First Commerce Bank Tower（East China Architectural Design & Research Institute Co., Ltd）
Construction purposes：Office
Location：222 Jiangxi Road（M）

14 建设大楼（冶金工业局，上海市优秀历史建筑）
建筑用途：办公建筑
地理位置：江西中路 181 号
开放时间及电话：9：30 ～ 20：00，021-63231989
公共交通：公交 17、42、49、64、316、801、864 路
停车场：福州路北侧临时停车场，福州路 210 号
设计：英商新瑞和洋行
建成时间：1936 年
建筑面积：11757 平方米
建筑层数：18 层
建筑结构：钢筋混凝土框架结构、钢框架结构
Construction Building（Metallurgical Industry Bureau）
Construction purposes：Office
Location：181 Jiangxi Road（M）

15 新城饭店（都城饭店，上海市优秀历史建筑）
建筑用途：商业建筑
地理位置：江西中路 180 号
开放时间及电话：全天，021-63213030
公 共 交 通：公交 17、42、49、64、316、801、864 路
停车场：福州路北侧临时停车场，福州路 210 号
设计：英商公和洋行
建成时间：1934 年
建筑面积：10047 平方米
建筑层数：地上 14 层、地下 1 层
建筑结构：钢筋混凝土结构
Metropole Hotel（Metropole Hotel）
Construction purposes：Commerce
Location：180 Jiangxi Road（M）

17 恒利银行（南京东路幼儿园、永利大楼，上海市优秀历史建筑）
建筑用途：办公建筑
地理位置：河南中路 495、503 号，天津路 100 号
开放时间及电话：9：00 ～ 17：00，021-63221971
公共交通：轨道交通 2、10 号线，公交 14、17、20、21、37、64、66、66 区 间、220、306、316、330、801、921、929、939 路
停车场：天津路北侧路面停车带，天津路河南中路
设计：华盖建筑事务所
建成时间：1933 年
建筑面积：不详
建筑层数：5 层
建筑结构：钢筋混凝土结构
Shanghai Mercantile Bank（Nanjing Road（E）Kindergarten, Wynn House）
Construction purposes：Office
Location：495/503 Middle Hen'an Road/100 Tianjin Road

15 新城饭店（都城饭店，上海市优秀历史建筑）
占地面积为 1236 平方米，建筑高度为 65 米。建筑平面沿江西中路、福州路转角，为周边式布置，呈凹式扇形。主入口在转角处，中间为旋转玻璃门，大门前上方设斜拉雨篷。建筑造型八层以上逐步收缩，形成中央塔楼。立面以直线条为主，简洁大方，仅在底层与二层之间的腰线、顶部压顶及中央塔楼等部位做重点装饰。大楼底层设饭店大堂，二层设有豪华酒吧和舞厅。三层以上设各类客房，共有 127 套。

16 汉弥登大楼（福州大楼、中国冶金进出口上海公司等，上海市优秀历史建筑）
汉弥登大楼占地 4652.9 平方米。旧楼 6 层，于 1932 年完工，大门在福州路上。新楼 14 层，中部连地下室和塔楼共 17 层，于 1933 年完工。立面上多笔直的线条，窗框除二楼和顶层正中三扇为卷形，余皆长方格形。底层外墙为花岗石，二至十四层为白水泥人造石。新大楼平面沿马路转角周边式布置呈凹扇形，为摩天大楼造型，形体向上内收，立面竖直线条挺拔，具"装饰艺术"风格。新楼和旧楼连成一体，由于建筑占地大，建筑平面中间设两个大天井，以改善大厦内的通风和采光。

17 恒利银行（南京东路幼儿园、永利大楼，上海市优秀历史建筑）
该建筑呈"装饰艺术"风格。白色水泥墙面为主，强调竖向线条，风格简洁，部分西立面及转角为耐火砖墙面，底层层高较高，黑色塑钢窗，入口上部有钱币图案铁饰。

18 外滩中心
外滩中心融办公、居住、酒店于一体。是外滩的标志性建筑。占地面积超过 20000 平方米，高 198 米。由一幢 50 层的写字楼和两幢 26 层的上海外滩中心威斯汀大饭店组成。办公楼顶部独特的"皇冠"造型设计，高度为 25 米，直径 58 米，总重量近 600 吨。皇冠金光耀眼，浪漫迷人。外滩中心有效地把现代建筑设计和文化元素结合在一起。

16 汉弥登大楼（福州大楼、中国冶金进出口上海公司等，上海市优秀历史建筑）
建筑用途：办公建筑
地理位置：江西中路 170 号
开放时间及电话：不对外开放
公 共 交 通：公交 17、42、49、64、316、801、864 路
停车场：福州路北侧临时停车场，福州路 210 号
设计：英商公和洋行
建成时间：1933 年
建筑面积：12294 平方米（新大楼）、17330 平方米（老大楼）
建筑层数：新楼 14 层、旧楼 6 层
建筑结构：钢筋混凝土框架结构
Hamilton House（Fuzhou Building, China Metallurgical Import & Export Shanghai Company, etc.）
Construction purposes：Office
Location：170 Jiangxi Road（M）

18 外滩中心
建筑用途：城市综合体
地理位置：河南中路 88 号
开放时间及电话：全天，021-63351888
公 共 交 通：公交 66、66 区 间、71、127、145、202、306、311、316、320、929、934 路
停车场：外滩中心停车库
设计：美国波特曼建筑设计事务所
建成时间：2002 年
建筑面积：190000 平方米
建筑层数：地上 50 层、地下 3 层
建筑结构：框筒结构
Bund Center
Construction purposes：Urban Complex
Location：88 Henan Road（M）

01 金门大酒店（华安合群人寿保险公司、华侨饭店，上海市优秀历史建筑、上海市文物保护单位）
建筑用途：商业建筑
地理位置：南京西路 104 号
开放时间及电话：全天，021-63276226
公共交通：轨道交通 1、2 号线，公交 20、37、318、330、451、921 路
停车场：金门大酒店停车场
设计：美商哈沙德洋行
建成时间：1926 年
建筑面积：12526 平方米
建筑层数：9 层
建筑结构：钢筋混凝土框架结构
Pacific Hotel（Huaan Life Insurance Company, Overseas Chinese Hotel）
Construction purposes：Commerce
Location：104 Nanjing Road（W）

02 上海市体育俱乐部（西桥俱乐部、上海体育总会、市体委，上海市优秀历史建筑、上海市文物保护单位）
建筑用途：商业建筑
地理位置：南京西路 150 号
开放时间及电话：9：00 ～ 23：00，021-63275330
公共交通：轨道交通 1、2 号线，公交 20、37、318、330、451、921 路
停车场：国际饭店停车场
设计：美商哈沙德洋行
建成时间：1932 年
建筑面积：11306 平方米
建筑层数：11 层
建筑结构：钢筋混凝土框架结构
Shanghai Sport Club（Xiqiao Club, Shanghai Sport Federation, Shanghai Sport Commission）
Construction purposes：Commerce
Location：150 Nanjing Road（W）

03 国际饭店（四行储蓄总会，上海市优秀历史建筑、上海市文物保护单位、全国重点文物保护单位）
建筑用途：商业建筑
地理位置：南京西路 170 号
开放时间及电话：全天，021-63275225
公共交通：轨道交通 1、2 号线，公交 20、37、318、330、451、921 路
停车场：国际饭店停车场
设计：邬达克（匈）
建成时间：1934 年
建筑面积：15650 平方米
建筑层数：地上 22 层、地下 2 层
建筑结构：钢框架结构
International Hotel（Joint Savings Society）
Construction purposes：Commerce
Location：170 Nanjing Road（W）

01 金门大酒店（华安合群人寿保险公司、华侨饭店，上海市优秀历史建筑、上海市文物保护单位）
该建筑占地面积为 1973 平方米，高 38.16 米。建筑平面呈 "工" 字形，立面竖向做三段式划分，一二层为基座层，中部入口处作三间仿罗马多立克式列柱处理，两侧为仿爱奥尼柱三连券窗，形成横向三段。对称中轴，八层以上有两层环柱式钟楼，下层为仿科林斯式柱，上层为塔司干式柱，顶部冠以镏金半球形穹顶。其底部两层立面处理与钟楼均为复古式样，整体较为简洁，呈折中主义风格。建筑造型雄伟、典雅别致。

02 上海市体育俱乐部（西桥俱乐部、上海体育总会、市体委，上海市优秀历史建筑、上海市文物保护单位）
该建筑造型别致、简洁，外形及装饰略具古典风格，遵循横、竖三段式的分段模式。大楼墙体上饰有工艺美术派风格的砖砌墙面，细部处理精致。二三层采用巨柱和拱形大长窗，四层以上在凹条深棕色处开有规则的芝加哥窗，窗洞下皆有一浅色花饰。大门口竖有两根金属灯柱，灯柱和柱基皆饰有植物浮雕。

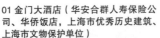

03 国际饭店（四行储蓄总会，上海市优秀历史建筑、上海市文物保护单位、全国重点文物保护单位）
占地面积为 1179 平方米，高 83.8 米。1982 年前是上海最高的建筑，美国 "装饰艺术" 摩天大楼的造型。外部立面采用竖直线条处理，在塔楼的二、三层及十四层窗转角处装配巨型圆角玻璃，显示出强烈的立体感。塔楼部分从十四层开始逐步收进成台阶状，具有现代建筑的简洁、挺拔、稳固和高雅气质，并具有典型的装饰艺术风格。国际饭店在层高处理上十分灵活，即按功能有所区别。底层营业厅高 7 米，有夹层，其层高为 3.8 米，二层餐厅层高为 4.78 ～ 5.23 米，标准层客房层高为 3.4 米。

05 人民广场地块图

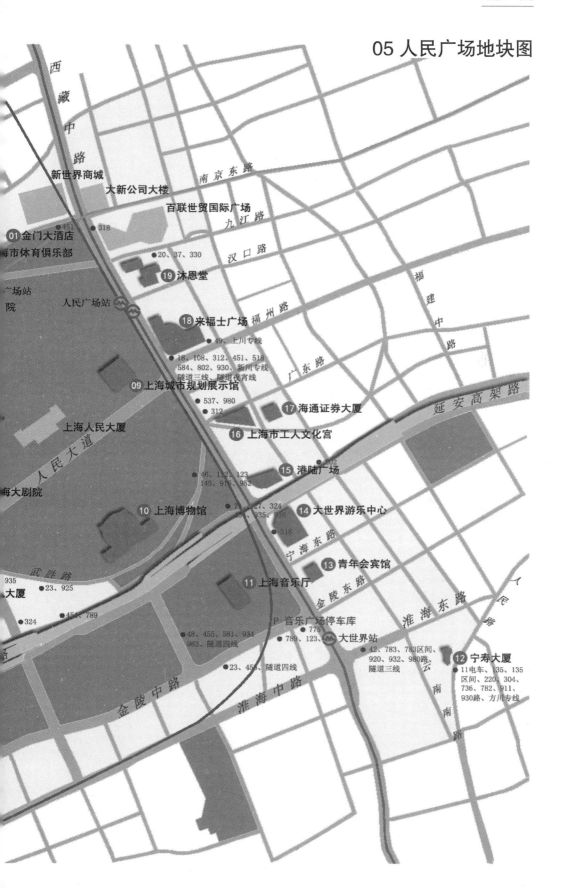

西藏中路

新世界商城
大新公司大楼
百联世贸国际广场
南京东路
九江路

01 金门大酒店 ● 451
● 318
市体育俱乐部
● 20、37、330
汉口路

19 沐恩堂
广场站
人民广场站
院

18 来福士广场 福州路
福建中路
● 49、上川专线
● 18、108、312、451、518
584、802、930、新川专线
隧道三线、隧道夜宜线
09 上海城市规划展示馆
● 537、980
17 海通证券大厦
广东路
● 312
16 上海市工人文化宫
延安高架路
上海人民大厦
人民大道
● 46、112、123
145、916、952
15 港陆广场 ● 802
海大剧院
10 上海博物馆
● 17、324
935、936
14 大世界游乐中心
● 318
宁海东路
13 青年会宾馆
武胜路
11 上海音乐厅
金陵东路
935
● 23、925
淮海东路
大厦
P 音乐广场停车库
● 775
● 324 ● 455、789
● 789、123、06 大世界站
● 48、455、581、934
983、隧道四线
● 42、783、783区间、
920、932、980路
隧道三线
12 宁寿大厦
11电车、135、135
区间、220、304、
736、782、911、
930路、方川专线
● 23、455、隧道四线
金陵中路
淮海中路
南路

04 大光明电影院（大光明大戏院，上海市优秀历史建筑、上海市文物保护单位）

大光明电影院曾经享有"远东第一影院"的盛名，外立面造型为美国近现代建筑风格。观众厅平面配以金黄色波浪形装饰，流畅的圆弧曲线从大厅顶部环绕整个影院，与外立面的船帆造型相呼应。宽敞的观众休息厅优雅且充满文化艺术氛围。南立面由大面积玻璃长窗与半透明玻璃灯柱组成，西侧耸立的长方形玻璃灯柱和大门口乳白色玻璃雨篷十分别致。

05 仙乐斯广场

建筑造型上强调非对称的均衡。稍加变化的长方体块、四组不同肌理的玻璃幕墙与悬浮的"空中立方"，以寻求与众不同的体量表达，展示一种独特个性。"空中立方"是一个位于建筑角部、贯穿四层的玻璃中庭，提供了休憩交流的场所和俯瞰城市的独特视度。通过切割与变形，隐喻着新上海对变的适应性，体量和立面的处理使得整幢大楼在不同的光线和视角下呈现出不同的色彩。

06 上海美术馆（上海跑马总会，上海市优秀历史建筑、上海市文物保护单位）

这幢建筑 1949 年之后曾作为上海博物馆、上海图书馆馆址。现保留了原有建筑 30 年代英式风格楼宇的新古典主义外观，并根据美术馆建筑功能要求进行了内部改造。原跑马厅布置采用现代俱乐部式样，底层为会员及来宾售票处，夹层是会员滚场，底楼是会员俱乐部，设有咖啡室、纸牌室、阅报室、弹子房等，南部有来宾小餐厅，二、三楼设会员包厢 30 处，顶层是职员宿舍。

07 明天广场

明天广场由高层塔楼、裙楼和连接中庭三部分组成，其中 55 层的塔楼在第三十七层的高度平面旋转了 45°，造就了其形体设计中的亮点。塔楼立面建筑材料采用玻璃与铝板，表达着体量上的丰富变化。建筑的顶部呼应形体上变化的手法，由 4 根三角支柱组成金字塔型。形体的变化与内部不同的功能相呼应，三十七层以下作办公用途，以上则为五星级豪华酒店。6 层裙房是商业空间的核心，沿着场地以一道弧形横向包绕着塔楼，最大程度地强调了南京路出入口的重要位置。

04 大光明电影院（大光明大戏院，上海市优秀历史建筑、上海市文物保护单位）
建筑用途：观演建筑
地理位置：南京西路 216 号
开放时间及电话：9：00 ~ 23：00，021-63274260
公共交通：轨道交通 1、2、8 号线，公交 20、37、318、451、738、921 路
停车场：国际饭店停车场
设计：邬达克（匈）
建成时间：1928 年
建筑面积：6249 平方米
建筑层数：4 层
建筑结构：钢筋混凝土框架结构
Grand Theatre
Construction purposes：Performance
Location：216 Nanjing Road（W）

06 上海美术馆（上海跑马总会，上海市优秀历史建筑、上海市文物保护单位）
建筑用途：展览建筑
地理位置：南京西路 325 号
开放时间及电话：9：00 ~ 17：00，021-63272829-200
公共交通：轨道交通 2 号线，公交 20、36、37、49、109、148、330、738、921、974 路，沪嘉专线
停车场：明天广场停车库
设计：英商马海洋行
建成时间：1933 年
建筑面积：21000 平方米
建筑层数：5 层
建筑结构：钢筋混凝土结构
Shanghai Art Museum（Shanghai Race Club Building）
Construction purposes：Exhibition
Location：325 Nanjing Road（W）

05 仙乐斯广场
建筑用途：城市综合体
地理位置：南京西路 388 号
开放时间及电话：10：00 ~ 22：00，021-63592699
公共交通：轨道交通 2 号线，公交 20、36、37、148、330、738、921、974 路，沪嘉专线
停车场：仙乐斯广场停车场
设计：美国恒隆威建筑设计事务所 + 上海建筑设计研究院
建成时间：2002 年
建筑面积：80770 平方米
建筑层数：地上 37 层、地下 3 层
建筑结构：钢筋混凝土框筒结构、悬挑中庭采用吊索结构
Ciros Plaza
Construction purposes：Urban Complex
Location：388 Nanjing Road（W）

07 明天广场
建筑用途：城市综合体
地理位置：南京西路 399 号
开放时间及电话：8：30 ~ 18：30，021-63591088
公共交通：轨道交通 1、2、8 号线，公交 20、36、37、49、109、148、330、738、921、933、974 路，沪嘉专线
停车场：明天广场停车场
设计：美国波特曼建筑设计事务所 + 上海建筑设计研究院
建成时间：2001 年
建筑面积：120000 平方米
建筑层数：地上 60 层、地下 3 层
建筑结构：钢筋混凝土框筒结构
Tomorrow Square
Construction purposes：Urban Complex
Location：399 Nanjing Road（W）

08 上海大剧院
建筑用途：观演建筑
地理位置：人民大道 300 号
电话：021-63868686
公共交通：轨道交通 1、2、8 号线，
公　交 20、23、37、49、109、324、
330、738、921、925、935 路
停车场：上海大剧院停车场
设计：法国夏邦杰建筑设计事务所 +
华东建筑设计研究院
建成时间：1998 年
建筑面积：62803 平方米
建筑层数：8 层
建筑结构：钢筋混凝土框架、剪力墙、
空间钢桁架结构
Shanghai Grand Theatre
Construction purposes: Performance
Location: 300 Renmin Avenue

10 上海博物馆
建筑用途：展览建筑
地理位置：人民大道 201 号
开放时间及电话：9：00 ～ 17：00，
021-63723500
公共交通：轨道交通 1、2、8 号线，
公　交 23、46、71、112、123、127、
145、318、324、454、916、925、
935、936、952 路
停车场：上海博物馆停车场
设计：邢同和建筑创作研究室
建成时间：1995 年
建筑面积：38000 平方米
建筑层数：地上 5 层、地下 2 层
建筑结构：现浇混凝土框架结构
Shanghai Museum
Construction purposes: Exhibition
Location: 201 Renmin Avenue

08 上海大剧院
上海大剧院共有 3 个剧场，其中大剧场
有 1800 座，正厅从前排到后排起坡 5
米，最大程度地保证了视线无遮挡。大
剧院坐北朝南，布局方正。东立面有 4
块浮雕装饰墙面，用来引导人流。主入
口大堂高 18 米，以白色为主调，形成
了气派的共享空间。大堂和东西两侧休
息厅外围，采用先进的高达 15 米的钢
索玻璃幕墙，用钢索张拉结构支撑。晶
莹的彩釉玻璃反射了 30% 的阳光，使
室内不会过于炎热。

09 上海城市规划展示馆
该建筑在造型上强调了屋顶的空、透、
轻，且建筑整体色彩淡雅，与周围环境
协调融合。建筑的主次立面平衡。屋顶
采用了 4 个悬挑跨度为 13 米的曲线型
结构，与西端上海大剧院向天空展开的
屋面遥相呼应。

10 上海博物馆
上海博物馆占地面积为 8000 平方米
（12 亩）。设计构思来源于中国传统哲
学中"天圆地方"的理念，底层平面为
方形，二至五层逐层缩小，四、五层挑
出，为直径 80 米的圆形结构，建筑高
度为 29.5 米。圆顶方体基座构成了博
物馆的主要视觉特征。

**11 上海音乐厅（南京大戏院，上海市
优秀历史建筑、上海市文物保护单位）**
占地面积为 1382 平方米。有观众席
1122 座，其中楼下 640 座，楼上 482 座，
镜框舞台深 8.35 米、宽 16 米。观众
厅构图明确规范，复杂而不零乱，层次
丰富，色彩淡雅而庄重。其建筑属上海
少有的欧洲传统风格，休息大厅中 16
根赭色大理石圆柱气度不凡。为配合延
安路高架的拓宽建设，2003 年 4 月，
市政对上海音乐厅进行了平移，先在原
地顶升 1.7 米，然后向南移动 66.46 米，
再在新址往上顶升 1.68 米。

09 上海城市规划展示馆
建筑用途：展览建筑
地理位置：人民大道 100 号
开放时间及电话：周二至周四
9：00 ～ 17：00，周五至周日
9：00 ～ 18：00，021-63722077
公共交通：轨道交通 1、2、8 号线，
公　交 18、46、49、108、112、123、
145、312、451、518、537、584、
802、916、930、952、980 路，上川专线，
新川专线，隧道三线，隧道夜宵线
停车场：来福士广场停车库
设计：华东建筑设计研究院
建成时间：1999 年
建筑面积：20670 平方米
建筑层数：5 层
建筑结构：钢筋混凝土框架结构
Shanghai Urban Planning Exhibition
Center
Construction purposes: Exhibition
Location: 100 Renmin Avenue

**11 上海音乐厅（南京大戏院，上海市
优秀历史建筑、上海市文物保护单位）**
建筑用途：观演建筑
地理位置：延安东路 523 号
电话：021-63868920
公共交通：轨道交通 1、2、8 号线，
公　交 23、26、48、71、123、127、
318、324、454、455、581、775、
789、934、935、936、983 路，隧道
四线
停车场：音乐广场停车库
设计：范文照 + 赵深
建成时间：1930 年
建筑面积：3800 平方米
建筑层数：2 层
建筑结构：框架—排架混合结构
Shanghai Concert Hall（Nanjing Grand
Theater）
Construction purposes: Performance
Location: 523 Yan'an Road（E）

12 宁寿大厦（中国人寿大厦）
主楼以方形和弧形相结合，向内凹进的弧形玻璃面，配合城市道路的走向，悬挂在坚实的方体背景上。老的门楼位于南侧开放空间与人民路交界处，有较好的对位关系。老大门的厚实、浓彩与新建筑的轻盈、淡雅形成强烈的对比，从而求得彼此间的和谐共生。

13 青年会宾馆（淮海饭店、八仙桥基督教青年会，上海市优秀历史建筑、上海市文物保护单位）
俗称"八仙桥基督教青年会"，直到现在仍是上海青年会的主要活动场所之一。按照西方古典大厦式样设计中将民族建筑形式进行结合，尤其是装饰部分采用中国传统风格的建筑手法。大楼平面呈"凹"字形，沿西藏南路部分正面顶部有双檐，两檐间有一层，飞檐翘翼，檐下有斗栱。大门亦仿北京宫殿的隔扇，这是中国设计师最早设计的民族形式的高层建筑。

14 大世界游乐中心（人民游乐场，上海市优秀历史建筑、上海市文物保护单位）
大世界占地面积为 6000 平方米，高55.3 米。平面为 L 形。建筑风格比较混杂，主要是仿西方古典式。但仅限于大门、圆柱大厅及剧场等，12 根圆柱支撑的多层六角形奶黄色尖塔分外醒目，而内部则多中国传统形式。正门入内为圆柱大厅，六角形，厅南侧设哈哈镜，底层中央为露天剧场，现有天棚，屋顶为平台，夏天有露天影剧场，屋顶花园曾饲养孔雀、鹿等动物。大世界是近代娱乐建筑中有代表性的一处。

15 港陆广场
港陆广场占地面积为 4273 平方米。弧形尖顶配合银灰色金属挂板和反光玻璃幕墙，犹如银色巨人矗立于上海市中心。配合大厦独特设计的户外照明系统，更能显出其独特尊贵的形象。

12 宁寿大厦（中国人寿大厦）
建筑用途：办公建筑
地理位置：人民路 858 号
电话：021-63556666
公共交通：轨道交通 1、8 号线，公交 42、135、135 区间、220、304、736、782、783、783 区间、911、920、930、932、980 路，方川专线
停车场：宁寿大厦停车库
设计：同济大学建筑设计研究院
建成时间：1999 年
建筑面积：15363 平方米
建筑层数：19 层
建筑结构：框筒结构
Ningshou Building（China Life Tower）
Construction purposes：Office
Location：858 Renming Road

14 大世界游乐中心（人民游乐场，上海市优秀历史建筑、上海市文物保护单位）
建筑用途：商业建筑
地理位置：西藏南路 1 号
开放时间及电话：9：00～21：30，021-63367690
公共交通：轨道交通 1、2、8 号线，公交 46、71、112、123、127、145、202、318、324、454、916、935、936、952 路
停车场：港陆广场停车库
设计：周惠南
建成时间：1917 年（始建）、1924 年（重建）
建筑面积：14700 平方米
建筑层数：4 层
建筑结构：钢筋混凝土结构
World of Entertainment（People's Playground）
Construction purposes：Commerce
Location：1 Xizang Road（S）

13 青年会宾馆（淮海饭店、八仙桥基督教青年会，上海市优秀历史建筑、上海市文物保护单位）
建筑用途：商业建筑
地理位置：西藏南路 123 号
开放时间及电话：全天，021-63261040
公共交通：轨道交通 1、2、8 号线，公交 26、71、123、127、318、324、454、775、789、935、936 路
停车场：港陆广场停车库
设计：李锦沛＋范文照＋赵深
建成时间：1931 年
建筑面积：10422 平方米
建筑层数：9 层
建筑结构：钢筋混凝土框架结构
YMCA Hotel Shanghai（Huaihai Hotel, BaXian Bridge Young Men's Christian Association）
Construction purposes：Commerce
Location：123 Xizang Road（S）

15 港陆广场
建筑用途：办公建筑
地理位置：西藏中路 18 号
开放时间及电话：8：30～18：30，021-63851638
公共交通：轨道交通 1、2、8 号线，公交 46、71、112、123、127、145、202、318、324、454、916、935、936、952 路
停车场：港陆广场停车库
设计：巴马丹拿国际公司建筑师事务所
建成时间：1998 年
建筑面积：54800 平方米
建筑层数：地上 36 层、裙房 6 层、地下 3 层
建筑结构：钢筋混凝土框筒结构
Harbor Ring Plaza
Construction purposes：Office
Location：18 Xizang Road（M）

16 上海市工人文化宫（东方饭店，上海市优秀历史建筑）
建筑用途：商业建筑
地理位置：西藏中路 120 号
开放时间及电话：全天，021-63226155
公共交通：轨道交通 1、2、8 号线，公交 18、46、108、112、123、145、312、451、518、537、584、802、916、930、952、980 路，新川专线，隧道三线，隧道夜宵线
停车场：海通证券大厦停车库
设计：乌鲁恩
建成时间：1929 年
建筑面积：12240 平方米
建筑层数：7 层
建筑结构：钢混结构
Shanghai Workers' Cultural Palace (Oriental Hotel)
Construction purposes：Commerce
Location：120 Xizang Road (M)

17 海通证券大厦
建筑用途：办公建筑
地理位置：广东路 689 号
开放时间及电话：8：00 ～ 18：00，021- 63410564
公共交通：轨道交通 1、2、8 号线，公交 18、46、108、112、123、145、312、451、518、537、584、802、916、930、952、980 路，新川专线，隧道三线，隧道夜宵线
停车场：海通证券大厦停车库
设计：美国 HPA 建筑设计事务所
建成时间：2004 年
建筑面积：约 65000 平方米
建筑层数：地上 35 层、地下 3 层
建筑结构：钢筋混凝土框筒结构
Haitong Securities Building
Construction purposes：Office
Location：689 Guangdong Road

18 来福士广场
建筑用途：城市综合体
地理位置：西藏中路 268 号
开放时间及电话：10：00 ～ 22：00，021-63403333
公共交通：轨道交通 1、2、8 号线，公交 18、49、108、312、451、518、584、802、930 路，上川专线，新川专线，隧道三线，隧道夜宵线
停车场：来福士广场停车库
设计：巴马丹拿国际公司建筑师事务所 + 华东建筑设计研究院
建成时间：2003 年
建筑面积：87733 平方米
建筑层数：地上 51 层、地下 3 层
建筑结构：钢筋混凝土框筒结构
Raffles City
Construction purposes：Urban Complex
Location：268 Xizang Road (M)

19 沐恩堂（上海市宗教局，上海市优秀历史建筑、上海市文物保护单位）
建筑用途：宗教建筑
地理位置：西藏中路 316 号
开放时间及电话：星期日 7：00、9：00、14：00、19：00 做四次礼拜，021-63225029
公共交通：轨道交通 1、2、8 号线，公交 18、20、37、49、108、312、318、330、451、518、584、802、930 路，新川专线，隧道三线，隧道夜宵线
停车场：百联世茂国际广场停车库
设计：邬达克（匈）
建成时间：1931 年
建筑面积：3138.5 平方米
建筑层数：3 层
建筑结构：砖木结构
Shanghai Moore Memorial Church (Shanghai Bureau of Religious Affairs)
Construction purposes：Religion
Location：316 Xizang Road (M)

16 上海市工人文化宫（东方饭店，上海市优秀历史建筑）
占地面积为 2591 平方米。新古典主义风格。建筑直线的檐、角、顶组成了大大小小的矩形平面，使建筑富于立体感。直线与曲线、方与圆的融合，尤其牌楼式的顶部，在西式建筑中掺进中国元素，避免了单调而富有变化。整座建筑曲中有直，方圆结合，庄严高贵。饭店内附设有舞厅、弹子房，楼下还设有"东方书场"，是当时上海最大的书场。如今这里仍将评书这种喜闻乐见的民族艺术继续发扬光大。

17 海通证券大厦
海通证券大厦占地面积 5851 平方米，主楼外形是对称的方形，以金属、玻璃构成全对称的 8 片幕墙，幕墙顶部呈波形变化，5 层裙房由方形基座、圆形顶部组成。外墙的曲面幕墙使主楼外形线条流畅、飘逸。整幢建筑因为波动起伏的立面而富有活力。

18 来福士广场
来福士广场紧邻人民广场和南京路步行街，靠近上海博物馆和上海市政府，地理位置非常突出。因此沿着西藏中路的这幢建筑设置了长近百米的广场，集中了商场、影院、地铁出入口以及地面公交车站，为城市缓解了此处的人流集散，同时也使自身成为沪上又一个商业汇集之地和人流聚散的中心。建筑外形平实朴素，内部配备却相当精良。

19 沐恩堂（上海市宗教局，上海市优秀历史建筑、上海市文物保护单位）
沐恩堂占地面积 1347 平方米。主体是大堂，四角各有 3 层楼房，西南角有塔楼一座。大堂两侧及前部有回廊，回廊上有楼，供唱诗班用。大堂内顶部及四周门窗皆出尖拱形，有嵌铅条的彩绘玻璃窗，内容为《圣经》中的人物故事，以黄色调为主，天阴时看去似有淡淡的阳光透过，增加了室内的神秘气氛。建筑外观为美国学院复兴哥特式，墙面为红砖砌筑，墙角有隅石。

06 老城厢地块图

人民路

● 11、26

● 11、26、801

豫园站
福佑路

鄂尔多斯休闲广场

● 932

侯家路

02 沉香阁

01 豫

旧校场路

03 城隍

淮海东路

● 66、306、929、969
980、方川专线

方浜中路

金豫商厦

P 方浜中路旧校场路停车

● 66、306、929、980

复兴东路

黄浦中心大厦

● 24、581

8号线

中华路

04 小桃园清真寺

西仓桥街

河南南路

● 306、66、926
64、方川专线

● 24、304、451、775、969

老西门站

10号线

05 上海文庙

西藏

文庙路

● 736、920

01 豫园（全国重点文物保护单位）

明代四川布政使、上海人潘允端为了侍奉他的父亲——明嘉靖年间的尚书潘恩，特邀请园林名家张南阳设计建造了豫园，取"豫悦老亲"之意，占地30余亩。位于假山东麓的主要建筑萃秀堂面山而筑，从鱼乐榭到万花楼一带有游廊、溪流、山石等景物，点春堂园亭相套、轩廊相连，还有和煦堂、藏宝楼等建筑，豫园大戏台是豫园古建筑中的精品，也是上海现存最古老、保存最完整的戏台。豫园布局曲折，有亭、台、楼、阁、假山、池塘等建筑小品，景观被蜿蜒起伏的龙墙、曲折通幽的回廊组成了步移景异的特色。

02 沉香阁（慈云禅寺，全国重点文物保护单位）

作为上海惟一供奉沉香观音的寺院，与龙华、静安、玉佛三大名刹齐名，已成为全国最大的比丘尼寺院之一。原由豫园主人潘允端始建于明万历年间，清嘉庆二十年迁址重建，占地159公顷，内有天王殿、大雄宝殿、观音阁、伽蓝殿和应慈法师纪念堂等。阁前有四柱三门重檐牌楼，上有沙孟海所题"沉香阁"三字。

03 城隍庙（上海市文物保护单位）

上海最著名的旅游景点，也是上海最具中国传统建筑风格的典型代表之一。庙内祭奉城隍神秦裕伯、霍光以及陈化成。1924年发生火灾，黄金荣、杜月笙等集资仍重建殿宇，外观仍为古庙形式，歇山顶、飞檐高脊、彩栋画梁，枋上绘三国故事。城隍庙包括霍光殿、甲子殿、财神殿、慈航殿、城隍殿、娘娘殿、父母殿、关圣殿、文昌殿九个殿堂。这里浓郁的中国古建筑风格、琳琅满目的商品、熙熙攘攘的人群，保持着中国古老的城镇街市风貌，已经衍生为以庙为中心的中国传统风格商业文化区。

01 豫园（全国重点文物保护单位）

建筑用途：园林建筑
地理位置：安仁街 137 号
开放时间及电话：9：00 ～ 17：00，
021-63260830
公共交通：轨道交通 10 号线，公交
11、26、66、306、801、929、932、
969、980 路，方川专线
停车场：鄂尔多斯休闲广场停车库
设计：张南阳
建成时间：1559 年（明嘉靖三十八年
始建），1577 年（万历五年扩建）
建筑面积：不详
建筑结构：砖木结构
Yu Garden
Construction purposes：Garden
Location：137 Anren Street

🚇 小南门站

02 沉香阁（慈云禅寺，全国重点文物保护单位）

建筑用途：宗教建筑
地理位置：沉香阁路 29 号
开放时间及电话：5：00 ～ 17：00，
021-63203431
公共交通：轨道交通 10 号线，公交
11、26、66、306、801、929、932、
969、980 路，方川专线
停车场：鄂尔多斯休闲广场停车库
设计：不详
建成时间：1815 年（清嘉庆二十年）
建筑面积：不详
建筑层数：2 层
建筑结构：木结构
Chenxiang Pavilion（Ciyun Temple）
Construction purposes：Religion
Location：29 Chenxiangge Road

03 城隍庙（上海市文物保护单位）

建筑用途：宗教建筑
地理位置：方浜中路 249 号
开放时间及电话：8：30 ～ 16：00，
021-63865700
公共交通：轨道交通 10 号线，公交
66、306、929、932、969、980 路，
方川专线
停车场：鄂尔多斯休闲广场停车库
设计：不详
建成时间：1403 ～ 1424 年（明代永
乐年间始建），1926 年（重建）
建筑面积：约 2000 平方米
建筑结构：钢筋混凝土结构
City God Temple
Construction purposes：Religion
Location：249 Fangbang Road（M）

04 小桃园清真寺（上海市优秀历史建筑）

大门朝北，矩形庭院。庭院西侧的礼拜
大殿坐西朝东，建筑平面呈正方形，上
下两层，上层大跨拱顶结构为国内清真
寺建筑中所罕见。礼拜大殿东立面设塔
司干式柱廊，尖拱门窗，花地砖地面。
礼拜大殿四角围阿拉伯式半球形穹顶建
筑，东部两个穹顶下为楼梯间，可通向
平台屋顶。屋顶中央大圆顶上设周围带
有采光窗的圆形顶窗，用作采光和眺望，
上建有四角"望月亭"一座，亭顶竖立
"星月杆"，为伊斯兰教寺院标志之一。
庭院东侧有 3 层楼房一幢，底层为讲
经堂，二至三层为图书馆，藏有各种伊
斯兰教图书。礼拜大殿南首还有一幢 3
层高的沐浴楼。

04 小桃园清真寺（上海市优秀历史建筑）

建筑用途：宗教建筑
地理位置：小桃园街 52 号
开放时间及电话：9：00 ～ 20：00，
021-63775442
公共交通：公交 24、64、66、304、
306、451、715、929、969、980 路
停车场：黄浦中心大厦地下车库
设计：不详
建成时间：1917 年
建筑面积：500 平方米
建筑层数：2 层
建筑结构：钢筋混凝土结构
Xiaotaoyuan Mosque
Construction purposes：Religion
Location：52 Xiaotaoyuan Steet

05 上海文庙（上海市文物保护单位）

建筑用途：文化建筑
地理位置：文庙路 215 号
开放时间及电话：9：00 ～ 16：30，
021-63779101
公共交通：轨道交通 8、10 号线，公
交 24、64、66、304、306、451、
736、775、920、926、969 路，方川
专线
停车场：黄浦中心大厦停车库
设计：不详
建成时间：宋代景定年间（始建）、
1856 年（清咸丰六年重建）
建筑面积：不详
建筑层数：1 ～ 3 层
建筑结构：木结构
Shanghai Temple of Literature
Construction purposes：Culture
Location：215 Wenmiao Road

05 上海文庙（上海市文物保护单位）

1853 年（清咸丰三年）上海小刀会起
义，在文庙设指挥部，清军攻陷上海
县城，文庙被炮火所毁。1855 年（清
咸丰五年）文庙在现址重建，占地 17
亩。内有棂星门、三顶桥、大成殿、
崇圣祠、明伦堂、尊经阁、魁星阁、
藏书楼等建筑；有放生池、荷花池等
景点；隙地遍种花木。解放后，人民
政府拨款重修，并列为文物保护单位。
特别是改革开放以后，政府拨款修葺
和重建了一批建筑和景点，使文庙初
步恢复原貌。

07 中山南路地块图

上海银行总行大楼

东门路

● 736

● 33、736

外马路

● 55、65、307、868、910、928

中华路

● 304

● 920、930

久事大厦 01

中山南路

交通银行大楼 02

夏兴东

● 65、305、324、576、7
801、868、910、928

夏兴东路

● 24、715

新源广场 03

● 930

白渡路

豆市街

小南门站

万裕街

董家渡 04

董家渡

9号线

陆家浜路

4号线

01 久事大厦

建筑用途：办公建筑
地理位置：中山南路 28 号
开放时间及电话：周一至周五
8 : 30 ～ 18 : 30, 021-63301210
公共交通：公交 55、65、304、307、736、868、910、920、928、930 路
停车场：久事大楼停车场
设计：英国诺曼·福斯特建筑事务所 + 华东建筑设计研究院
建成时间：2001 年
建筑面积：61000 平方米
建筑层数：地上 40 层、地下 3 层
建筑结构：钢筋混凝土、部分钢结构
Jiushi Tower
Construction purposes：Office
Location：28 Zhongshan Road（S）

02 交通银行大厦

建筑用途：办公建筑
地理位置：中山南路 99 号
开放时间及电话：周一至周五
9 : 00 ～ 16 : 30, 021-63111000
公共交通：公交 55、65、307、868、910、928 路
停车场：交通银行大厦停车库
设计：美国波特曼建筑设计事务所 + 上海建筑设计研究院
建成时间：2000 年
建筑面积：29000 平方米
建筑层数：17 层
建筑结构：钢筋混凝土框架结构
Bank of Communications Building
Construction purposes：Office
Location：99 Zhongshan Road（S）

03 新源广场

建筑用途：办公建筑
地理位置：中山南路 268 号
开放时间及电话：8 : 00 ～ 18 : 30, 021-51159696
公共交通：公交 24、65、305、324、576、715、736、801、868、910、928、930 路
停车场：新源广场停车库
设计：美国 NBBJ 建筑事务所
建成时间：1997 年
建筑面积：约 120000 平方米
建筑层数：地上 41 层、地下 2 层
建筑结构：钢筋混凝土框架结构
Resource Plaza
Construction purposes：Office
Location：268 Zhongshan Road（S）

04 董家渡天主堂（天主堂上海教区，上海市优秀历史建筑、上海市文物保护单位）

建筑用途：宗教建筑
地理位置：董家渡路 715 号
开放时间及电话：周六至周日
13 : 30 ～ 16 : 00, 021-63787214
公共交通：公交 65、305、324、576、736、801、868、910、928 路
停车场：上海临江物业管理有限公司停车场
设计：范廷佐
建成时间：1853 年（清咸丰三年）
建筑面积：1835 平方米
建筑层数：3 层
建筑结构：砖木结构
Dongjiadu Catholic Church（Catholic Diocese of Shanghai）
Construction purposes：Religion
Location：715 Dongjiadu Road

02 交通银行大厦

该大楼设计的主要挑战是要最大限度的利用基地，并融入到周围的历史环境中，设计出精于细部、选材和创造具有鲜明特征的建筑，同时满足现在和将来对建筑空间最大灵活的要求。该建筑在追求外部形象的独特性，力求与外滩周边建筑的品质和文脉相和谐的同时，与周边的新建建筑构成新的组群。

03 新源广场

从外形看，这是两座结构完全一样的双子塔，由于入口时环形的人行天桥，塔楼被设计成面向街角的向心布置，以适应这样的地形。沿江望去，看到两幢楼不同的侧面，相映成趣，塔楼顶部装饰柱的设计更使其富有标识性。裙楼沿着基地另外一面布置，以拉近建筑与周边环境的尺度关系，其内部集中设置了商业总部以及品牌精品店。

04 董家渡天主堂（天主堂上海教区，上海市优秀历史建筑、上海市文物保护单位）

董家渡天主教堂正立面有 3 个入口，正门上突出 3 个弧形，两侧为边门，上部各有明窗。其正立面具西班牙巴洛克建筑风格。最上面一端为带有西班牙影响的曲线三角形山花，中有"天主堂"三字，上立十字架。该教堂平面为拉丁十字形巴西利卡式。1984 年修复时，将进深长度缩短，纵深翼交会处成为巴西利卡的尽端，侧廊前部两侧原各有一耳室仍保留，故该教堂能平面呈倒"丁"字形。这座教堂很特别，室内外悬挂楹联很多，四周墙面高处浮雕上均有中国民族特色的图案，是最早期天主堂因袭中国装饰习俗的典型实例。

01 久事大厦

这幢大厦正对黄浦江的 S 弯，大面积弧形玻璃面将黄浦江美景尽收眼底。这是亚洲第一幢采用双层全通透动态玻璃幕墙的现代建筑，内外玻璃之间有排风系统，将玻璃内的热空气排出，极大地保证了节能效果。大厦主楼在十五至十七层、二十六至二十八层、三十六至四十层中设置净高 12 ～ 20 米，呈圆弧形并向后层层退台的 3 座空中花园，绿色植物点缀其间，犹如"空中绿洲"般供楼中人休息眺望。

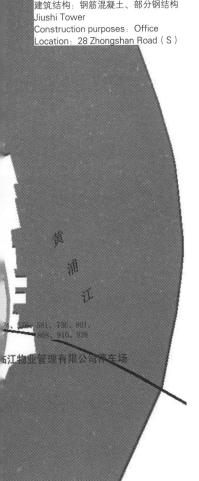

08 三山会馆地块图

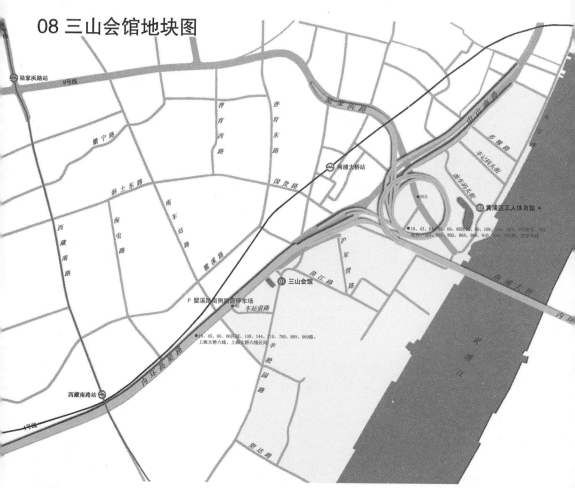

01 三山会馆（上海市文物保护单位）
建筑用途：商业建筑
地理位置：中山南路 1551 号
开放时间及电话：8：00 ～ 17：00，
021-63146453
公共交通：轨道交通 4、8 号线，公
交 18、45、66、66 区间、109、144、
715、780、869、969 路，上海大桥六
线，上海大桥六线区间
停车场：瞿溪路南侧路面停车场，瞿溪
路南车站路
设计：不详
建成时间：1909 年（清宣统元年）
建筑面积：不详
建筑层数：2 层
建筑结构：木结构
Sanshan Club
Construction purposes：Commerce
Location：1551 Zhongshan Road（S）

02 黄浦区工人体育馆
建筑用途：体育建筑
地理位置：中山南路摩登登假日酒店以
东、油车码头街以南、外马路以西、陆
家浜以北
开放时间及电话：在建
公共交通：轨道交通 4 号线，公交
18、43、64、65、66 区间、89、
109、144、251、303 夜宵、305 夜班、
324、801、802、868、869、910、
915、928、931 路，南佘专线
停车场：黄浦区工人体育馆停车场
设计：上海华东发展城建设计（集团）
有限公司
建成时间：在建
建筑面积：16601 平方米
建筑层数：5 层
建筑结构：混凝土结构、钢结构
Workers Stadium of Huangpu District
Construction purposes：Sport

01 三山会馆（上海市文物保护单位）
三山会馆是上海惟一保存完整的会馆建
筑群。三山会馆四周有高约 10 米清水
红砖墙，院落开阔，是福建旅沪水果商
人营建用以聚会和祀奉天后的地方。入
口处一青砖雕刻照壁，面临天井，一栋
红砖建造的高大门楼宅第建筑坐北朝
南，巍然立起。正殿中间是一个石板
铺成的大天井，衔接门楼突出一栋建
筑作为戏台。戏台装饰十分华丽，台
顶部为喇叭形藻井，四周还刻有上海
城墙的图案。此戏台是三山会馆的精
华之处。上海工人于 1927 年 3 月 21
日举行的第三次武装起义曾以此作为
指挥部。

02 黄浦区工人体育馆
黄浦区工人体育馆西面为南浦大桥公共
体育中心，有良好的绿化景观，东南面
隔马路即黄浦江，视野开阔。用地面积
约为 9400 平方米。该馆的设计结合市
民健身特性，做适当的功能延伸，集运
动健身、休闲娱乐、会议餐饮于一体。

卢湾区

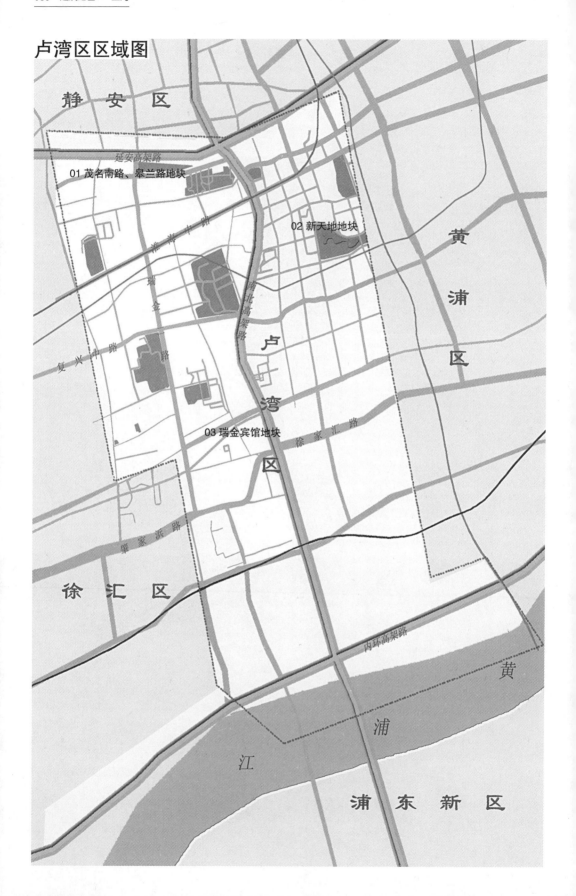

卢湾区区域图

静 安 区

延安高架路

01 茂名南路、皋兰路地块

02 新天地地块

黄 浦 区

卢 湾 区

复兴中路

瑞 金 二 路

南 北 高 架 路

徐 家 汇 路

03 瑞金宾馆地块

肇 家 浜 路

徐 汇 区

内环高架路

黄

浦

江

浦 东 新 区

01 茂名南路、皋兰路地块图

01 中德医院（妇婴保健院，上海市优秀历史建筑）

建筑正门面对巨鹿路，背依延安中路高架桥。建筑采用红瓦屋面，立面竖向三段式构图，细部线脚装饰较多，以及具有古典艺术气息的立柱和阳台，使得建筑呈现出法国古典主义建筑风格。这座建筑的命运可以从名称变迁窥见一斑，旧址原为席庭笙产业，建于静安寺张家路（今新昌禄路）70 号，为花园洋房。后迁于此，改为"中德医院"，1956 年改名为"卢湾区产院"。1984 年医院与原区妇幼保健所合并为"卢湾区妇幼保健院"。直到 1993 年，建筑门口又挂上了"中德医院"院牌。

02 上海兰心大戏院（上海市优秀历史建筑）

上海兰心大戏院是中国最早的欧式剧场，呈意大利文艺复兴府邸风格。八字形平面，主立面位于街道转角处，中部为三个装饰性极强的拱券窗，上部为挑阳台的三联窗。室内有简洁的几何图案装饰。戏院最初采用木结构，建于 1866 年，为上海英国侨民剧团所用。1871 年毁于火灾，1874 年重建。1920 年代改建，增加了放映电影的功能。此后又经过无数次改建，更新剧场设备。观众在这里既可以直观地领略老上海风情，又可以感受高雅的艺术氛围和时代气息。

03 花园饭店（法国总会、锦江俱乐部裙房部分，上海市优秀历史建筑）

花园饭店裙房主要部分改造前原为 1926 年建成的法国总会，法商赖安洋行设计，姚新记营造厂承建。建筑风格为新古典主义，细部处理上体现了"装饰艺术"的风格特征。现花园饭店由主楼、新建裙房、改造裙房和汽车库四部分构成。主楼总高为 119.2 米，标准层平面呈梭形，内部有客房 500 套。建筑造型体现现代特征，立面统一开矩形窗。

04 华懋公寓（锦江饭店北楼，上海市优秀历史建筑、上海市文物保护单位）

建筑平面为两个并排的"凸"字型，凸出部分作为服务性房间和储藏室。高57 米，一至十层为客房，十一、十二层为餐厅，上部为厨房。一体化的立面设计，墙面构图细腻、耐看，造型简洁。基座和顶部采用了斩假石饰面，中部贴褐色面砖。大量统一的方格钢窗周边用白色窗框，体现英国传统建筑风格。内部设备完善，有电梯 7 部。因基础不牢固，后建筑整体下沉近 3 米。现加建门廊，可直达二层。

01 中德医院（妇婴保健院，上海市优秀历史建筑）

建筑用途：医疗建筑
地理位置：延安中路 393 号
开放时间及电话：全天，021-63272900
公共交通：公交 24、304 路
停车场：中德医院停车场
设计：不详
建成时间：1923 年始建、1934 年移建
建筑面积：5415 平方米
建筑层数：3 层
建筑结构：砖混结构
Chinese German Hospital（Women and Infant Health Hospital）
Construction purposes：Hospital
Location：393 Yanan Road（M）

02 上海兰心大戏院（上海市优秀历史建筑）

建筑用途：观演建筑
地理位置：茂名南路 57 号
开放时间及电话：13：00 ～ 23：00，021-62564738
公共交通：轨道交通 1 号线，公交 24、26、41、128、146 路
停车场：花园饭店停车库
设计：英商新瑞和洋行
建成时间：1866 年（清同治五年始建）、1874 年（清同治十三年重建）
建筑面积：1700 平方米
建筑层数：3 层
建筑结构：钢筋混凝土结构
Shanghai Lyceum Theatre
Construction purposes：Performance
Location：57 Maoming Road（S）

03 花园饭店（法国总会、锦江俱乐部裙房部分，上海市优秀历史建筑）

建筑用途：商业建筑
地理位置：茂名南路 58 号
开放时间及电话：全天，021-64151111
公共交通：轨道交通 1 号线，公交 24、26、41、128、146 路
停车场：花园饭店停车库
设计：日本大林组株式会社东京本社 + 华东建筑设计研究院
建成时间：1989 年
建筑面积：59000 平方米
建筑层数：地上 34 层、地下 1 层
建筑结构：现浇钢筋混凝土剪力墙结构
Garden Hotel（French Club, Jin Jiang Club Main Podiums）
Construction purposes：Commerce
Location：58 Maoming Road（S）

04 华懋公寓（锦江饭店北楼，上海市优秀历史建筑、上海市文物保护单位）

建筑用途：居住建筑 + 少量商业建筑
地理位置：茂名南路 59 号
开放时间及电话：全天，021-6472558
公共交通：轨道交通 1 号线，公交 24、26、104、128、146、955 路
停车场：锦江饭店停车库
设计：英商安利洋行
建成时间：1929 年
建筑面积：21202 平方米
建筑层数：14 层
建筑结构：钢筋混凝土框架结构
Cathay Mansions（Jin Jiang Hotel Bei Building）
Construction purposes：Residence & Commerce
Location：59 Maoming Road（S）

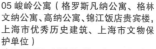

05 峻岭公寓（格罗斯凡纳公寓、格林文纳公寓、高纳公寓、锦江饭店贵宾楼，上海市优秀历史建筑、上海市文物保护单位）
建筑用途：居住建筑＋少量商业建筑
地理位置：茂名南路 59 号
开放时间及电话：
全天，021– 62582582
公共交通：轨道交通 1 号线，公交 24、26、104、128、146、955 路
停车场：锦江饭店停车库
设计：英商公和洋行
建成时间：1935 年
建筑面积：23985 平方米
建筑层数：21 层
建筑结构：钢框架结构
Junling Apartment (Grosvenor House, Jin Jiang Hotel VIP Building)
Construction purposes：Residence & Commerce
Location：59 Maoming Road (S)

07 锦江饭店锦楠楼
建筑用途：商业建筑
地理位置：茂名南路 59 号
开放时间及电话：全天，021–62582582
公共交通：轨道交通 1 号线，公交 24、26、104、128、146、955 路
停车场：锦江饭店停车场
设计：上海经纬建筑规划设计研究院有限公司
建成时间：2005 年
建筑面积：12900 平方米
建筑层数：6 层
建筑结构：钢筋混凝土框架结构
Jin Nan Building of Jin Jiang Hotel
Construction purposes：Commerce
Location：59 Maoming Road (S)

05 峻岭公寓（格罗斯凡纳公寓、格林文纳公寓、高纳公寓、锦江饭店贵宾楼，上海市优秀历史建筑、上海市文物保护单位）
建筑平面呈"拱桥"状，由五段折线构成近似弧形，形成一种围合态势。楼高 78 米，主立面以垂直线条作为分割，将大楼分为三个部分。建筑造型仿照美国摩天大楼。墙面贴棕色面砖，拼凑出丰富的立面肌理。公寓底层为供住户锻炼的技击室，二层以上为公寓式房间。

06 新锦江大酒店
新锦江大酒店高 153 米。主楼在造型与位置上都刻意与锦江饭店建筑群体取得呼应。标准层平面近似八边形，角部有客房凸出，外部造型上表现为几根立柱承托上面的圆形旋转餐厅，造型挺拔俊秀。楼内共有 31 个客房层，每层有客房 24 套，三十一、三十四、三十七层内各设有总统套房，四十层为空中花园，四十一层为双层旋转餐厅，四十二层为酒吧间，四十三、四十四层为设备及机房层，屋顶设有直升飞机停机坪。

07 锦江饭店锦楠楼
建筑平面呈"一"字形，东西跨度较长。外立面材质、色彩与细部设计上都与紧邻的历史建筑峻岭公寓的风格相呼应，两者共同围合出院落空间，构成完整的建筑群体。内部一至二层为餐厅、大堂及设备机房，三层以上为客房。

08 国泰电影院（国泰大戏院，上海市优秀历史建筑）
占地面积为 1893 平方米，"装饰艺术"风格。建筑主体为紫红色泰山砖，白色嵌缝。立面构图中心位于转角处，采用竖线条处理，贯通上下的长条窗与褐色面砖饰面相间。主入口顶端高耸一尖塔，上标影院名称，更加显出该建筑竖向特点。2003 年在基本保留原风貌的基础上对其进行了改建。重新粉饰外墙与标志，大厅铺设金钻麻花刚石地砖，售票台镶嵌金属马赛克。

06 新锦江大酒店
建筑用途：商业建筑
地理位置：长乐路 161 号
开放时间及电话：全天，021– 64151188
公共交通：轨道交通 1 号线，公交 24、41、104、128、955 路
停车场：新锦江大酒店停车库
设计：上海民用建筑设计院＋新加坡赵子安联合建筑设计事务所
建成时间：1990 年
建筑面积：57330 平方米
建筑层数：地上 42 层（主楼）、5 层（裙房）、地下 1 层
建筑结构：钢框架剪力墙结构
New Jin Jiang Hotel
Construction purposes：Commerce
Location：161 Changle Road

08 国泰电影院（国泰大戏院，上海市优秀历史建筑）
建筑用途：观演建筑
地理位置：淮海中路 870 号
开放时间及电话：9：40 ～ 4：00，021–54042095
公共交通：轨道交通 1 号线，公交 24、41、104、128、955 路
停车场：锦江饭店停车场
设计：匈商鸿达洋行
建成时间：1932 年
建筑面积：2153 平方米
建筑层数：4 层
建筑结构：钢筋混凝土结构
Cathay Theatre (Cathay Cinema)
Construction purposes：Performance
Location：870 Huaihai Road (M)

09 爱司公寓（瑞金大楼，上海市优秀历史建筑）

该建筑立面构图为横向三段式，有明显的檐口线和腰线，以此强调横向构图特点。上部双重檐口间饰半圆券的三联窗，以水平线条相连，增强了建筑的完整性。同时立面间隔又布置强调竖向构图的凸形窗，窗设竹节状细圆柱，强调细节处理，使建筑立面构图不会过分单调。整体建筑呈法国文艺复兴风格。

10 培文公寓（培恩公寓、皮恩公寓，上海市优秀历史建筑）

"装饰艺术"风格。主体建筑高7层，局部10层，辅楼原高4层，后加建为5层。占地面积为5200平方米，建筑体量庞大，是法租界内著名公寓建筑。平面采用周边式布局，中间围合出庭院，有利于建筑的采光通风，又可以创造出一个适合居住建筑的内环境。立面竖向分段构图，突出竖向线条带来的挺拔感。立面中部顶端有多层宽厚屋檐，极富表现力。

11 法国总会俱乐部（上海科技发展展示馆、卢湾区业余体育学校，上海市优秀历史建筑）

占地面积约为500平方米，法国式别墅风格，细部装饰稍带有巴洛克色彩。红瓦屋面，曲线形山花，屋面檐口下做红砖叠涩出挑装饰带。建筑的层高与开间尺度较大，内部空间宽敞。最初供法国侨民体育健身，后来为卢湾区业余体育学校所用，现为科学会堂中的上海科技发展展示馆。

12 张学良皋兰路住宅（上海市优秀历史建筑）

西班牙式独立花园洋房。红瓦四缓坡屋顶，淡黄色水泥砂浆压花墙面，建筑色彩清新淡雅。屋檐下设有券齿带饰，窗口装饰有螺旋形小柱，这些更突出了西班牙住宅风格。立面高低错落有致，二三层东南角退为平台，形成自然的建筑体形。

09 爱司公寓（瑞金大楼，上海市优秀历史建筑）
建筑用途：居住建筑
地理位置：瑞金一路150号
公共交通：轨道交通1号线，公交24、41、104、128、955路
停车场：锦江饭店停车场
设计：邬达克（匈）
建成时间：1927年
建筑面积：2941平方米
建筑层数：7层
建筑结构：钢筋混凝土结构
Estrella Apartments（Ruijin Building）
Construction purposes：Residence
Location：150 Ruijin Road（1）

11 法国总会俱乐部（上海科技发展示馆、卢湾区业余体育学校，上海市优秀历史建筑）
建筑用途：商业建筑（展览建筑、文化建筑）
地理位置：南昌路57号
开放时间及电话：周三～周日
9：30～16：30，021-53822040
公共交通：轨道交通1号线，公交146、911、920、926路
停车场：科学会堂停车库
设计：万茨（法）+博尔舍伦（法）
建成时间：1931年
建筑面积：1500平方米
建筑层数：2层（局部3层）
建筑结构：钢筋混凝土结构
French Federation of Clubs（Shanghai Exhibition for Science and Technology, Luwan District Amateur Sport School）
Construction purposes：Commerce（Exhibition, Culture）
Location：57 Nanchang Road

10 培文公寓（培恩公寓、皮恩公寓，上海市优秀历史建筑）
建筑用途：居住建筑
地理位置：淮海中路449～479号
公共交通：轨道交通1号线，公交24、41、104、128、146、955路
停车场：淮海中路停车场
设计：法商赉安洋行
建成时间：1930年
建筑面积：16665平方米
建筑层数：地上7～10层（主体）、5层（辅楼）
建筑结构：钢筋混凝土结构
Peiwen Apartment（Beard Apartment）
Construction purposes：Residence
Location：449–479 Huaihai Road（M）

12 张学良皋兰路住宅（上海市优秀历史建筑）
建筑用途：居住建筑
地理位置：皋兰路1号
公共交通：公交24、41、320、945、146、986路
停车场：科学会堂停车库
设计：不详
建成时间：1934年
建筑面积：800平方米
建筑层数：3层
建筑结构：砖木结构
Zhang Xueliang Residence on Gaolan Road
Construction purposes：Residence
Location：1 Gaolan Road

13 圣尼古拉斯教堂（东正教堂、幸运城大酒店，上海市优秀历史建筑）

建筑用途：宗教建筑（商业建筑）
地理位置：皋兰路 16 号
开放时间及电话：周日 9:00～10:00，021-53061230
公共交通：公交 24、41、320、945、146、986 路
停车场：科学会堂停车库
设计：俄商协隆洋行
建成时间：1934 年
建筑面积：380 平方米
建筑层数：3 层
建筑结构：砖混结构
St. Nicholas Russian Orthodox Church（Orthodox Church, Lucky City Hotel）
Construction purposes：Religion（Commerce）
Location：16 Gaolan Road

15 淮海坊（霞飞坊，上海市优秀历史建筑）

建筑用途：居住建筑
地理位置：淮海中路 927 弄
公共交通：轨道交通 1、8 号线，公交 24、41、104、128、955 路
停车场：淮海坊停车场
设计：不详
建成时间：1927 年
建筑面积：27619 平方米
建筑层数：3 层
建筑结构：砖木结构
Huaihai Square（Xiafei Square）
Construction purposes：Residence
Location：Lane 927 Huaihai Road（M）

13 圣尼古拉斯教堂（东正教堂、幸运城大酒店，上海市优秀历史建筑）

教堂小巧玲珑、造型丰富而别致，是典型的俄罗斯东正教建筑样式。平面呈东正十字形，顶端高耸葱头形穹顶，建筑以此为中心向四方对称地层层跌落，形成类似花朵的建筑形态。外墙顶部相应的也多采用圆尖顶的形状，高低错落，形态丰富。建筑内部大堂四周穹顶有彩色壁画。

14 南昌大楼（阿斯屈来特公寓，上海市优秀历史建筑）

南昌大楼沿街转角立面很狭窄，为使其突出，顶部镶嵌有一个凸出女儿墙的大浮雕，成为建筑构图中心。主入口处门楣上也饰有同一主题的浮雕，上下呼应。两侧立面的局部女儿墙上也有浮雕点缀。建筑造型简洁、采用淡黄色面砖饰面。门窗分隔有铁花修饰，阳台用玻璃窗封闭。室内门厅地面等部位有装饰性图案。

15 淮海坊（霞飞坊，上海市优秀历史建筑）

卢湾区最大的新式里弄之一，共 199 幢，占地面积为 17333 平方米，比利时教会主持建造。总平面采用行列式布局，将 30 个单元拼接在一起，这在上海里弄住宅中并不多见。建筑风格仿法国式住宅，清水砖墙，钢铁门窗、栏杆。1949 年和淮海中路一起改名至今。取消石库门，改用铸铁大门，天井较小。竺可桢、徐悲鸿、胡蝶、巴金、许广平等名人曾居住于此。

14 南昌大楼（阿斯屈来特公寓，上海市优秀历史建筑）

建筑用途：居住建筑
地理位置：茂名南路 143 号
公共交通：轨道交通 1 号线，公交 24、41、146、986 路
停车场：锦江饭店停车场
设计：阿斯屈来特（英）
建成时间：1933 年
建筑面积：11196 平方米
建筑层数：8 层
建筑结构：钢筋混凝土框架结构
Nanchang Building（Astrid Apartment）
Construction purposes：Residence
Location：143 Maoming Road（S）

02 新天地地块图

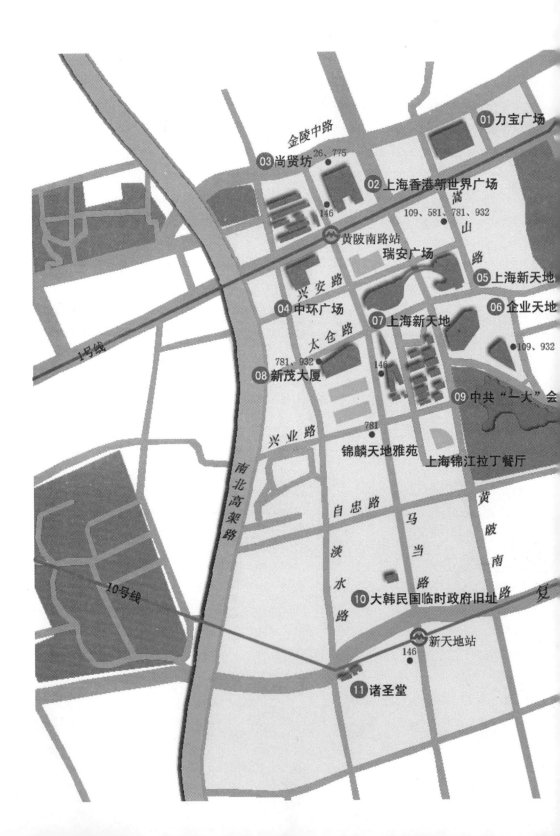

01 力宝广场
建筑用途：城市综合体
地理位置：淮海中路 222 号
开放时间及电话：9：00 ～ 17：00，
021-53065538
公共交通：轨道交通 1 号线，公交 26、
109、146、775、781 路
停车场：力宝广场停车库
设计：香港冯庆延设计事务所 + 华东
建筑设计研究院
建成时间：1998 年
建筑面积：65000 平方米
建筑层数：地上 39 层、地下 3 层
建筑结构：钢筋混凝土框筒结构
Lippo Plaza
Construction purposes：Urban
Complex
Location：222 Huaihai Road（M）

**03 尚贤坊（上海市优秀历史建筑、上
海市文物保护单位）**
建筑用途：居住建筑
地理位置：淮海中路 358 弄
公共交通：轨道交通 1 号线，公交 26、
146、775 路
停车场：中环广场停车库
设计：不详
建成时间：1924 年
建筑面积：10180 平方米
建筑层数：2 层
建筑结构：砖木结构
Shangxian Square
Construction purposes：Residence
Location：Lane 358 Huaihai Road（M）

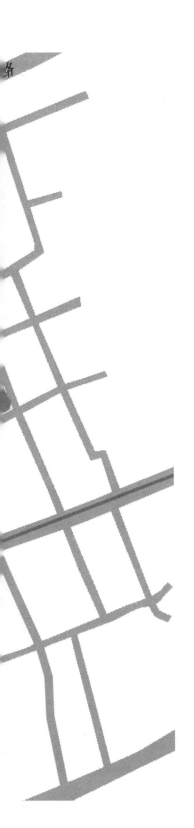

**02 上海香港新世界广场（香港新世界
大厦）**
建筑用途：办公建筑
地理位置：淮海中路 300 号
开放时间及电话：9：00 ～ 18：00，
021-63877777
公共交通：轨道交通 1 号线，公交 26、
109、146、775、781 路
停车场：上海香港新世界广场停车库
设计：加拿大 B+H 建筑师事务所
建成时间：2002 年
建筑面积：137336 平方米
建筑层数：地上 60 层、地下 3 层
建筑结构：钢筋混凝土框筒结构
Shanghai Hong Kong New World Plaza
（Shanghai Hong Kong New World
Tower）
Construction purposes：Office
Location：300 Huaihai Road（M）

01 力宝广场
力宝广场为现代建筑风格，立面灰色铝板与蓝色玻璃相间，形成带有一定朦胧感的几何图案。竖向分为 5 段，收分变化丰富，顶部呈塔尖状。建筑造型既具有古典气质，又有时代气息。主楼下部设 3 层挑空大堂，室内空间开敞明亮。室外效果晶莹剔透，气派十足。

**02 上海香港新世界广场（香港新世界
大厦）**
该建筑位于淮海中路商业街，临近新天地。高度为 230 米。建筑总体呈现代主义风格，同时融入传统建筑元素。裙房部分造型及装饰体现中国传统建筑特征，围合出半开放的庭院，体现中国传统建筑空间特点。主楼向上分段收缩，形成类似塔的视觉效果。立面处理突出纵向线条，总体感觉挺拔俊秀，造型简洁。

**03 尚贤坊（上海市优秀历史建筑、上
海市文物保护单位）**
因建在尚贤堂南面的草坪上而得名。共71 幢建筑，总弄与三条支弄形成"丰"字形总平面，弄内有 6 排联排式住宅，每排两端住宅单元为双开间，中间各幢为单开间。沿街建筑为 3 层，底层商铺，水泥拉毛墙面，入口处骑楼上有几何线脚装饰，山墙和骑楼具有巴洛克建筑特点。内部建筑为 2 层清水红砖墙，墙基有水泥护壁。

04 中环广场（法租界公董局新办公楼、裙房部分，上海市优秀历史建筑）

原址为法租界公董局新办公楼，建于1909年，新古典主义风格，建筑面积为7800平方米，砖木结构。平面规整对称，两端及中部向南北两侧略有凸出。清水红砖墙，四坡瓦屋顶。后经改造用于中环广场裙房的一部分。中环广场在建筑外观上与原建筑取得了协调和呼应，采用有古典气息的花岗岩贴面，建筑顶部层层收缩，有水平向几何线脚装饰。在建筑空间上用中庭连接新老建筑，形成统一又富有变化的建筑群体。

05 上海新天地朗廷酒店

建筑位于上海新天地入口处，邻近淮海路，由东、西两座主楼及裙房组成，横跨黄陂南路，由凌空廊道连接。建筑体量庞大，造型夸张，具有很强的艺术效果和视觉冲击力。楼内设有357间客房，附设3家餐厅，以及各种规格的会议场地。

06 企业天地

企业天地属于太平桥复兴总规划的一部分，面朝太平桥公园内的人工湖。建筑为现代风格，细部体现"装饰艺术"特征。包括底部的商业裙房和上部的两座办公塔楼。一座塔楼14层，平面结合地形设计为三角形。另一座塔楼25层，平面呈六边形。外立面材料主要采用米色花岗岩和黑色镀铝门窗。基地西北部原有一座老式石库门建筑，现为零售商店，通过金属玻璃架空廊道和主体建筑相连。

07 上海新天地

上海新天地是首个对上海近代石库门建筑以"新旧融合"的理念进行改造的案例。建筑原有的居住功能被改变，融入商业功能，成为国际化的餐饮、购物、演艺、休闲、娱乐中心。建筑群外表保留原有的砖、瓦材质，内部改造则充满了现代气息，适应现代城市生活的需求，产生了历史和现代激烈碰撞的文化氛围。

04 中环广场（法租界公董局新办公楼、裙房部分，上海市优秀历史建筑）
建筑用途：城市综合体
地理位置：淮海中路381号
开放时间及电话：10：00～22：00，021-63731111
公共交通：轨道交通1号线，公交146、781、932路
停车场：中环广场停车库
设计：上海现代华建筑设计院
建成时间：1999年
建筑面积：69450平方米
建筑层数：地上38层、地下2层
建筑结构：钢筋混凝土框筒结构
Shanghai Central Plaza（New Office Building of the Municipal Council of the French Concession, Podiums）
Construction purposes：Urban Complex
Location：381 Huaihai Road（M）

06 企业天地
建筑用途：城市综合体
地理位置：黄陂南路383号
开放时间及电话：8：00～20：00，021-51571213
公共交通：轨道交通1、8号线，公交109、146、781、932路
停车场：企业天地停车库
设计：巴马丹拿国际公司建筑师事务所＋中船第九设计研究院
建成时间：2004年
建筑面积：90000平方米
建筑层数：25层
建筑结构：钢筋混凝土框筒结构
Corporate Avenue
Construction purposes：Urban Complex
Location：383 Huangpi Road（S）

05 上海新天地朗廷酒店
建筑用途：商业建筑
地理位置：嵩山路88号
开放时间及电话：尚未开放
公共交通：轨道交通1、8号线，公交26、109、146、775、781、931路
停车场：上海新天地朗廷酒店停车库
设计：美国KPF建筑设计事务所＋同济大学建筑设计研究院
建成时间：2010年
建筑面积：98805平方米
建筑层数：24层
建筑结构：钢筋混凝土框筒结构
The Langham Xintiandi, Shanghai
Construction purposes：Commerce
Location：88 Songshan Road

07 上海新天地
建筑用途：商业建筑
地理位置：太仓路181弄，兴业路123弄
开放时间及电话：9：30～22：30，021-63112288
公共交通：轨道交通1、8号线，公交146、781路
停车场：新天地停车库
设计：美国本杰明·伍德建筑设计事务所＋新加坡日建设计＋日本日建设计株式会社＋同济大学建筑设计研究院
建成时间：2007年
建筑面积：60000平方米
建筑层数：2层
建筑结构：砖混结构
Xintiandi Shanghai
Construction purposes：Commerce
Location：Lane 181 Taicang Road, Lane 123 Xingye Road

08 新茂大厦（白金大厦）
建筑用途：办公建筑
地理位置：太仓路 233 号
开放时间及电话：9：00～17：00，
021-63916688
公共交通：轨道交通 1、8 号线，公交
146、781、932 路
停车场：新茂大厦停车库
设计：日本日建设计株式会社＋上海
市建工设计研究院有限公司
建成时间：2006 年
建筑面积：32253 平方米
建筑层数：20 层
建筑结构：钢筋混凝土框筒结构
Platinum（Platinum Tower）
Construction purposes：Office
Location：233 Taicang Road

10 大韩民国临时政府旧址
建筑用途：展览建筑
地理位置：马当路 302 号
开放时间及电话：9：00～17：00（除周
一上午外，全年开放），021-53829554
公共交通：轨道交通 8 号线，公交 146 路
停车场：太平桥停车场
设计：不详
建成时间：1925 年
建筑层数：3 层
建筑结构：砖混结构
Site of the Former Provitionary
Goverment of Korea
Construction purposes：Exhibition
Location：302 Madang Road

08 新茂大厦（白金大厦）
现代建筑风格，造型简洁大气。立面采
用一体化蓝色玻璃幕墙，入口处雨篷采
用弧线形设计，形成主要立面底层连续
的柱廊，造型新颖时尚。顶部的弧线造
型与主入口的设计相呼应。细部设计精
致，富有韵律感。

**09 中共"一大"会址纪念馆（树德里，
全国重点文物保护单位）**
纪念馆包括两栋石库门建筑，原是"一
大"代表李汉俊家宅。建筑风格中西合
璧，青红色清水砖墙，黑漆大门，门头
有精美雕饰的拱券，平面布局反映中国
传统建筑特征。1996 年 6 月曾对其进
行扩建。新建筑外貌与老建筑相仿，占
地面积 715 平方米。一层布置观众服
务设施，二层为中国共产党创建历史文
物陈列展厅。

10 大韩民国临时政府旧址
该建筑为大韩民国临时政府 1926～
1932 年使用。1993 年复原修复工程后
正式对外开放，2001 年又进行全面整
修。10 多年来，"旧址"接待了上百万
的韩国参观者。新式里弄住宅，平缓坡
顶，上覆红瓦，有老虎窗。局部装饰精美。

11 诸圣堂（上海市优秀历史建筑）
17 世纪圣公会高派教堂建筑风格。红
砖尖顶，门廊上开圆形玫瑰窗，混凝
土雕饰门柱。平面为巴西利卡式。西
北角有方形钟楼，屋顶放置"十"字
架。大堂可容纳 500 人，边堂可容纳
近 200 人。

**09 中共"一大"会址纪念馆（树德里，
全国重点文物保护单位）**
建筑用途：展览建筑
地理位置：兴业路 76 号，黄陂南路
374 号
开放时间及电话：全年免费开放，
9：00～17：00（16：00 停止入馆），
021-53832171
公共交通：轨道交通 1、8 号线，公交
109、781、932 路
停车场：新天地停车库
设计：不详
建成时间：1921 年
建筑面积：3000 平方米
建筑层数：2 层
建筑结构：砖木结构
The Site of the First National Congress
of the Chinese Communist Party（Shu
De Square）
Construction purposes：Exhibition
Location：76 Xingye Road, 374
Huangpi Road（S）

11 诸圣堂（上海市优秀历史建筑）
建筑用途：宗教建筑
地理位置：复兴中路 425 号
开放时间及电话：周日上午 7：30、
9：30，晚上 19：00 有礼拜活动，
021-63850906
公共交通：轨道交通 8 号线，公交
146 路
停车场：太平桥停车场
设计：麦甘霖（美）
建成时间：1925 年
建筑面积：886 平方米
建筑层数：1 层
建筑结构：砖木结构
Saints Church
Construction purposes：Religion
Location：425 Fuxing Road（M）

03 瑞金宾馆地块图

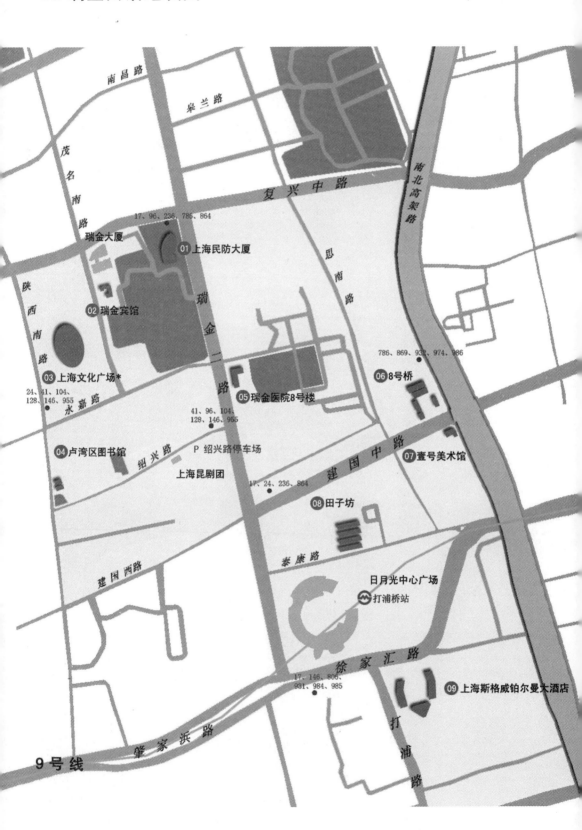

17、96、236、786、864
瑞金大厦

01 上海民防大厦

02 瑞金宾馆

03 上海文化广场*

24、41、104、
128、146、955
永嘉路

04 卢湾区图书馆

05 瑞金医院8号楼

41、96、104、
128、146、955

P 绍兴路停车场

上海昆剧团

17、24、236、864

08 田子坊

泰康路

日月光中心广场

打浦桥站

徐家汇路

17、146、806、
931、984、985

9号线 肇家浜路

786、869、932、974、986

06 8号桥

07 壹号美术馆

09 上海斯格威铂尔曼大酒店

打浦路

01 上海民防大厦
建筑用途：办公建筑
地理位置：复兴中路 593 号
开放时间及电话：9：00 ～ 17：00，
021-24028805
公共交通：轨道交通 1、8 号线，公交
17、96、236、786、864 路
停车场：上海民防大厦停车库
设计：美国 JY 建筑规划设计事务所 +
上海市地下建筑设计研究院
建成时间：2001 年
建筑面积：58570 平方米
建筑层数：地上 32 层、地下 2 层
建筑结构：钢筋混凝土框筒结构
Shanghai Civil Defense Building
Construction purposes：Office
Location：593 Fuxing Road（M）

01 上海民防大厦
平面构图以弧线为主，主楼为半圆弧状，
裙房则为椭圆状，构成流畅舒缓的曲线
效果。立面设计采用直线和弧线相结合
的处理手法，富于变化。建筑材料以浅
色花岗石和深蓝色玻璃形成对比，主楼
弧形幕墙上饰有竖向装饰线条，挺拔优
美。裙房包括证券、商务、餐饮、会展
等功能，主楼为办公用房。楼顶有直升
机停机坪。

**02 瑞金宾馆（马立斯花园，上海市优
秀历史建筑、上海市文物保护单位）**
建筑用途：商业建筑（居住建筑）
地理位置：瑞金二路 118 号
开放时间及电话：全天，021-64725222
公共交通：轨道交通 1、8 号线，公交
24、41、104、146、955 路
停车场：瑞金宾馆停车库
设计：英商玛礼逊洋行
建成时间：1917 年
建筑面积：1135 平方米
建筑层数：2 层
建筑结构：砖木结构
Ruijin Hotel（Maris Garden）
Construction purposes：Commerce
（Residence）
Location：118 Ruijin Road（Ⅱ）

03 上海文化广场
建筑用途：观演建筑
地理位置：永嘉路 36 号
开放时间及电话：尚未开放
公共交通：轨道交通 1、8 号线，公交
24、41、104、128、146、955 路
停车场：上海文化广场停车库
设计：美国 BBB 建筑师事务所 + 上海
现代建筑设计集团有限公司
建成时间：2011 年
建筑面积：76000 平方米
建筑层数：地上 4 层、地下 5 层
建筑结构：钢结构
Shanghai Culture Square
Construction purposes：Performance
Location：36 Yongjia Road

**04 卢湾区图书馆（中国科学社、明复
图书馆，上海市优秀历史建筑）**
建筑用途：文化建筑
地理位置：陕西南路 235 号
开放时间及电话：
周一、周三 8：30 ～ 21：00，
周二 13：00 ～ 21：00，021-64370835
公共交通：公交 24、41、104、128、
146、955 路
停车场：瑞金医院停车场
设计：刘敦桢
建成时间：1929 年
建筑面积：1700 平方米
建筑层数：3 层
建筑结构：钢筋混凝土结构
Luwan District Library（Chinese
Science Society, Ming Fu Library）
Construction purposes：Culture
Location：235 Shanxi Road（S）

**05 瑞金医院 8 号楼（广慈医院，上海
市优秀历史建筑）**
建筑用途：医疗建筑
地理位置：瑞金二路 197 号
开放时间及电话：全天，021-64370045
公共交通：公交 41、96、104、128、
146、955 路
停车场：瑞金医院停车场
设计：不详
建成时间：1921 年
建筑面积：3020 平方米
建筑层数：3 层
建筑结构：砖木结构
Building 8 of Ruijin Hospital（Shanghai
Guangci Memorial Hospital）
Construction purposes：Hospital
Location：197 Ruijin Road（Ⅱ）

**02 瑞金宾馆（马立斯花园，上海市优
秀历史建筑、上海市文物保护单位）**
两幢建筑接在一起，平面呈 L 形。建
筑风格为英国古典主义，舒展挺拔。
墙面为清水砖墙，转角处有隅石装饰，
红砖和石材形成色质对比，建筑也显
得比较坚固。山墙一侧有壁炉烟囱伸
出屋面，给人们以此处曾为居住建筑
的提示。底层中部 3 开间，外面是一
个略带圆弧型的塔司干柱式双柱廊，
内外空间层次过渡明显。

03 上海文化广场
该建筑为含 2000 个座位的地下剧场。
位于文化广场市民公园内，结合公园绿
化布置，建筑平面呈椭圆形，空间三维
曲线造型，通过虚实对比，让建筑形体
显得流畅而富有动感。局部平缓下凹形
成绿化庭院。与周围环境有机协调，建
成后将成为上海又一标志性建筑。

**04 卢湾区图书馆（中国科学社、明复
图书馆，上海市优秀历史建筑）**
立面设计颇有特色。竖向两段式构图，
底层采用灰色石灰饰面，二三层则为白
色。有凸出的檐口线与腰线，装饰母题
融合中国传统纹样与西方装饰纹样。主
入口细部处理丰富，意寓江南传统住宅
中的门楼造型。上部五窗装饰螺旋纹壁
柱，窗下墙有几何纹样装饰。建筑内部
南面为 3 层的阅览室，北面为 5 层的
书库。

**05 瑞金医院 8 号楼（广慈医院，上海
市优秀历史建筑）**
为文艺复兴建筑风格。平缓的半圆形拱
券窗，呈横向纹理的清水红砖壁柱，塑
造出平稳安详的建筑外观性格，符合医
疗建筑特色。建筑出檐深远，屋顶上
开设老虎窗。该建筑最初为产科病房，
后改作医院行政办公楼。为法国天主教
会所建造。

06 8 号桥

原为上海汽车制动器厂厂房，经过外立面改造和内部功能转换，成为时尚创意基地。整个园区由 7 栋建筑构成，房屋结构和布局基本保持老厂房原状。通透的玻璃外墙、坚挺的金属、温暖的木材、雅致的青砖，一起构成了建筑群鲜明独特的视觉形象。

07 壹号美术馆

"装饰艺术"建筑风格，外观带有浓厚的古典气息。檐口有几何线脚装饰，二层外墙略向内收，外部增加一排科林斯柱式，使立面更加丰富。突出石材的质感，并与玻璃、金属形成鲜明对比。内部装饰装修具有现代气息。一层设特色艺术沙龙、艺术书店以及一个小型展馆。二层设永久展区、精品展区及办公区域。

08 田子坊

田子坊原是 20 世纪 50 年代的弄堂工厂，群体中包括里弄住宅和花园住宅。建筑风格多样，以石库门建筑为主，并且呈现出中西合璧的发展趋势。2000 年以住户为单位，对其进行了改造，形成了以室内设计、视觉艺术、工艺美术为主的创意产业园区。

09 上海斯格威铂尔曼大酒店

包括位于中部的主楼和两旁呈环绕状的辅楼，三幢建筑围合成中部抬升广场，由大台阶引导进入。建筑形象丰富完整，简洁而不乏装饰。立面设计主要采用蓝色玻璃幕墙，辅以现代感强烈的金属构架。内部拥有 645 间客房、6 间餐厅、17 间会议室、休闲娱乐设施完善。

06 8 号桥
建筑用途：办公建筑
地理位置：建国中路 8 ～ 10 号
开放时间及电话：9：00 ～ 17：00，021- 64459920
公 共 交 通： 公 交 786、869、932、974、986 路
停车场：绍兴路停车场
设计：日本 HMA 建筑设计事务所 + 香港时尚生活策划公司 + 深圳良图 + 航天院上海分院
建成时间：2004 年
建筑面积：20000 平方米
建筑层数：4 层
建筑结构：钢筋混凝土结构
Bridge 8
Construction purposes：Office
Location：8-10 Jianguo Road（M）

08 田子坊
建筑用途：商业建筑
地理位置：泰康路 210 弄
开放时间及电话：9：00 ～ 22：00，021-63546101
公共交通：轨道交通 9 号线，公交 17、24、236、864 路
停车场：瑞金医院停车库
设计：吴梅森总策划、租户自行设计改造
建成时间：2006 年
建筑面积：5000 平方米
建筑层数：2 层
建筑结构：砖木结构
Tianzi Fang
Construction purposes：Commerce
Location：Lane 210 Taikang Road

07 壹号美术馆
建筑用途：展览建筑
地理位置：建国中路 1 号
开放时间及电话：10：00 ～ 18：00，021-54657111
公 共 交 通： 公 交 786、869、932、974、986 路
停车场：绍兴路停车场
设计：美国波特曼建筑设计事务所
建成时间：2008 年
建筑面积：2500 平方米
建筑层数：2 层
建筑结构：钢筋混凝土结构
YI Shanghai Art Museum
Construction purposes：Exhibition
Location：1 Jianguo Road（M）

09 上海斯格威铂尔曼大酒店
建筑用途：商业建筑
地理位置：打浦路 15 号
开放时间及电话：全天，021-33189988
公共交通：轨道交通 9 号线，公交 17、146、806、931、984、985 路
停车场：上海斯格威铂尔曼大酒店停车库
设计：华东建筑设计研究院
建成时间：2007 年
建筑面积：100333 平方米
建筑层数：52 层
建筑结构：钢筋混凝土框筒结构
Pullman Skyway Shanghai
Construction purposes：Commerce
Location：15 Dapu Road

徐汇区

徐汇区区域图

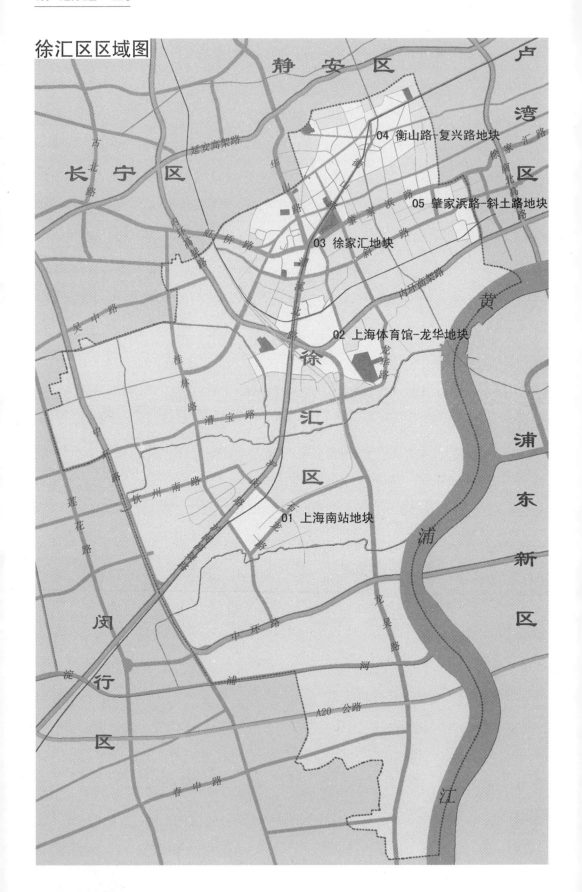

静安区

卢湾区

长宁区

延安高架路

04　衡山路-复兴路地块

05　肇家浜路-斜土路地块

03　徐家汇地块

02　上海体育馆-龙华地块

徐汇区

01　上海南站地块

黄浦江

浦东新区

浦

闵行区

A20公路

春申路

01 上海南站地块图

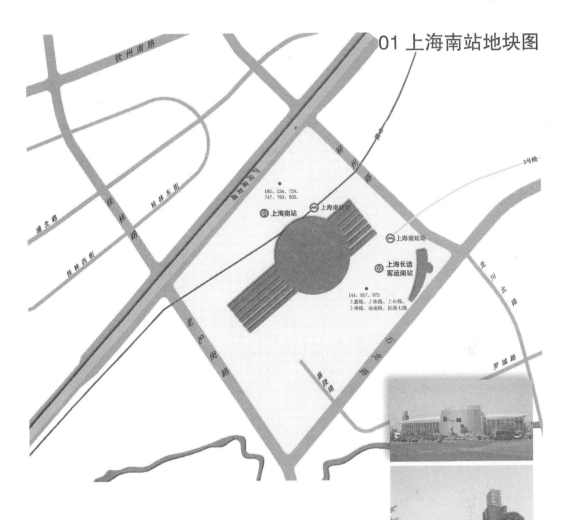

01 上海南站

铁路上海南站位于徐汇区西南部，占地面积为 60 万平方米，是联系长江、珠江三角洲及我国南方大多数城市的重要交通枢纽，是上海中心城市的南大门，处于非常重要的地理位置。上海南站主体建筑以其宏大的圆形体量、出挑深远的屋檐、通透的结构体系为特点，是一座优雅、气派、真实的超现代主义建筑。主体建筑以 9.9 米标高为界，之下采用钢筋混凝土材料，达到粗犷、坚固的视觉效果；之上则暴露钢结构，体现出建筑的力度与美感。

02 上海长途客运南站

上海长途客运南站主体建筑采用与铁路南站同心的圆弧墙面，自然构成非对称的弧形平面，既创造了极具特点的建筑造型，又确定了自己的附属地位，有机地与铁路南站圆形体量融为一体。建筑材料采用钢结构、玻璃和铝合金幕墙的组合，呈现出精致、通透、富有表现力的建筑风格。暖色的陶土板幕墙，在建筑整体色调和质感上予以调和，为建筑增添了稳重大方的气质。

01 上海南站
建筑用途：交通建筑
地理位置：老沪闵路 289 号
开放时间及电话：全天，021-54369511
公共交通：轨道交通 1、3 号线，公交 144、180、236、729、747、763、803、867、973 路，上嘉线，上朱线，上石线，上奉线，南南线，机场七线
停车场：上海南站停车场
设计：法国 AREP 建筑公司 + 华东建筑设计研究院
建成时间：2005 年
建筑面积：52916 平方米
建筑层数：3 层
建筑结构：框架结构、屋面为大跨度钢结构
Shanghai South Railway Station
Construction purposes：Transportation
Location：289 Old Humin Road

02 上海长途客运南站
建筑用途：交通建筑
地理位置：沪闵路 8999 号
开放时间及电话：全天，021-54353535
公共交通：轨道交通 1、3 号线，公交 144、180、236、729、747、763、803、867、973 路，上嘉线，上朱线，上石线，上奉线，南南线，机场七线
停车场：上海长途客运南站停车场
设计：华东建筑设计研究院
建成时间：2005 年
建筑面积：19720 平方米
建筑层数：4 层
建筑结构：框架结构、钢结构
Shanghai South Long-distance Bus Station
Construction purposes：Transportation
Location：8999 Humin Road

02 上海体育馆龙华地块图

01 华亭宾馆
建筑用途：商业建筑
地理位置：漕溪北路 1200 号
开放时间及电话：全天，021-64391000
公共交通：轨道交通 1、3、4 号线，公
交 73、87、89、138、236、251、721、
808、938 路，沪陈线
停车场：华亭宾馆停车场
设计：华东建筑设计研究院 + 香港协
建建筑师事务所
建成时间：1986 年
建筑面积：96600 平方米
建筑层数：地上 28 层、地下 1 层
建筑结构：框架剪力墙结构
Huating Sheraton Hotel
Construction purposes：Commerce
Location：1200 Caoxi Road（N）

01 华亭宾馆
华亭宾馆是上海第一家五星级国际性饭
店，与上海体育馆遥相呼应。建筑平面
呈 S 形曲线，加之立面贯通的横线条，
及一端的阶梯式跌落，更增加了整体舒
缓、平和的特征，为宾馆类建筑造型常
用之手法，也与上海体育馆对城市的整
体空间构成相协调。建筑中部透明的观
光电梯构成垂直线条，与各层流畅自然
的水平曲线形成了鲜明的对比，平缓中不
失活泼。

02 上海电影博物馆
建筑用途：展览建筑
地理位置：漕溪北路 595 号
公共交通：轨道交通 1、4 号线，公交
43、122、303、770、820、927、957、
958 路
停车场：上海电影博物馆停车场
设计：上海华东发展城建设计（集团）
有限公司
建成时间：在建
建筑面积：107060 平方米
建筑层数：地上 19 层、地下 2 层
建筑结构：框剪结构
Shanghai Movie Museum
Construction purposes：Exhibition
Location：595 Caoxi Road（N）

03 上海体育馆
建筑用途：体育建筑
地理位置：漕溪北路 1111 号
开放时间及电话：8：30 ～ 18：30，
021-64384952
公共交通：轨道交通 1、3、4 号线，
公交 42、49、120、754、926 路，徐
川专线，上佘线
停车场：上海体育馆停车场
设计：上海建筑设计研究院
建成时间：1975 年
建筑面积：47800 平方米
建筑层数：1 层
建筑结构：三向钢管球形节点网架
Shanghai Indoor Stadium
Construction purposes：Sport
Location：1111 Caoxi Road（N）

04 上海体育场
建筑用途：体育建筑
地理位置：天钥桥路 666 号
电话：021-64266666
公共交通：轨道交通 1、3、4 号线，
公交 44、808、824、932、958、957 路，
隧道二线，大桥六线
停车场：上海体育场停车场
设计：上海建筑设计研究院
建成时间：1997 年
建筑面积：170000 平方米
建筑层数：地上 12 层、地下 1 层
建筑结构：钢筋混凝土框架体系、大跨
度钢结构顶棚
Shanghai Stadium
Construction purposes：Sport
Location：666 Tianyaoqiao Road

02 上海电影博物馆
设计创意将上海电影博物馆定义为"绽放的紫罗兰"。建筑造型曲折富于变化，立面运用紫色调，力图表现电影的复杂性与不确定性，通过建筑把电影人对社会和生活的多元思考传递给世人。整个建筑群立面采用表面粗糙毛玻璃与穿孔板相组合，毛玻璃漫反射光线形成微弱影像，穿孔板表面肌理类似胶片，两者成为电影的象征符号。

03 上海体育馆
上海体育馆主馆呈圆柱形，高为 33 米，构成屋顶的网架跨度直径达 110 米，屋檐出挑 7.5 米，如此大尺度、大体量的建筑物配上简洁明快的立面处理，会给人以强烈的视觉震撼。墙面用大片淡蓝色隔热玻璃围护，避免了玻璃幕墙给建筑带来的不利因素。同时，将高大的窗挺处理成白色竖线条，蓝白分明，色彩明快。体育馆在 1999 年进行了改建，新增 1250 平方米的双层舞台，设施先进，可承接各类文艺演出、大型体育比赛、集会、大型展览等。

05 2577 创意大院
建筑用途：办公建筑
地理位置：龙华路 2577 号
电话：021-64681702
公共交通：公交 41、44、167、733、734、864、933 路
停车场：2577 创意大院停车场
设计：上海圣博华康投资管理有限公司
建成时间：2006 年（改建）
建筑面积：约 40000 平方米
建筑层数：1～4 层
建筑结构：框架结构
No.2577 Creative Garden
Construction purposes：Office
Location：2577 Longhua Road

04 上海体育场
上海体育场是 1997 年中国第八届全国运动会的主会场，是目前国内现代化程度高、规模大、具有国际标准的综合性体育场之一。体育场直径为 273 米，建筑总高度为 73.5 米，可容纳 8 万名观众。体育场整体风格简洁流畅，富于动感，醒目的大跨度结构体现了体育运动的力度和气势。建筑采取外环圆形、内环椭圆形、总体呈波浪式马鞍形的整体结构，舒缓流畅，具有动感。观众席上方采用马鞍形大悬挑钢管空间屋盖结构，覆以乳白色半透明伞状膜，采光性能好。

05 2577 创意大院
2577 创意大院总占地面积约 100 亩，大小建筑物约 70 多幢。这里最早是 1871 年洋务运动时期李鸿章创办的江南枪炮局，民国时期曾作为淞沪警备司令部龙华分部，解放后成为军工企业基地，作为解放军第七三一五工厂。园区建筑形式为单体式、庭院式、多层等复古主义建筑。其中 9 栋为 19 世纪中后期的古董级历史保护建筑，至今完好地保存着青砖、红柱、飞檐等古典建筑元素。创意人士参与了对历史保护建筑的保护和利用，并导入了商务花园的规划理念。创建全新生态理念的低密度、低容积、花园景观式商务办公区。

06 龙华寺（上海市文物保护单位）
龙华寺是上海市历史最悠久、规模最大、建筑最雄伟的佛教寺院。现今龙华寺的殿宇大部分属清同治、光绪年间的建筑，并保持了宋代伽蓝七堂制的格式，依次为弥勒殿、天王殿、大雄宝殿、三圣殿、方丈室和藏经楼。天王殿侧钟楼高 3 层，悬有清光绪二十年铸造的青铜铜钟，高约 2 米，直径达 1.3 米，重 5 吨余，"龙华晚钟"也是昔日的"沪上八景"之一。一年一度的迎新年龙华撞钟活动，每年农历三月三的龙华庙会，至今已有三百余年历史，已成为上海市一个固定的旅游节庆活动。

06 龙华寺（上海市文物保护单位）
建筑用途：宗教建筑
地理位置：龙华路 2853 号
开放时间及电话：7：00～16：30，
香期（初一、十五）5：00～16：30，
021-64566085
公共交通：公交 41、44、167、733、734、864、933 路
停车场：龙华寺停车场
设计：不详
建成时间：相传 238～251 年（三国吴赤乌年间始建）、清光绪年间重建
建筑面积：5219 平方米
建筑层数：1～2 层
建筑结构：砖木结构
Longhua Temple
Construction purposes：Religion
Location：2853 Longhua Road

07 龙华塔（全国重点文物保护单位、上海市文物保护单位）
建筑用途：宗教建筑
地理位置：龙华路 2853 号
开放时间及电话：9：00～17：00
（限流，不定期开放），021-64566085
公共交通：公交 41、44、167、733、734、864、933 路
停车场：龙华寺园停车场
设计：不详
建成时间：238～251 年（三国吴赤乌年间始建）、977 年（宋代太平兴国二年重建）
建筑层数：7 层
建筑结构：砖木结构
Longhua Pagoda
Construction purposes：Religion
Location：2853 Longhua Road

07 龙华塔（全国重点文物保护单位、上海市文物保护单位）
龙华塔被誉为沪城"宝塔之冠"。塔身高 40.6 米，共七层八角，砖木结构。塔内壁呈方型，底层高大，但逐层收缩成密檐。每层四面皆有塔门，逐层转换，塔内楼梯旋转而上，供游人登塔远眺。塔顶饰有七相轮，新铸塔刹重达 3.2 吨，由覆盆、露盘、相轮、浪风索等 18 个部件组成。龙华塔重建于宋太平兴国二年 977 年，塔身是北宋原物。1984 年 5 月再次对宝塔进行修葺。

03 徐家汇地块图

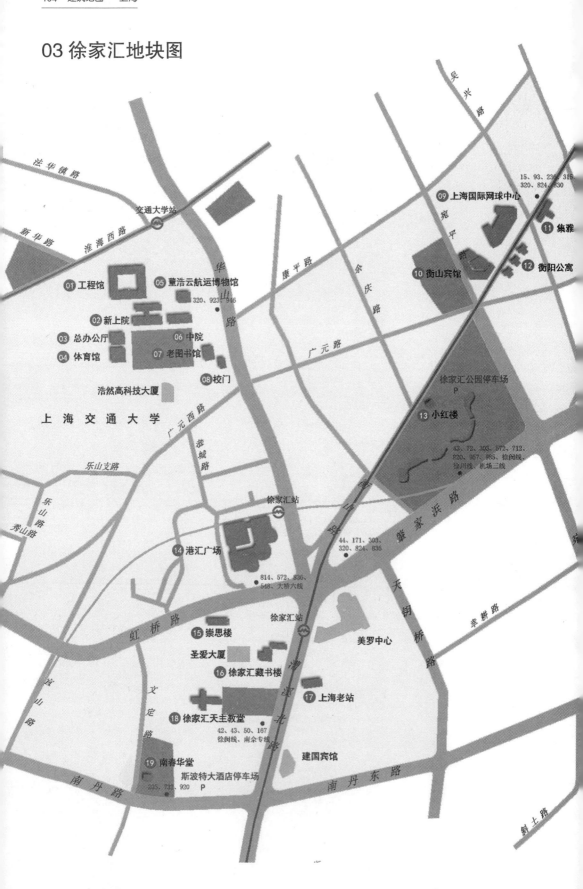

法华镇路

新华路

淮海西路

交通大学站

01 工程馆

05 董浩云航运博物馆
320、923、946

02 新上院

03 总办公厅

06 中院

04 体育馆

07 老图书馆

08 校门

浩然高科技大厦

上海交通大学

广元西路

乐山支路

乐山路

秀山路

华山路

康平路

余庆路

广元路

恭城路

吴兴路

15、93、236、316
320、824、830

09 上海国际网球中心

11 集雅

10 衡山宾馆

12 衡阳公寓

徐家汇公园停车场
P

13 小红楼

43、72、303、572、712、
820、957、985、徐闵线、
徐川线、机场三线

徐家汇站

14 港汇广场

814、572、835、
548、大桥六线

44、171、303、
320、824、836

肇家浜路

天钥桥路

幸耕路

虹桥路

徐家汇站

15 崇思楼

圣爱大厦

16 徐家汇藏书楼

17 上海老站

美罗中心

18 徐家汇天主教堂
42、43、50、167
徐闵线、南佘专线

漕溪北路

19 南春华堂

斯波特大酒店停车场 P
205、733、920

建国宾馆

南丹路

南丹东路

虹山路

文定路

斜土路

01 工程馆（恭绰馆，上海交通大学徐汇校区，上海市优秀历史建筑）
建筑用途：文化建筑
地理位置：华山路 1954 号
开放时间及电话：7：00 ～ 22：00，
021-54740000
公共交通：轨道交通 1、9 号线，公交
320、923、946 路
停车场：交通大学停车场
设计：邬达克（匈）
建成时间：1932 年
建筑面积：12898 平方米
建筑层数：3 层
建筑结构：钢筋混凝土结构
Engineering Building（Gongchuo
Building, Xuhui Campus of Shanghai
Jiao Tong University）
Construction purposes：Culture
Location：1954 Huashan Road

01 工程馆（恭绰馆，上海交通大学徐汇校区，上海市优秀历史建筑）
该建筑为现代"装饰艺术"风格，特别是入口处外框由清水红砖呈叠加式装饰，尤其凸现出其设计特征。南侧入口处有贯穿二层水泥饰面的垂直装饰带，清水红砖墙与涂料墙面相间隔，风格独具特色。整体建筑呈"回"字形平面，内侧自然围合出环境幽雅、别致的花园，为进行学术研究创造了良好的氛围。

02 新上院（上海交通大学徐汇校区，上海市优秀历史建筑）
原址曾矗立着一名为"上院"的建筑，当时的建筑面积为 6500 平方米，其平面呈"山"字形，底层中部有一个可容纳 500 人的礼堂，3 层高且顶层还设有钟楼，是南洋公学时期的大学部。1954 年拆除重建后，新建建筑更名为"新上院"。正面一二层为实验室，三层以上为教室，后部有多间阶梯形大教室和一间大型活动室，为学校的主要教学楼之一。

03 总办公厅（容闳堂，上海交通大学徐汇校区，上海市优秀历史建筑）
上海交通大学总办公厅是学校当年主要办公楼，为纪念我国最早留美、最早主张引进西学的学者容闳而命名为"容闳堂"。建筑正面面阔 5 间，入口开在中间，强调了其对称性，突出了办公建筑的庄严属性。屋檐平缓，建筑立面上开贯通二三层的竖向长窗，正中 3 开间窗洞顶端设半圆券，属文艺复兴建筑风格。现门额"总办公厅"出自胡汉民之手笔。

02 新上院（上海交通大学徐汇校区，上海市优秀历史建筑）
建筑用途：文化建筑
地理位置：华山路 1954 号
开放时间及电话：7：00 ～ 22：00，
021-54740000
公共交通：轨道交通 1、9 号线，公交
320、923、946 路
停车场：交通大学停车场
设计：上海市人民政府建筑工业设计室
建成时间：1954 年
建筑面积：9746 平方米
建筑层数：4 层
建筑结构：钢筋混凝土框架结构
New Upper Building（Xuhui Campus
of Shanghai Jiao Tong University）
Construction purposes：Culture
Location：1954 Huashan Road

03 总办公厅（容闳堂，上海交通大学徐汇校区，上海市优秀历史建筑）
建筑用途：办公建筑
地理位置：华山路 1954 号
开放时间及电话：7：00 ～ 22：00，
021-54740000
公共交通：轨道交通 1、9 号线，公交
320、923、946 路
停车场：交通大学停车场
设计：庄俊
建成时间：1933 年
建筑面积：2160 平方米
建筑层数：3 层
建筑结构：钢筋混凝土框架结构
Chief Office（Rong Hong Hall, Xuhui
Campus of Shanghai Jiao Tong
University）
Construction purposes：Office
Location：1954 Huashan Road

地图文字：
一号线
乌鲁木齐南路
9 号线
肇嘉浜路站
均瑶国际广场

04 体育馆（上海交通大学徐汇校区，上海市优秀历史建筑）

体育馆立面为竖三段布置，中部内凹，两端凸出，中部底层塔司干式双柱外廊，二层则退为阳台，丰富了建筑立面虚实对比。底层水泥墙面饰水平线条，二三层清水红砖朴实、色彩和谐。建筑材料朴实、色彩和谐。建筑功能配置齐全，堪称为今天的建筑综合体了。底层设有小型游泳池、浴室、办公室及乒乓室；二层设有室内篮球场，南部还有戏台可供演出及集会用；三层为室内跑道，亦可作观赏球赛之看台。

05 董浩云航运博物馆（新中院，上海交通大学徐汇校区）

董浩云航运博物馆始建于 1910 年（宣统二年），始称新中院。建筑外观风格独特，外侧围廊，是典型的外廊式建筑的代表。内有中式庭院，宁静温馨、传统文化浓郁。四周墙面层次分明、图案精美，为中西合璧之佳作。该建筑建成之初，主要为学生使用，解放后，作为教师办公场所。2002 年 4 月 8 日学校 106 周年校庆之际，修缮工程开工典礼，当年 11 月始改为董浩云航运博物馆。

06 中院（上海交通大学徐汇校区，上海市优秀历史建筑）

南洋公学时期的主要建筑，亦为交通大学惟一建于 19 世纪的建筑，及中国大学中现存最早且沿用至今的建筑。该建筑属西方复古思潮在中国的产物，拱券式的柱廊、装饰精美的女儿墙、色彩柔和的墙面，无不构成该建筑优美的音符。中院最初是供办公及师范院、中学部之用，解放后曾先后于 1963 年、1998 年进行过大修，现作办公之用。

07 老图书馆（校史展览馆，上海交通大学徐汇校区，上海市优秀历史建筑）

上海交通大学老图书馆平面为"山"字形，由此也决定了建筑体块的凹凸变化。凸出的山墙作为建筑主立面，对称构图，重点突出。尖尖的屋顶、配以立面强调的竖向线条，使得建筑物的哥特式风格愈发浓郁。入口处设有由两对科林斯双柱支撑的门廊，门廊上恰巧作为二层的大平台。弧形拱窗四周有石质装饰线脚，栏杆扶手优美的曲线，又展现了建筑的巴洛克风格，整体建筑呈现折中主义特色。

04 体育馆（上海交通大学徐汇校区，上海市优秀历史建筑）
建筑用途：体育建筑
地理位置：华山路 1954 号
开放时间及电话：9：00～21：00，021-83743829
公共交通：轨道交通 1、9 号线，公交 320、923、946 路
停车场：交通大学停车场
设计：东南建筑公司
建成时间：1925 年
建筑面积：2957 平方米
建筑层数：3 层
建筑结构：钢筋混凝土结构
Stadium（Xuhui Campus of Shanghai Jiao Tong University）
Construction purposes：Sport
Location：1954 Huashan Road

06 中院（上海交通大学徐汇校区，上海市优秀历史建筑）
建筑用途：文化建筑
地理位置：华山路 1954 号
开放时间及电话：7：00～22：00，021-54740000
公共交通：轨道交通 1、9 号线，公交 320、923、946 路
停车场：交通大学停车场
设计：福开森（John C. Ferguson，美）
建成时间：1899 年（清光绪二十五年）
建筑面积：4950 平方米
建筑层数：3 层
建筑结构：钢筋混凝土框架结构
Intermediate Building（Xuhui Campus of Shanghai Jiao Tong University）
Construction purposes：Culture
Location：1954 Huashan Road

05 董浩云航运博物馆（新中院，上海交通大学徐汇校区）
建筑用途：展览建筑
地理位置：华山路 1954 号
开放时间及电话：全年免费开放，周一闭馆，13：30～17：00，021-62932403
公共交通：轨道交通 1、9 号线，公交 320、923、946 路
停车场：交通大学停车场
设计：香港陈丙骅建筑师有限公司
建成时间：1910 年（清宣统二年）
建筑面积：1250 平方米
建筑层数：2 层
建筑结构：砖木结构
C. Y. Tung Maritime Museum（New Intermediate, Xuhui Campus of Shanghai Jiao Tong University）
Construction purposes：Exhibition
Location：1954 Huashan Road

07 老图书馆（校史展览馆，上海交通大学徐汇校区，上海市优秀历史建筑）
建筑用途：文化建筑
地理位置：华山路 1954 号
开放时间及电话：周一～周五，8：30～11：30、13：30～17：00，021-62933225
公共交通：轨道交通 1、9 号线，公交 320、923、946 路
停车场：交通大学停车场
设计：Wang Sin Tsa（沈祖荣）
建成时间：1918 年
建筑面积：3228 平方米
建筑层数：外观 4 层
建筑结构：钢筋混凝土、木结构
Old Library（Universitie's History Exhibition Hall, Xuhui Campus of Shanghai Jiao Tong University）
Construction purposes：Culture
Location：1954 Huashan Road

08 校门（上海交通大学徐汇校区，上海市优秀历史建筑）
建筑用途：标识建筑
地理位置：华山路 1954 号
电话：021-54740000
公共交通：轨道交通 1、9 号线，公交 320、923、946 路
停车场：交通大学停车场
设计：基泰工程司
建成时间：1935 年
建筑面积：153 平方米
建筑层数：1 层
建筑结构：钢筋混凝土、木结构
School Gate（Xuhui Campus of Shanghai Jiao Tong University）
Construction purposes：Symbol
Location：1954 Huashan Road

10 衡山宾馆（比卡迪公寓，上海市优秀历史建筑）
建筑用途：商业建筑（居住建筑）
地理位置：衡山路 534 号
开放时间及电话：全天，021-29269923
公共交通：轨道交通 1 号线，公交 15、93、236、315、320、824、830 路
停车场：衡山宾馆停车场
设计：法商营造公司
建成时间：1934 年
建筑面积：28400 平方米
建筑层数：15 层
建筑结构：钢框架结构
Hengshan Hotel（Picaidie Apartment）
Construction purposes：Commerce（Residence）
Location：534 Hengshan Road

09 上海国际网球中心
建筑用途：城市综合体
地理位置：衡山路 516 号
开放时间及电话：9：00 ～ 17：30，021-54679568
公共交通：轨道交通 1、9 号线，公交 43、72、303、572、712、820、957、985 路，徐闵线，徐川线，机场三线
停车场：富豪环球东亚酒店停车场
设计：美国 JWDA 建筑事务所＋上海建筑设计研究院
建成时间：1997 年
建筑面积：80000 平方米
建筑层数：22 层
建筑结构：钢筋混凝土框架＋剪力墙结构
Shanghai International Tennis Center
Construction purposes：Urban Complex
Location：516 Hengshan Road

11 集雅公寓（惠斯乐公寓、乔治公寓，上海市优秀历史建筑）
建筑用途：居住建筑
地理位置：衡山路 311 ～ 331 号
公共交通：轨道交通 1 号线，公交 15、93、236、315、320、824、830 路
停车场：集雅公寓停车场、富豪环球东亚酒店停车场
设计：范文照
建成时间：1942 年
建筑面积：6542 平方米
建筑层数：7 层
建筑结构：钢混结构
Jiya Apartments（Western Apartment, George Apartment）
Construction purposes：Residence
Location：311-331 Hengshan Road

08 校门（上海交通大学徐汇校区，上海市优秀历史建筑）
建校初期原校门为牌坊式。1934 年，1915 届校友不忘母校培育之情，重建三开间仿古宫殿式校门，以示纪念。现校门通面阔长 16 米，进深 8 米，高 6.8 米，歇山式绿色琉璃瓦屋顶，猩红墙面勾勒砖形白线，雕梁画栋，规格颇高。大门前立有两尊石狮，更增添了建筑的威严与庄重。该校门一直沿用至今，其间曾几次照原样进行过大修，是上海交通大学极具代表性建筑之一。

09 上海国际网球中心
上海国际网球中心占地面积为 2.7 万平方米，建筑高度为 100 米。由一幢 22 层的五星级酒店（富豪环球东亚酒店）、一幢 22 层的高级外销公寓（东亚公寓）和一个综合性会员制俱乐部所组成，是一个集体育竞技、健身娱乐、餐饮住宿、商务社交为一体的城市综合体。建筑群造型别致，两个八字型姐妹楼由 3 层裙房相连接，形成倒"门"字。外墙面用进口仿花岗石喷涂配高级外墙玻璃，尊贵典雅。采用弧线与折线、水平与垂直线角的对比，丰富了建筑立面。在设计上既保持了本地区的传统风格、又不失鲜明的时代特色。

10 衡山宾馆（比卡迪公寓，上海市优秀历史建筑）
综合性的现代式公寓建筑。整幢公寓坐北朝南，平面呈"八"字形，由东、西、中三部分组成。正中部分高 16 层，东、西部分高 8 ～ 9 层，除底层设内长廊相互连接外，两层以上则相互分隔，各有单独楼梯、电梯作为垂直交通，互不干扰。公寓外立面处理简洁明快、朴素大方。墙面全部用水泥粉刷，未作任何装饰。底层基座墙面为深色。大门设在南面正中，门厅壁面和地坪用大理石和人造石的混合材料铺砌，色彩协调。

11 集雅公寓（惠斯乐公寓、乔治公寓，上海市优秀历史建筑）
按照当时业主的要求，集雅公寓拟专供简单家庭和单身独居住户使用，即类似今天的酒店式公寓。该公寓整体属现代主义建筑风格，形体简洁，立面对称，具有西方"装饰艺术"特点。建筑从两侧向中央逐步高起，恰到好处地留出进出口车道。平面根据不规则地形设计成"T"字形，与基地环境结合完好。公寓沿街底层是商铺等营业用房，功能布局合理。20 世纪 80 年代房屋大修时，沿街立面被改为土黄色马赛克贴面，使建筑具有了新的时代特征。

12 衡阳公寓（凯文公寓、大凯文公寓，上海市优秀历史建筑）

该建筑属于现代公寓式建筑。建筑造型采用中间高起，两侧逐步迭落的手法，突出了构图中心。外观简洁，通过楼层间墙面的凹凸处理，以及横向间墙的红褐色面砖贴面强调了立面的水平线条。立面局部用褐色耐火面砖装饰，与大面积浅黄色粉刷形成材质上的对比，加强了建筑现代特色的表现。同时，阳台铁花栏杆和门框上简洁的几何图案，又带有装饰艺术特征。

13 小红楼（东方百代唱片公司、中国唱片厂办公楼、小红楼 La Villa Rouge 酒吧，上海市优秀历史建筑）

该建筑带有西方新艺术运动时期的一些风格特征。红瓦坡屋顶，清水红砖墙面间或以浅颜色隅石勾勒。坡屋顶分两折，上部陡而下部缓，出檐较深，檐下承以牛腿木托架，造型独特富有装饰感。南立面东部檐口处有个意外的"断裂"，老虎窗直接与立面连接，窗台下浓重的浮雕花饰看似不经意，其实却与牛腿木托架有一种动势的呼应。入口门廊雨篷弧线形态优美，门洞上沿也经过巧妙的曲线处理，底层外廊额枋与双柱的连接优雅流畅，这些相对含蓄的曲线与弧线大台阶遥相呼应，形成了协调之中尚有差异的动人效果。小红楼现在为小红楼 La Villa Rouge 酒吧。

14 港汇广场

港汇广场集商业贸易、现代写字楼、商务套间及住宅于一体，高 225 米，构成徐汇商业圈的中心。购物中心内部空间宽敞开阔，顶部是一个巨大的古典样式玻璃穹顶，衬托着商场的购物氛围，也是许多影视剧经常青睐的场景。双塔型甲级写字楼及高档涉外酒店式公寓具有前卫的现代建筑风格，花岗石饰面及银灰色玻璃幕墙配以高耸挺拔的双塔造型，更加强调了建筑的挺秀、高雅，从而也突出了港汇广场的中心地位。

15 崇思楼（徐汇公学新校舍，上海市优秀历史建筑）

崇思楼由比利时神父、建筑师第斯尼（中文姓为叶氏）设计的方案草图，并任督工进行总监督。该建筑于 1918 年 6 月 20 日落成，时称"新校舍"，1992 年命名为"崇思楼"。该建筑内部以木结构为主，外立面则表现为砖石结构特征，主要由水磨红砖与人工凿毛的花岗岩为主材构筑而成，显得坚固耐用。小礼堂正门为中轴线，配以拱门及二三层形状各异的窗子，成为建筑的构图中心。两侧则各有 9 根高达顶楼的科林斯式柱子，对应着屋顶上的老虎窗，为建筑物的主要风格体现。

12 衡阳公寓（凯文公寓、大凯文公寓，上海市优秀历史建筑）
建筑用途：居住建筑
地理位置：衡山路 525 号
公共交通：轨道交通 1 号线，公交 15、93、236、315、320、824、830 路
停车场：衡阳公寓停车场、富豪环球东亚酒店停车场
设计：英商公和洋行
建成时间：1933 年
建筑面积：4800 平方米
建筑层数：10 层
建筑结构：钢筋混凝土结构
Hengyang Apartment（Cavendish Court）
Construction purposes：Residence
Location：525 Hengshan Road

14 港汇广场
建筑用途：城市综合体
地理位置：虹桥路 1 号
开放时间及电话：10：00 ～ 22：00，021-64070111
公共交通：轨道交通 1、9 号线，公交 93、814、572、836、548 路，大桥六线
停车场：港汇广场停车场
设计：美国凯里森建筑设计师事务所 + 香港冯庆延建筑师事务所有限公司 + 华东建筑设计研究院
建成时间：1997 年
建筑面积：400000 平方米
建筑层数：地上 51 层、地下 2 层
建筑结构：框架核心筒结构
Grand Gateway
Construction purposes：Urban Complex
Location：1 Hongqiao Road

13 小红楼（东方百代唱片公司、中国唱片厂办公楼、小红楼 La Villa Rouge 酒吧，上海市优秀历史建筑）
建筑用途：商业建筑
地理位置：衡山路 811 号
开放时间及电话：11：00 ～ 22：00，021-64316639
公共交通：轨道交通 1、9 号线，公交 43、72、303、572、712、820、957、985 路，徐闵线，徐川线，机场三线
停车场：徐家汇公园停车场
设计：不详
建成时间：1921 年
建筑面积：480 平方米
建筑层数：3 层
建筑结构：砖木结构
Red House（Pathé -phono-cinema Co., China, Office Building of Record Plant In China, La Villa Rouge）
Construction purposes：Commerce
Location：811 Hengshan Road

15 崇思楼（徐汇公学新校舍，上海市优秀历史建筑）
建筑用途：文化建筑
地理位置：虹桥路 68 号
开放时间及电话：8：00 ～ 20：00，021-64476871
公共交通：轨道交通 1、9 号线，公交 93、548、572、814、836 路，大桥六线
停车场：徐汇中学停车场、港汇广场停车场
设计：第斯尼（比利时）
建成时间：1918 年
建筑面积：5555 平方米
建筑层数：4 层
建筑结构：砖木结构
Chong-si Building（New Building in Ignatius School）
Construction purposes：Culture
Location：68 Hongqiao Road

16 徐家汇藏书楼（天主教藏书楼、汇堂石室，徐汇区文物保护单位、上海市优秀历史建筑）

建筑用途：文化建筑
地理位置：漕溪北路 80 号
开放时间及电话：周一至周六 9：00 ～ 17：00、国定假日 9：00 ～ 16：00，021-64874108
公共交通：轨道交通 1、9 号线，公交 43、920、926、957 路
停车场：提供少量停车位、圣爱大厦停车场
设计：耶稣会教士
建成时间：1896 年（清光绪二十二年）
建筑面积：3737 平方米
建筑层数：2 ～ 4 层
建筑结构：砖木混和结构
Zi-Ka-wei Bibliotheca（Bibliotheca of Catholic Church, Stone Room of Zi-Ka-wei）
Construction purposes：Culture
Location：80 Caoxi Road（N）

18 徐家汇天主教堂（上海市优秀历史建筑、上海市文物保护单位）

建筑用途：宗教建筑
地理位置：蒲西路 158 号
开放时间及电话：8：00 ～ 16：00，021-64690930
公共交通：轨道交通 1 号线，公交 42、43、50、167 路，徐闵线、南佘专线
停车场：提供少量停车位、圣爱大厦停车场
设计：英商道达洋行
建成时间：1910 年（清宣统二年）
建筑面积：6670 平方米
建筑层数：5 层
建筑结构：砖木结构
St.Ignatius Cathedral of Zi-Ka-wei
Construction purposes：Religion
Location：158 Puxi Road

17 上海老站（徐家汇圣母院、修女院，上海市优秀历史建筑）

建筑用途：商业建筑（宗教建筑）
地理位置：漕溪北路 201 号
开放时间及电话：11：15 ～ 14：00、17：00 ～ 22：00，021-64272233
公共交通：轨道交通 1、9 号线，公交 957、926、920 路
停车场：提供少量停车位，美罗大厦 - 美罗城停车场
设计：不详
建成时间：1931 年
建筑面积：6000 平方米
建筑层数：5 层
建筑结构：钢筋混凝土结构
YE OLDE Station Restaurant（Holy Mother's Garden, Convent）
Construction purposes：Commerce（Religion）
Location：201 Caoxi Road（N）

19 南春华堂（裕德堂、徐光启纪念馆）

建筑用途：展览建筑
地理位置：南丹路 17 号
开放时间及电话：9：00 ～ 16：30，021-64381780
公共交通：轨道交通 1 号线，公交 205、732、920 路
停车场：斯波特大酒店停车场
设计：不详
建成时间：1505 ～ 1521 年（明弘治末年～正德年间）、2003 年（异地搬迁）
建筑面积：250 平方米
建筑层数：1 层
建筑结构：木结构
South Chunhua Hall（Yude Hall, Xu Guangqi Memorial Hall）
Construction purposes：Exhibition
Location：17 Nandan Road

16 徐家汇藏书楼（天主教藏书楼、汇堂石室，徐汇区文物保护单位、上海市优秀历史建筑）

占地面积为 2360.11 平方米。仿梵蒂冈教廷的藏书楼风格。外观为清水砖墙，以书库为主，上下两层楼各六间，窗子较多。二楼藏西方书籍，内部设计全为梵蒂冈式。书架从地面到顶，分十二格，下三格较大，便于置放开本较大的书本，在第六格高度处，架起有栏杆的木板，连成如走廊，并有扶梯攀登，如室中之半楼。一楼是中文书库，仿清乾隆时藏四库全书的文澜阁，书架也从地面到顶，亦为十二格。北楼风格融合了中西文化内涵，南楼为外廊式建筑。

17 上海老站（徐家汇圣母院、修女院，上海市优秀历史建筑）

"上海老站"饭店是一座 5 层高带有罗马风格的教堂式建筑，创自清代咸丰五年（1855 年），始建于青浦之横塘。同治三年（1864 年）迁至王家堂，同治八年（1869 年）迁至徐家汇。内分拯亡会、献堂会、徐汇女子中学、启明女校、聋哑学堂、幼稚园、育婴堂、刺绣所、花边间、裁缝作和浣衣厂等，1929 年毁于大火后重建，1931 年竣工。立面设壁柱，西山墙尖顶部位设小穹顶塔楼，宗教礼仪的重点部位采用教堂的传统装饰。现建筑为徐家汇圣母院整体建筑仅存部分。

18 徐家汇天主教堂（上海市优秀历史建筑、上海市文物保护单位）

19 世纪末，徐光启墓附近地区是上海天主教中心，1910 年徐家汇天主教堂建成，是中国第一座按西方建筑风格、由法国耶稣会传教士募款建成的教堂。教堂高 79 米、宽 28 米。堂内有苏州产金山石雕凿的 64 根立柱，每根用 10 根小圆柱组合而成。地坪铺方砖，中间一条通道铺花磁砖。门窗都是哥特式尖拱式，嵌彩色玻璃，镶成图案和神像。有祭台 19 座，中间大祭台是 1919 年复活节从巴黎运来，有较高的宗教艺术价值。堂内可容纳 2500 人同时做弥撒。外观是典型的欧洲中世纪哥特式，双尖顶砖石结构，尖顶上的两个十字架，直插云霄。堂身上也有十字架，颇似轮盘状——生命恰如驾驭轮盘。堂身正中是盘型浮雕，繁复华丽，远看极像罗马钟表的形状。外部结构采用清一色红砖，屋顶铺设石墨瓦，饰以许多圣子、天主的石雕，纯洁而安祥。

19 南春华堂（裕德堂、徐光启纪念馆）

南春华堂原名"裕德堂"，因其北面有明代诗人黄瑾别墅春华堂，故后人称之为"南春华堂"。南春华堂室宇宽敞，建筑精妙。原建有三进。头进在大门两侧伏有石狮 4 座，内有仪门、石鼓，并有平房 2 间；二进为 7 开间的裕德堂正厅；三进是 5 开间的起居厅。是一座十分典型的明代民居，有很高的文物价值。目前仅存中央一主间、东首 1 间和西首 2 间，中央主间门窗已荡然无存，但从托梁上的精细雕刻，可一窥当年该厅的格局。2003 年徐汇区投巨资按原貌修复南春华堂，并整体迁移至徐汇区光启公园。

04 衡山路 – 复兴路地块图

长乐路

常熟路

延庆路

40

② 世纪商贸广场

15、26、49、
315、327、830

42、320、3
911、920、9

安福路

06 皇家公寓

常熟路站

48、113、328、548

五原路

09 上方花园

华山路

乌鲁木齐中路

宝庆路

01 丁香花园

96、548

复兴西路

96

14 徐汇艺术馆

549

15 湖南路别墅

武康路

淮海中路

桃江路

万邮路

水福路

15、167、236
315、830、927、

东平路

湖南路

高安路

上海图书馆站

26、911、911区间

16 蒋介石故居

上海图书馆

17 萨沙餐厅

芝大厦

19 黄兴寓所

49、96

欧登停车场
P

18 国际礼拜堂

26、911、
920、928

衡山路站

20 武康大楼

21 宋庆龄故居

10号线

康平路

01 丁香花园（上海市委老干部局，上海市优秀历史建筑、上海市文物保护单位）
丁香花园中3座小洋楼矗立在宽阔的草坪之中，掩映在高大的香樟之下，显得格外靓丽高贵。园内曲径通幽，修竹蔽天，环境十分优美。花园大门处一条长达百余米的龙墙，享有"一条蛟龙卧半园"的美名。花园内丁香楼（现称1号楼）和藏书楼（现称3号楼，2号楼为20世纪50年代兴建）集中体现了19世纪后期美国别墅建筑的明快清新格调。建筑中间凸出，二层通阳台，阳台采用红白相间的色调，使建筑在周围绿色的映衬下，显得格外鲜艳亮丽。2号楼现为申粤轩酒家。

01 丁香花园（上海市委老干部局，上海市优秀历史建筑、上海市文物保护单位）
建筑用途：居住建筑（办公建筑）
地理位置：华山路849～879号
开放时间及电话：10：00～22：00，
021-62511166
公共交通：公交48、113、328、548路
停车场：丁香花园内部提供少量停车位
设计：艾赛西·罗杰斯（美）
建成时间：19世纪末
建筑面积：2934平方米
建筑层数：外观3层
建筑结构：砖木结构
Garden of Lilac（Shanghai Municipal Bureau of Veteran Cadres）
Construction purp o s e s：Residence（Office）
Location：849-879 Huashan Road

02 世纪商贸广场
建筑用途：办公建筑
地理位置：长乐路989号
开放时间及电话：8：00～19：00，
021-54046628
公共交通：轨道交通1、7号线，公交15、26、40、49、315、327、830路
停车场：世纪商贸广场停车场
设计：英国特里·法雷尔建筑事务所＋陈世民建筑师事务所
建成时间：2004年
建筑面积：98300平方米
建筑层数：40层
建筑结构：框筒结构
The Summit
Construction purposes：Office
Location：989 Changle Road

04 东正教堂（圣母大堂、建设银行，上海市优秀历史建筑）

建筑用途：宗教建筑（办公建筑）

地理位置：新乐路55号

开放时间及电话：平时不对外开放，星期日7：30、10：00、19：00做三次礼拜（游人可进）

公共交通：轨道交通1、7号线，公交42、94、167、320、911、926路

停车场：嘉华中心停车场

设计：俄商协隆洋行

建成时间：1932年

建筑面积：1030平方米

建筑层数：2层

建筑结构：砖木结构

Orthodox Church（Goddess Church, China Construction Bank）

Construction purposes：Religion（Office）

Location：55 Xinle Road

05 淮海公寓（盖司康公寓、万国储蓄会公寓，上海市优秀历史建筑）

建筑用途：居住建筑

地理位置：淮海中路1202号、1204～1218号

公共交通：轨道交通1、7号线，公交42、167、320、911、926路

停车场：淮海公寓停车场

设计：法商赛安洋行

建成时间：1935年

建筑面积：12380平方米

建筑层数：13层

建筑结构：钢筋混凝土结构

Huaihai Apartment（Gascoigne Apartments, International Savings Society Apartment）

Construction purposes：Residence

Location：1202/1204-1218 Huaihai Road（M）

03 东湖宾馆（杜月笙公馆，上海市优秀历史建筑）

建筑用途：商业建筑

地理位置：东湖路70号

开放时间及电话：全天，021-64158158

公共交通：轨道交通1、7号线，公交45、327路

停车场：东湖宾馆停车场

设计：建安测绘厅

建成时间：1934年

建筑面积：1200平方米

建筑层数：5层

建筑结构：砖混结构

Donghu Hotel（Former Residence of Du Yuesheng）

Construction purposes：Commerce

Location：70 Donghu Road

02 世纪商贸广场

世纪商贸广场采用了国际尖端建筑理念，结合现代化设计手段，创造出了划时代的甲级办公楼典范。平面无柱式设计形成了超宽敞楼层空间，有利于建筑的灵活运用与分割。360°玻璃幕墙及落地玻璃，可将周围的繁华璀璨景色尽收眼底，舒缓了办公人员一天的紧张劳累。该建筑同时考虑了节能环保问题，如大楼外墙的玻璃幕墙就是由双层中空玻璃、铝框架以及不锈钢竖框组成，也使敦厚挺拔的建筑外形产生了干净利落的视觉效果。

03 东湖宾馆（杜月笙公馆，上海市优秀历史建筑）

该建筑平面为中国传统建筑5开间两厢房结构，门廊凸出，空间层次变化丰富。整个建筑造型简洁，大面积玻璃窗，窗间墙似壁柱，窗下墙似栏杆，比例恰当。外立面几何线条装饰精美而丰富，补充了造型的单调。1985年对该建筑的结构和基础部分进行了加固，并进行加层扩建工程，改建为5层大楼。大楼内还保留了原有的木雕屏风、实木雕刻等装饰，该建筑具有较高的艺术价值和历史人文价值。

04 东正教堂（圣母大堂、建设银行，上海市优秀历史建筑）

拜占庭式建筑，建筑外形类似莫斯科救世主教堂，体现了俄罗斯的民族建筑特征。穹顶由木构架搭建而成，外壳包裹一层涂为蓝色的金属，显得端庄、肃穆，象征与苍天融为一体。穹顶浑圆而饱满，底部略有收缩，状似洋葱头。主穹顶高达35米，由四个小穹顶拱卫，形成主次分明的组团。教堂外形线条简洁，正墙顶部露出拱顶尽端，轮廓充满活力而又变化，活泼舒展、浑圆平缓。教堂内部十分宽敞，前台可容纳大型合唱队（最多可容纳300人），大堂可供2500名信徒做礼拜。

05 淮海公寓（盖司康公寓、万国储蓄会公寓，上海市优秀历史建筑）

淮海公寓属于现代主义建筑风格，通过建筑材料和色彩，着重强调建筑立面上横竖线条的对比，手法比较简洁，但效果突出。建筑形体上主要强调的是中部，两侧则逐步跌落。建筑外墙以米黄色面砖为主，各层阳台栏板、立面中央及阳台栏板中央的3条白色垂直装饰带，形成简洁而又明快的对比，富有装饰性。

06 皇家公寓（恩派亚大楼、淮海大楼、美美百货，上海市优秀历史建筑）

建筑平面为 L 形，沿道路转角布置，很好地吻合了地形。转角立面采用中轴对称处理手法，正中间饰以挺拔的竖向线条，并且加高一层，加强了其构图中心的地位。其他部分以水平向窗构成横线条，勾勒出住宅建筑的特性。由此而形成与中部垂直装饰线产生的强烈对比，表达了鲜明的"装饰艺术"风格。建筑转角处原为 6 层，两翼高 4 层，于 20 世纪 80 年代改建加层后分别达到 7 层和 5 层，外形仍基本保持原风貌，属现代主义建筑风格。

07 新康花园（上海市优秀历史建筑、上海市文物保护单位）

新康花园属花园住宅式公寓。每幢建筑内按层分户，这种结构在近代上海花园里弄中并不多见。由于一层一户，住户单元面积宽裕，互不干扰。每户宽敞的起居室前有凹入式大阳台，相对应地底层为外廊，车库设在底层。红筒瓦、螺旋形柱、铸铁阳台栏杆等构件，展示了西班牙式建筑造型的特点。每幢住宅前有宽敞的庭院，并且内植雪松，此亦为新康花园的一大特点。

08 上海音乐学院教学楼

该建筑具有三大特点。其一为根据使用功能要求合理安排层高。6 平方米的琴房层高控制在 2.8 米；50 平方米的教室层高则控制为 3.5 米。这样，一栋楼内的大教室部分共 4 层，而琴房部分则有 6 层。其二为建筑空间的巧妙布置。三道优美弧线构成的建筑沿街立面、两处隔而通透的庭院、两处下沉式广场构成了外部空间的流畅、穿插与层次。其三为建筑空间的合理利用。临街一层架空式结构与扇形庭院相匹配，人们可一览无余庭院内的演奏与交流等活动；二层以上的琴房窗户全部临街开设，路人也可以轻松领略音乐的魅力。

09 上方花园（沙发花园，上海市优秀历史建筑）

上方花园共有 3 层联排式房屋，共 74 幢。有独立式、两户联立式、多户联立式等类型。建筑造型活泼简洁，大阳台配以大玻璃窗，显得明朗、宽敞。建筑风格大部分为西班牙式、也有现代式。每幢房屋庭院内绿化面积较大，弄内亦有绿化带，环境十分优美静谧。

06 皇家公寓（恩派亚大楼、淮海大楼、美美百货，上海市优秀历史建筑）
建筑用途：居住建筑（商业建筑）
地理位置：淮海中路 1300 ～ 1326 号
公共交通：轨道交通 1、7 号线，公交 42、167、320、911、926 路
停车场：淮海大楼停车场
设计：凯泰建筑师事务所
建成时间：1934 年
建筑面积：12305 平方米
建筑层数：5 ～ 7 层
建筑结构：钢筋混凝土结构
Royal Apartment（Empire Mansions, Huaihai Building, Maison Mode）
Construction purposes：Residence（Commerce）
Location：1300–1326 Huaihai Road（M）

08 上海音乐学院教学楼
建筑用途：文化建筑
地理位置：汾阳路 20 号
开放时间及电话：7：00 ～ 22：00，021-64370137
公共交通：轨道交通 1、7、10 号线，公交路 45、327、96 路
停车场：上海音乐学院停车场
设计：同济大学建筑设计研究院
建成时间：2007 年
建筑面积：24700 平方米
建筑层数：4 ～ 6 层
建筑结构：框架结构
Teaching Building of Shanghai Conservatory of Music
Construction purposes：Culture
Location：20 Fenyang Road

07 新康花园（上海市优秀历史建筑、上海市文物保护单位）
建筑用途：居住建筑
地理位置：淮海中路 1273 号
公共交通：轨道交通 1、7 号线，公交 42、167、320、911、926 路
停车场：新康花园提供少量停车位
设计：英商新马海洋行
建成时间：1934 年
建筑面积：9318 平方米
建筑层数：2 ～ 5 层
建筑结构：砖木结构
Xinkang Garden
Construction purposes：Residence
Location：1273 Huaihai Road（M）

09 上方花园（沙发花园，上海市优秀历史建筑）
建筑用途：居住建筑
地理位置：淮海中路 1285 号
公共交通：轨道交通 1、7 号线，公交 42、167、320、911、926 路
停车场：上方花园提供少量停车位
设计：英商新马海洋行
建成时间：1941 年
建筑面积：13674 平方米
建筑层数：3 层
建筑结构：砖木结构
Shangfang Garden House（Sofa Garden）
Construction purposes：Residence
Location：1285 Huaihai Road（M）

10 上海交响乐团音乐厅
建筑用途：观演建筑
地理位置：复兴中路 1380 号
公共交通：轨道交通 1、7、10 号线，公交 96 路
停车场：上海音乐学院停车场
设计：日本矶崎新事务所＋同济大学建筑设计研究院
建成时间：在建
建筑面积：20000 平方米
建筑层数：地上 2 层、地下 4 层
建筑结构：钢筋混凝土结构
The Center and Concert Halls for Shanghai Symphony Orchestra
Construction purposes：Performance
Location：1380 Fuxing Road（M）

11 上海汾阳花园酒店（丁贵堂住宅、上海海关招待所，上海市优秀历史建筑、上海市文物保护单位）
建筑用途：商业建筑（居住建筑）
地理位置：汾阳路 45 号
开放时间及电话：全天，021-54569888
公共交通：轨道交通 1、7、10 号线，公交 96 路
停车场：上海汾阳花园酒店提供少量停车位
设计：协澄洋行
建成时间：1932 年
建筑面积：1236 平方米
建筑层数：外观 3 层
建筑结构：砖木混合结构
Shanghai Fenyang Garden Hotel（Residence of Ding Guitang, Shanghai Customs Guest House）
Construction purposes：Commerce（Residence）
Location：45 Fenyang Road

12 复兴公寓（黑石公寓、花旗公寓，上海市优秀历史建筑）
建筑用途：居住建筑
地理位置：复兴中路 1331 号
公共交通：轨道交通 1、7 号线，公交 96 路
停车场：复兴公寓提供少量停车位
设计：邬达克（匈）
建成时间：1924 年
建筑面积：4977 平方米
建筑层数：5 层
建筑结构：砖混结构
Fuxing Apartment（Blackstone Apartment, Citi Apartment）
Construction purposes：Residence
Location：1331 Fuxing Road（M）

13 上海工艺美术研究所／上海工艺美术博物馆（法国董事住宅、法租界总董白宫，上海市文物保护单位、上海市优秀历史建筑）
建筑用途：办公建筑（展览建筑、居住建筑）
地理位置：汾阳路 79 号
开放时间及电话：9:00～17:00，021-64314074
公共交通：公交 96 路
停车场：上海工艺美术研究所提供少量停车位
设计：邬达克（匈）
建成时间：1905 年（清光绪三十一年）
建筑面积：1496 平方米
建筑层数：3 层
建筑结构：砖混结构
Shanghai Arts and Crafts Museum（French Director's House, White House of French Concession's General Director）
Construction purposes：Office（Exhibition, Residence）
Location：79 Fenyang Road

10 上海交响乐团音乐厅
上海交响乐团音乐厅的建筑形式完全取决于内部空间的功能要求，做到形式与功能的高度统一。该项目设计以达到建设一个具有世界级水准音响效果、为上海交响乐团专属的音乐厅为目标，在克服基地条件不利的情况下，在建筑美学与理想的音响效果之间探索平衡点，试图找到最佳的实际效果。

11 上海汾阳花园酒店（丁贵堂住宅、上海海关招待所，上海市优秀历史建筑、上海市文物保护单位）
建筑平面为对称式布局。主楼底层有 3 个连续的拱形券门形成门廊，西班牙螺旋形柱作为外廊柱。券门上、屋檐下及窗的周围均有精巧纤细水泥沙浆雕饰。二层设有宽敞的阳台，阳台上及楼梯边用花铁栅栏杆。三层阁楼设有老虎窗，既保证了室内充足的采光，又增加了建筑造型的构成元素。室内装修亦十分讲究，冬天用壁炉生火，增添了异国情调。宅前还有一对石象，日夜守护着房屋的主人。该建筑是上海近代西班牙式住宅建筑的典范。

12 复兴公寓（黑石公寓、花旗公寓，上海市优秀历史建筑）
英式公寓大楼。因其建筑填充墙体和部分构件采用了黑色石材，故又得名为"黑石公寓"。该公寓主立面左右对称，底层有一个较大挑出的、用科林斯双石柱支撑的门廊。门廊上方为由正弯和反弯三段弧线构成的几何形二层露台，露台上方各层则是依次收小的弧形阳台。阳台上方的屋顶用弧形山墙和装饰收头，变化细腻，活泼温馨。加之整个建筑多处弧线装饰，更使其显现出巴洛克式建筑的风韵。

13 上海工艺美术研究所／上海工艺美术博物馆（法国董事住宅、法租界总董白宫，上海市文物保护单位、上海市优秀历史建筑）
端庄伟岸的城堡式建筑，法国文艺复兴后期建筑样式的典范。建筑平面中部凸出半圆形，一楼设券门，两旁为爱奥尼式双柱，边上有倚柱。通过左右露天大扶梯登上入口平台。门窗框皆有细腻的浮雕装饰，栏杆、扶手亦做工精巧。底层大厅的地坪及天花板顶部均为大理石，天花板上的雕花细腻精致，呈"新艺术"[1]风格。

---

[1] "新艺术"：19 世纪初在欧洲蓬勃发展的新艺术运动。主张艺术回归自然，用新材料、新工艺来表现自然元素。

14 徐汇艺术馆（鸿英图书馆旧址）

这栋花园洋房建筑是由实业家叶鸿英捐资建造。当年著名爱国人士黄炎培等在这里创设了著名的鸿英图书馆，藏书曾达到 15 万册。为使阳光更多进入，南立面开有大窗，窗上沿呈弧形，其上又有券心石线脚装饰。建筑开窗形式自由，利用钢筋混凝土框架得到更高的层高和更宽敞的空间，建筑的布局和样式都在逐渐地体现出更现代更自由的特征。2005 年经修缮后改为徐汇艺术馆。

15 湖南路别墅

该建筑位于上海市徐汇区湖南路历史风貌保护区内，环境幽雅宜人。为配合周边上海近代老洋房，材料上选用红色砂岩与之相协调，沉稳的色调掩映在绿树丛中，优雅而迷人。改造过程中对原有建筑内部功能进行了调整，立面亦重新设计，并对结构进行了必要的加固。整个建筑总体上来说既具有传统神韵，又不失现代气质。

16 蒋介石故居（爱庐，上海市优秀历史建筑）

由一座主楼与两座副楼组合而成的法式花园洋房。副楼位于主楼两侧，当年分别是侍从和警卫的住所及工作室。主楼东侧二楼原是蒋介石、宋美龄的卧室，卧室旁连接着卫生间，且有一秘密暗道，发生紧急情况时可从暗道直达楼外。现在卧室与卫生间已打通，更加显出卧室的宽敞与舒适，站在卧室前阳台上，周围优雅环境一览无余，使人依稀能感觉到该别墅当年的豪华。花园中有山有水，在一块突兀的假山石上，镌刻着蒋介石亲笔题写的"爱庐"两字。具有法式建筑特点。

17 萨沙餐厅（宋子文故居，上海市优秀历史建筑）

荷兰风格的花园式住宅。该建筑的屋顶带有明显的荷兰建筑特色。两折屋顶的上、下两折之间有明显的转折，上坡缓而下坡陡，下坡近檐口处却略向上翘起，并开设装着檐口的方形老虎窗。南立面凸出着弧形封闭式阳台，二层窗间矗立着白色的塔斯干式联立柱，弧窗顶部有弧形挑檐伸出，立面装饰比较简洁。外墙面用石材贴面，底层设敞廊。

14 徐汇艺术馆（鸿英图书馆旧址）
建筑用途：文化建筑
地理位置：淮海中路 1413 号
开放时间及电话：每周一休馆，其他日 9：00～12：00，13：00～16：30，021-64336516
公共交通：轨道交通 1、7、10 号线，公交 96 路
停车场：徐汇艺术馆停车场
设计：不详
建成时间：1933 年
建筑面积：754 平方米
建筑层数：3 层
建筑结构：砖混结构
Xuhui Museum（Former Site of Hong-ying Library）
Construction purposes：Culture
Location：1413 Huaihai Road（M）

15 湖南路别墅
建筑用途：居住建筑
地理位置：湖南路 280 弄 11 号
公共交通：公交 96、458 路
停车场：武康路停车场（路边停车）
设计：上海中房建筑设计有限公司（改造）
建成时间：2008 年（改造）
建筑面积：原有部分 426 平方米、扩建部分 57 平方米
建筑层数：2 层
建筑结构：混合结构
Hunan Road's Villa
Construction purposes：Residence
Location：11 Lane 280 Hunan Road

16 蒋介石故居（爱庐，上海市优秀历史建筑）
建筑用途：居住建筑
地理位置：东平路 9 号
开放时间及电话：8：00～20：00，021-64678028
公共交通：轨道交通 1、7 号线，公交 15、167、236、315、830、927 路
停车场：东平路停车场（路边停车）
设计：不详
建成时间：1932 年
建筑面积：4259 平方米
建筑层数：外观 3 层
建筑结构：砖木结构
Chiang Kai-shek's Former Residence（Love House）
Construction purposes：Residence
Location：9 Dongping Road

17 萨沙餐厅（宋子文故居，上海市优秀历史建筑）
建筑用途：商业建筑（居住建筑）
地理位置：东平路 11 号
开放时间及电话：11：00～凌晨 2：00，021-64746628
公共交通：轨道交通 1、7 号线，公交 15、167、236、315、830、927 路
停车场：东平路停车场（路边停车）
设计：不详
建成时间：1921 年
建筑面积：1364 平方米
建筑层数：外观 3 层
建筑结构：砖木结构
Sasha's Restaurant（Residence of Song Ziwen）
Construction purposes：Commerce（Residence）
Location：11 Dongping Road

18 国际礼拜堂（协和礼拜堂，上海市优秀历史建筑、上海市文物保护单位）
建筑用途：宗教建筑
地理位置：衡山路 58 号
开放时间及电话：平时不对外开放，星期日 7：30、10：00、19：00 做三次礼拜（游人可进），021-64376576
公共交通：轨道交通 1 号线，公交 49、96 路
停车场：欧登停车场
设计：布雷克
建成时间：1925 年
建筑面积：1772 平方米
建筑层数：1～3 层
建筑结构：砖木结构
Community Church
Construction purposes：Religion
Location：58 Hengshan Road

20 武康大楼（诺曼底公寓、东美特公寓，上海市优秀历史建筑）
建筑用途：居住建筑
地理位置：淮海中路 1836～1858 号
公共交通：公交 26、911、920、926 路
停车场：武康路停车场（路边停车）
设计：邬达克（匈）
建成时间：1924 年
建筑面积：9275 平方米
建筑层数：8 层
建筑结构：钢筋混凝土结构
Wukang Mansion（Normandie Apartment）
Construction purposes：Residence
Location：1836–1858 Huaihai Road（M）

19 黄兴寓所（上海市优秀历史建筑）
建筑用途：居住建筑（展览建筑）
地理位置：武康路 393 号
公共交通：公交 26、911、920、926 路
停车场：武康路停车场（路边停车）
设计：不详
建成时间：1912～1916 年
建筑面积：2015 平方米
建筑层数：4 层
建筑结构：钢混结构
Former Dwelling of Huang Xing
Construction purposes：Residence
（Exhibition）
Location：393 Wukang Road

21 宋庆龄故居（全国重点文物保护单位）
建筑用途：展览建筑
地理位置：淮海中路 1843 号
开放时间及电话：9：00～16：30，021-64376268
公共交通：公交 26、911、920、926 路
停车场：宋庆龄故居提供少量停车位
设计：不详
建成时间：20 世纪 20 年代初期
建筑面积：700 平方米
建筑层数：外观 3 层
建筑结构：砖木结构
Former Residence of Song Qingling
Construction purposes：Exhibition
Location：1843 Huaihai Road（M）

18 国际礼拜堂（协和礼拜堂，上海市优秀历史建筑、上海市文物保护单位）
国际礼拜堂由在沪美国侨民及其他外国侨民集资建造，为当时上海最大的基督教堂。堂内可容纳 700 人，建筑平面为"L"形，与左面一幢 3 层楼房相连。大堂正中为祭台，两侧为 2 层廊式楼厅，室内装修考究。大堂屋面两坡陡峭，铺盖石板瓦，主入口正立面恰为建筑山墙面，陡峭的屋顶使教堂建筑特征得以显现。来教堂进行礼拜的信徒极多，该建筑在海内外均有较大影响。

19 黄兴寓所（上海市优秀历史建筑）
这里是中国近代民主革命家黄兴的故居，人称"黄公馆"。在武康路的老房子十分得十分独特而有气势，立面以清水水泥大砌块衬托出浅色的横直线条，二三层间有弓形花色水泥阳台，窗洞造型不一，显得古朴典雅，带有古典主义意味的"装饰艺术"风格。底层筑有对称的大理石露天台阶，花岗岩作墙角基础。目前建筑一部分作为民居，另一部分作为办公展览使用。

20 武康大楼（诺曼底公寓、东美特公寓，上海市优秀历史建筑）
武康大楼是上海最早的外廊式公寓建筑。占地面积为 1580 平方米，由于基地位于两条道路相交的三角形中，设计者因地制宜将建筑平面设计成三角形，完全吻合了地形。建筑位于淮海中路与武康路近 30° 锐角的转角被设计成半圆形。为了解决采光和通风，在北面开了两个口子。建筑立面呈现法国文艺复兴式风格。

21 宋庆龄故居（全国重点文物保护单位）
宋庆龄故居分为前花园、主楼和后花园。主楼前有宽阔的草坪，楼后是花木茂盛的花园，周围有常青的香樟树掩映，环境优美清净、典雅尊贵。主楼是砖木结构的西式楼房，外观三层。建于 20 世纪 20 年代初期，一层为客厅、餐厅和书房，二层是宋庆龄的卧室、办公室和保姆李燕娥的卧室。现在故居内的陈设仍然保持着宋庆龄生前的原样。

05 肇嘉浜路斜土路地块图

01 上海市高级人民法院庭审办公楼
建筑用途：办公建筑
地理位置：肇嘉浜路 308 号
电话：021-63080000
公共交通：轨道交通 9 号线，公交 43、
218、733、806、864、931 路，南佘
专线
停车场：上海市高级人民法院停车场
设计：华东建筑设计研究院
建成时间：2003 年
建筑面积：34989 平方米
建筑层数：地上 8 层、地下 1 层
建筑结构：框架结构
Trial Building of Shanghai Higher
People's Court
Construction purposes：Office
Location：308 Zhaojiabang Road

01 上海市高级人民法院庭审办公楼
建筑集立案、信访、审判、办公、辅助
等功能于一体，是一座功能性较强的现
代法院建筑。总体布局分为审判庭、办
公楼、食堂辅助楼 3 部分，充分考虑法
院建筑特点，采用对称式布局，形态端
庄、大方，并具有一定的威慑力。面向
道路主立面呈开放状弧形展开，中间入
口处是通透的玻璃体中庭，平整的大片
斜面玻璃幕墙及钢结构玻璃雨篷穿插其
中，丰富了视觉效果。两侧建筑弧形展
开面由内外两层幕墙材料组成，内层是
玻璃幕墙，外层是可调节金属百叶，金
属百叶可随着太阳照射变化做出相应调
节，符合现代低炭要求。同时，也创造
出细腻精致的建筑外观形象。

02 日清设计办公楼
建筑用途：办公建筑
地理位置：茶陵路 159 弄 18 号
电话：021-34160338
公共交通：轨道交通 4 号线，公交 41、
205、781 路
停车场：楼下提供少量停车位
设计：上海日清建筑设计有限公司（改
造）
建成时间：2007 年（改造）
建筑面积：1000 平方米
建筑层数：3 层
建筑结构：砖混、框架结构
LACIME Office Building
Construction purposes：Office
Location：18 Lane 159 Chaling Road

02 日清设计办公楼
日清办公楼原是一栋废弃的 3 层的幼
儿园，夹在一些各个年代开发的小区中
央，用地狭窄。改造过程中设计者把原
本砖混结构承重墙部分拆除，辅以框架
承重结构，形成新的更加适合使用的开
放性空间。立面上把北侧原本简单粗糙
的大窗改成窄窄的竖直条窗，增加了建
筑的封闭感和神秘感。将南侧原有阳台
改成一大玻璃落地窗，外墙材料用瓦平
铺形成一种强烈的肌理感。

长宁区

长宁区区域图

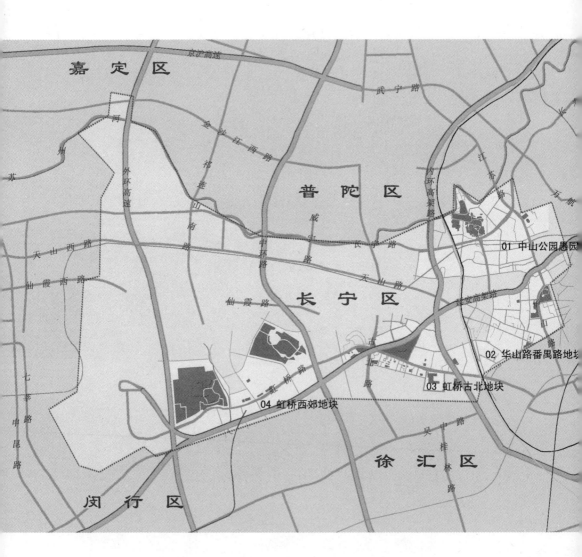

01 中山公园愚园路地块图

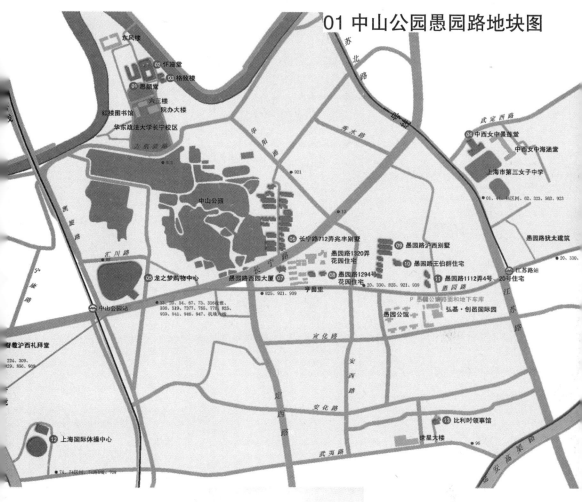

01 思颜堂（华东政法大学 40 号楼，上海市优秀历史建筑、上海市文物保护单位）
建筑用途：文化建筑
地理位置：万航渡路 1575 号
开放时间及电话：全天，021–62071672
公共交通：轨道交通 2、3、4 号线，公交 921 路
停车场：华东政法学院停车场
设计：英商通和洋行＋英商爱尔德公司
建成时间：1904 年（清光绪三十年）
建筑面积：4052 平方米
建筑层数：3 层
建筑结构：砖木结构
Yen Hall（East China University of Political Science Building 40）
Construction purposes：Culture
Location：1575 Wanhangdu Road

02 怀施堂（韬奋楼、华东政法大学 41 号楼、上海市优秀历史建筑、上海市文物保护单位）
建筑用途：文化建筑
地理位置：万航渡路 1575 号
开放时间及电话：全天，021–62071666
公共交通：轨道交通 2、3、4 号线，公交 921 路
停车场：华东政法学院停车场
设计：英商通和洋行＋英商爱尔德公司
建成时间：1895 年（清光绪二十一年）
建筑面积：5061 平方米
建筑层数：2 层
建筑结构：砖木结构
Schereschewsky Hall（Taofeng Building, East China University of Political Science Building 41）
Construction purposes：Culture
Location：1575 Wanhangdu Road

01 思颜堂（华东政法大学 40 号楼，上海市优秀历史建筑、上海市文物保护单位）
思颜堂是在华教会大学中少有的以中国人姓氏命名的校舍。思颜堂平面呈"凹"字形，建筑式样为中西合璧。屋顶采用中国传统大屋顶形式，立面则以缓拱券为主，形成很强的韵律。原拱券长廊的空窗，现已用玻璃窗封闭。东立面因二层层高较高，为了增强墙体的稳定性，在窗洞间处设扶壁，东南角有平台阳台。

02 怀施堂（韬奋楼、华东政法大学 41 号楼，上海市优秀历史建筑、上海市文物保护单位）
怀施堂为典型的四合院布局，院落内静寂安详，青红砖相间砌筑的清水外墙面，歇山屋顶上铺设传统的蝴蝶瓦，更加衬托出该院落的浓郁学术气氛。屋顶侥脊原为曲线形，1959 年大修时改为直线形，仅屋角起翘。南面两层都有西式拱券长廊、铁栏杆，室内光线较暗。中部主入口设 3 层楼高的矩形平面塔楼，由于上面安置一只大钟，而成为钟楼。钟楼上部原覆盖重檐庑殿大屋顶，现为单檐庑殿顶。该楼落成初期，楼下设课堂、膳堂和图书馆，楼上则为学生宿舍。图书馆于 1904 年思颜堂建成后才迁出。

03 格致楼（格致室、科学馆、办公楼、华东政法大学 42 号楼、上海市优秀历史建筑、上海市文物保护单位）

格致楼西侧外墙面与怀施堂相仿，东南角为圆形平面城堡式塔楼。二三层用弧拱券，底层有半圆拱券长廊，该楼底层采用中国近代租界一度流行的"殖民地式"外廊样式。当时二层分别为物理化学实验室、课室、神学课室，三层为学生课室，约大博物院也曾设在楼内。1952 年华东政法学院创建时，院长办公室、教务处及有关教研组、总务处及所属科室等在该楼内办公，故将科学馆改名为办公楼。1998 年暑期，将办公楼改作学生宿舍时，命名为"格致楼"。

04 中西女中景莲堂（五四大楼、市三女中，上海市优秀历史建筑、上海市文物保护单位）

景莲堂呈倒"T"字形平面，属哥特复兴式美国学院派风格。尤其是主入口的玻璃花窗，属哥特复兴式样。主体部分立面 3 层，机制平瓦陡坡屋面。屋面设有 3 组三坡老虎窗，中间 3 个一组，两侧各 4 个一组。两侧为 3 层平顶建筑，女儿墙呈城堡式，外墙面浅灰色水泥拉毛粉刷。南面正中主入口面临大草坪，大门厅为两层通高，门厅内有一组 3 个彩色尖券玻璃窗。该建筑内有教室 22 间，并设有图书馆。

05 龙之梦购物中心

办公和酒店部分叠加形成一幢 240 多米高的超高层主楼，以一条弧线勾划出恢宏气势。整个商城的外立面由玻璃和三片红铜质感的墙面组成，沿逆时针方向旋转、升腾。建筑内包括大型停车库、汽车站、大型超市、百货公司、书城、办公楼和酒店等多种设施。

06 长宁路 712 弄兆丰别墅（上海市优秀历史建筑）

兆丰别墅占地约 42400 平方米。弄内建筑大多为现代建筑式样，房屋规划有序，建筑结构讲究，多为钢门、钢窗，柳安地板、壁炉、水汀及煤卫设备齐全。

07 愚园路西园大厦（西园公寓，上海市优秀历史建筑）

西园大厦是上海早期的中高层现代式公寓。建筑平面北向凹进，呈"山"字形，形成敞开式天井，有利于建筑的采光和通风。地下室为清水红砖、上部为拉毛水泥抹灰外墙面。南立面二至六层中部三开间有成组凹阳台，每户均有转角阳台或平台。南立面入口处的停车门廊和底层平台均作半圆拱券开口，六层凹阳台开口为 3 个弧形拱券，七层为 6 个半圆拱券，在建筑构图中具有连续韵律美。屋顶花园设藤架，种植藤本植物遮阳隔热。每层 2 户，设有客厅、起居室和卧室 2 间，每套建筑面积约 118 平方米。底层有汽车库 16 间，每间 16 平方米，此外还有储藏室及佣人房约 240 平方米。

03 格致楼（格致室、科学馆、办公楼、华东政法大学 42 号楼、上海市优秀历史建筑、上海市文物保护单位）

建筑用途：文化建筑
地理位置：万航渡路 1575 号
开放时间及电话：全天，021-62071888
公共交通：轨道交通 2、3、4 号线，公交 921 路
停车场：华东政法学院停车场
设计：英商通和洋行 + 英商爱尔德公司
建成时间：1899 年（清光绪二十五年）
建筑面积：2331 平方米
建筑层数：3 层
建筑结构：砖结构
Gezhi Building（Gezhi Room, Science Museum, Office Building, East China University of Political Science Building 42）
Construction purposes：Culture
Location：1575 Wanhangdu Road

05 龙之梦购物中心

建筑用途：城市综合体
地理位置：长宁路 1018 号
开放时间及电话：10：00 ～ 22：00，021-61155555
公共交通：轨道交通 2、3、4 号线，公 交 13、20、54、67、73、88、316 夜 班、330、519、7377、765、776、825、939、941、946、947、机场六线
停车场：龙之梦购物中心停车库
设计：美国 ARQUITECTONICA 建筑设计事务所
建成时间：2005 年
建筑面积：32 万平方米
建筑层数：地上塔楼部分 58 层，裙房部分 10 层，地下 4 层
建筑结构：框筒结构
Cloud Nine Shopping Mall
Construction purposes：Urban Complex
Location：1018 Changning Road

04 中西女中景莲堂（五四大楼、市三女中，上海市优秀历史建筑、上海市文物保护单位）

建筑用途：文化建筑
地理位置：江苏路 91 号
开放时间及电话：不对外开放，021-62526860
公共交通：轨道交通 2、11 号线，公交 01、44、44 区 间、62、323、562、923 路
停车场：中西女中停车场
设计：邬达克（匈）
建成时间：1935 年
建筑面积：4607 平方米
建筑层数：4 层
建筑结构：混合结构
Jinglian Hall in McTyeire School（May 4th Building, Shanghai No.3 Girls' High School）
Construction purposes：Culture
Location：91 Jiangsu Road

06 长宁路 712 弄兆丰别墅（上海市优秀历史建筑）

建筑用途：居住建筑
地理位置：长宁路 712 弄
开放时间及电话：不对外开放
公共交通：轨道交通 2、3、4、11 号线，公交 13、921 路
停车场：愚园公馆路面和地下车库，愚园路 1155 号
设计：庄俊（部分建筑）
建成时间：1933 ～ 1946 年
建筑面积：28280 平方米
建筑层数：3 层
建筑结构：砖混结构
Zhaofeng Villa in Alley 712 on Changning Road
Construction purposes：Residence
Location：Lane 712 Changning Road

07 愚园路西园大厦（西园公寓，上海市优秀历史建筑）

建筑用途：居住建筑
地理位置：愚园路 1396 号
开放时间及电话：不对外开放
公共交通：轨道交通 2、3、4 号线，公交 825、921、939 路
停车场：西园大厦停车场
设计：俄商协隆洋行
建成时间：1928 年
建筑面积：4835 平方米
建筑层数：9 层（加半地下室）
建筑结构：钢筋混凝土框架结构
West Park Mansions on Yuyuan Road
（Xiyuan Apartment）
Construction purposes：Residence
Location：1396 Yuyuan Road

08 愚园路 1294 号花园住宅（工商银行愚园路分理处，上海市优秀历史建筑）

建筑用途：居住建筑（办公建筑）
地理位置：愚园路 1294 号
开放时间及电话：不对外开放
公共交通：轨道交通 2、11 号线，公交 20、330、825、921、939 路
停车场：愚园公馆路面和地下车库，愚园路 1155 号
设计：不详
建成时间：1925 年
建筑面积：594 平方米
建筑层数：外观 4 层
建筑结构：砖木结构
Residence House at 1294 Yuyuan
Road（ICBC Yuyuan Road Branch）
Construction purposes：Residence
（Office）
Location：1294 Yuyuan Road

08 愚园路 1294 号花园住宅（工商银行愚园路分理处，上海市优秀历史建筑）

该住宅占地 1120 平方米。红机砖清水墙面局部干粘河卵石，红机平瓦坡屋面，屋面均设单坡老虎窗，2 座壁炉烟囱伸出屋面。有室外磨石子楼梯可直接登上二层。该建筑现为中国工商银行股份有限公司上海市分行长宁支行愚园路支行。

09 愚园路沪西别墅（上海市优秀历史建筑）

建筑用途：居住建筑
地理位置：愚园路 1210 弄东侧
开放时间及电话：不对外开放
公共交通：轨道交通 2、11 号线，公交 20、330、825、921、939 路
停车场：愚园公馆路面和地下车库，愚园路 1155 号
设计：黄迈士建筑师事务所
建成时间：1948 年
建筑面积：3120 平方米
建筑层数：3 层
建筑结构：砖木结构
Huxi Villa on Yuyuan Road
Construction purposes：Residence
Location：Lane 1210 Yuyuan Road

09 愚园路沪西别墅（上海市优秀历史建筑）

沪西别墅占地面积 5710 平方米。有连体别墅共 6 排 26 幢，每幢建筑面积约 120 平方米，建筑呈"装饰艺术"风格。每幢屋前均有小块园地，可种植花草。机制平瓦坡屋面，洋松木基层。底层为清水红砖外墙面，二层以上水泥砂浆拉毛粉刷墙面，红砖饰窗框线，钢窗、木门、水曲柳条木地板、木楼梯、木扶手，底层地面磨石子面层，三楼北侧局部有晒台，其他卫厨设施齐全。底层有起居室、餐厅、配餐房、厨房、佣人房。二层有卧室 3 间和浴厕，每间卧室均有储藏室。

10 愚园路王伯群住宅（长宁区少年宫，上海市优秀历史建筑、上海市文物保护单位）

建筑用途：居住建筑（文化建筑）
地理位置：愚园路 1136 弄 31 号
开放时间及电话：不对外开放，
021-62524154
公共交通：轨道交通 2、11 号线，公交 20、330、825、921、939 路
停车场：长宁区少年宫停车场
设计：俄商协隆洋行
建成时间：1934 年
建筑面积：2330 平方米
建筑层数：4 层
建筑结构：钢筋混凝土结构
Wangboqun's Residence（Children's Palace in Changning District）
Construction purposes：Residence
（Culture）
Location：31 Lane 1136 Yuyuan Road

11 愚园路 1112 弄 4 号、20 号住宅（上海市优秀历史建筑）

建筑用途：居住建筑
地理位置：愚园路 1112 弄 4 号、20 号
开放时间及电话：不对外开放
公共交通：轨道交通 2、11 号线，公交 20、330、825、921、939 路
停车场：愚园公馆路面和地下车库，愚园路 1155 号
设计：不详
建成时间：1928 年
建筑面积：897 平方米（4 号）、853 平方米（20 号）
建筑层数：3 层
建筑结构：砖混结构
Residence Houses at No.4 and No.20
in Alley 1112 on Yuyuan Road
Construction purposes：Residence
Location：4/20 Lane 1112 Yuyuan
Road

10 愚园路王伯群住宅（长宁区少年宫，上海市优秀历史建筑、上海市文物保护单位）

王伯群住宅主楼为一幢独立的豪华花园住宅，建筑外形为英国哥特复兴式。横向划分三段，中部凸出呈弧形，东西部带斜侧凸窗对称设置，望去似欧洲城堡。外墙面用深褐色墙面砖饰面，南立面窗洞原用斩假石仿石镶边，现均已加涂米黄色涂料，有些窗洞顶部为四心拱。主楼有大小厅房 30 余间。南侧有一片宽阔的草坪，植有香樟、雪松、玉兰等树木及花卉，亭台假山、小桥流水点缀其间，四周围墙筑成城堡式与主楼风格一致。

11 愚园路 1112 弄 4 号、20 号住宅（上海市优秀历史建筑）

两幢建筑占地 1321 平方米，带有意大利巴洛克风格。底层外墙汰石子粉刷，二层处有腰线。二三层为水泥砂浆拉毛粉刷，屋顶檐口有复式线脚和局部圆弧形山墙。窗台、窗眉均用水泥砂浆粉刷，窗眉式样各异，有砖平拱、圆弧拱和花饰拱等。每幢均有 2 座带清水红砖砌筑的壁炉烟囱，三层有大晒台可供晾晒。

12 上海国际体操中心
建筑用途：体育建筑
地理位置：武夷路 777 号
开放时间及电话：9：00 ～ 23：00，
021-62289488
公共交通：轨道交通 2、3、4 号线，公交 74、74 区间、74 路 B 线、709 路
停车场：上海国际体操中心停车库
设计：上海冶金设计研究院
建成时间：1997 年
建筑面积：24900 平方米
建筑层数：地上 2 层，地下 1 层
建筑结构：铝合金网壳结构
Shanghai International Gymnastics Center
Construction purposes：Sport
Location：777 Wuyi Road

13 比利时领事馆（上海市优秀历史建筑）
建筑用途：办公建筑（居住建筑）
地理位置：武夷路 127 号
开放时间及电话：周一至周五 9：00～12：00，14：00～16：30，021-64376579
公共交通：轨道交通 2、11 号线，公交 96 路
停车场：世星大楼路面停车场，武夷路 155 号
设计：不详
建成时间：1932 年
建筑面积：1088 平方米
建筑层数：3 层
建筑结构：砖木结构
Belgian Consulate
Construction purposes：Office
（Residence）
Location：127 Wuyi Road

12 上海国际体操中心
体操馆建筑外形呈扁球体，球体外立面镶以亚光银灰铝板，再配以蓝色环型窗带和建筑物融为一体。主馆直径 82 米，高 35 米，底层建有半地下车库，面积 6900 平方米，层高 4.2 米，可供小型车辆停放。地面一层是大型购物中心。二层为体操馆主馆，主馆内场平面最长处为 60 米，最宽处为 34 米，中间净高 16.6 米，设固定座位 2337 个，活动座位 1736 个。训练馆位于体操馆北侧，与主馆紧密相连。面积 1386 平方米，长 42 米，宽 33 米，净高为 9 米，供比赛前热身训练和各种球类训练使用。

13 比利时领事馆（上海市优秀历史建筑）
该建筑主入口设在西侧山墙，大门两侧分别设有多立克双柱，顶棚为混凝土半圆拱形。屋面铺设机制平瓦，为四坡双层，上有双坡和单坡老虎窗。三层房间在折坡屋面内，二层檐口有小牛腿挑出。立面开窗呈不规则状，别致有趣。底层窗台有漩涡牛腿托起，窗顶有花饰窗眉线。建筑南侧为大草坪，一侧有近 40 平方米的玻璃厅廊，上部 2 层为露台，做宝瓶栏杆。

02 华山路番禺路地块图

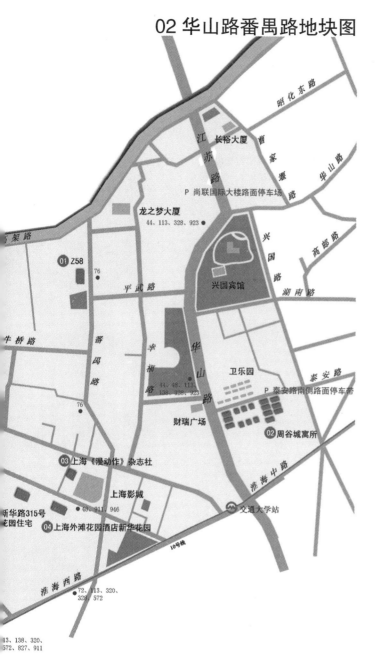

01 Z58（中泰照明办公楼）
建筑用途：办公建筑
地理位置：番禺路58号
开放时间及电话：9:00～17:00，
021-52582787
公共交通：轨道交通10号线，公交
44、76、113、328、806、923路
停车场：Z58停车库
设计：隈延吾（日）
建成时间：2006年
建筑面积：4000平方米
建筑层数：4层
建筑结构：钢筋混凝土框架结构
Z58（Zhongtai Lighting Office）
Construction purposes：Office
Location：58 Fanyu Road

02 周谷城寓所（上海市优秀历史建筑、上海市文物保护单位）
建筑用途：居住建筑
地理位置：泰安路115弄1～8号
公共交通：轨道交通10号线，公交
44、48、113、138、328、923路
停车场：泰安路南侧路面停车带
设计：黄迈士建筑师事务所
建成时间：1912～1936年
建筑面积：3840平方米
建筑层数：2层
建筑结构：砖木混合结构
Zhou Gucheng's Residence
Construction purposes：Residence
Location：1-8 Lane 115 Taian Road

01 Z58（中泰照明办公楼）
建筑与环境有良好的对话关系。建筑外观为百叶状的镜面不锈钢植物容器，内部种植常春藤，构思新颖，立面随季节而发展变化。沿街内部有一个通高的中庭空间，再通过一层玻璃幕墙将办公空间与外界环境层层分隔。在闹市区营造了静谧的内部空间。

02 周谷城寓所（上海市优秀历史建筑、上海市文物保护单位）
3排9幢英国古典式和西班牙式花园住宅，占地面积1.39万平方米。英式别墅山墙外立面局部木构架外露，山墙上设有凸窗、挑阳台。东侧凸出烟囱。内部门厅设有螺旋楼梯通向二楼。西班牙式别墅为圆筒瓦缓坡屋面，铁制阳台栏杆，窗间有小柱装饰。每幢住宅均配有花园。

03 上海《漫动作》杂志社（汉语大词典出版社，上海市优秀历史建筑）
建筑用途：办公建筑（居住建筑）
地理位置：新华路 200 号
开放时间及电话：9：00 ～ 17：00，
021-62811435
公共交通：轨道交通 3、4、10 号线，
公交 48、76、911、946 路
停车场：财瑞广场停车库
设计：不详
建成时间：1930 年
建筑面积：1260 平方米
建筑层数：3 层
建筑结构：砖混结构
Comic Action Press Shanghai（Chinese
Dictionary Press）
Construction purposes：Office
（Residence）
Location：200 Xinhua Road

05 新华路 315 号花园住宅（市一商局疗养院，上海市优秀历史建筑）
建筑用途：居住建筑
地理位置：新华路 315 号
公共交通：轨道交通 3、4、10 号线，
公交 48、76、911、946 路
停车场：财瑞广场停车库
设计：不详
建成时间：1930 年
建筑面积：900 平方米
建筑层数：2 层
建筑结构：砖木混合结构
Garden House Xinhua Road No.315
（Nursing Home of First City Council of
Business）
Construction purposes：Residence
Location：315 Xinhua Road

04 上海外滩花园酒店新华花园（新华路警署，上海市优秀历史建筑）
建筑用途：商业建筑（居住建筑、办公建筑）
地理位置：新华路 179 号
开放时间及电话：全天，021-62822299
公共交通：轨道交通 3、4、10 号线，
公交 48、76、911、946 路
停车场：上海外滩花园酒店新华花园停车场
设计：不详
建成时间：1925 年
建筑面积：682 平方米
建筑层数：2 层
建筑结构：砖木混合结构
Xinhua Garden Shanghai（Police
Office on Xinhua Road）
Construction purposes：Commerce
（Residence，Office）
Location：179 Xinhua Road

06 红坊（上海城市雕塑艺术中心）
建筑用途：展览建筑
地理位置：淮海西路 570 号
开放时间及电话：10：00 ～ 16：00，
021-62807844
公共交通：轨道交通 3、4、10 号线，公交 26、113、138、320、328、572、827、911 路
停车场：红坊停车库
设计：水石国际 +BAU（詹姆士）+ 青岛时代建筑设计有限公司 + 上海大舍建筑设计事务所
建成时间：2008 年
建筑面积：45000 平方米
建筑层数：4 层
建筑结构：钢筋混凝土框架结构
Red Town（Shanghai Sculpture
Space）
Construction purposes：Exhibition
Location：570 Huaihai Road（W）

03 上海《漫动作》杂志社（汉语大词典出版社，上海市优秀历史建筑）
中国传统建筑风格，庑殿顶，出檐深远，屋面覆盖着红色琉璃筒瓦，灰白墙壁。首层、二层有三面围廊，增加了建筑的层次感。水泥砂浆仿石墙面。室内大多为中国传统木装修，三楼大厅有柚木的天花藻井。

04 上海外滩花园酒店新华花园（新华路警署，上海市优秀历史建筑）
德国民居风格，占地面积 1348 平方米。机制红板瓦双坡屋面，且屋面有棚屋形老虎窗，南立面中部山墙有外露黑色木构架，其他部分为白色水泥拉毛墙面。二层阳台栏杆为红砖砌筑，镂空十字图案，钢制门窗。

05 新华路 315 号花园住宅（市一商局疗养院，上海市优秀历史建筑）
英国乡村式花园住宅。双坡红瓦屋顶，坡度较陡、出檐较大。外墙上部为白色水泥拉毛墙面，下部为清水红砖墙。南立面中部凸出，山墙上有露明黑色木构架。木门窗用料质朴，保留加工痕迹。门窗细部精致考究。部分外墙立面转角处砌隅石，自然纯朴。

06 红坊（上海城市雕塑艺术中心）
将废弃的厂房通过保护性改造和功能重塑，改造为艺术展示场地。建筑群根据具体情况拟定"整旧如旧"、"新旧对比"的不同设计原则，以中央绿地为核心组织空间布局。上海城市雕塑艺术中心位于其中。

03 虹桥古北地块图

地图标注：
- 娄山关路
- 兴义路
- 仙霞路
- 新华路
- 01 上海新世纪广场
- 虹桥宾馆
- 银河宾馆
- 凯虹路
- 57、709、748、911、925、938
- 02 喜来登豪达太平洋大饭店
- 03 上海国际贸易中心大楼
- 商城
- 延安西路
- 72、808、855、911
- 内环高架路
- 安顺路
- 3号线
- 4号线
- 凯旋路
- 长顺路
- 48、709、827、836、938
- 伊犁路站
- 06 宋子文别墅
- 玛瑙路
- 48、827、836
- 上海广播大厦
- 红宝石路
- 伊犁南路
- 姚虹西路
- 宋园路站
- 72、113、149、748、827、836
- 虹桥路站
- 07 第一中级人民法院
- 博物馆
- 宋园路
- 虹桥路

01 上海新世纪广场

建筑用途：办公建筑（居住建筑）
地理位置：兴义路 48 号
开放时间及电话：9：00 ～ 17：00，021-62087910
公共交通：轨道交通 10 号线，公交 57、709、748、806、911、925、938 路
停车场：上海新世纪广场停车库
设计：法国黄福生建筑师事务所＋上海建筑设计研究院
建成时间：1995 年
建筑面积：50000 平方米
建筑层数：20 层
建筑结构：钢筋混凝土框架结构
Shanghai New Century Plaza
Construction purposes：Office（Residence）
Location：48 Xingyi Road

01 上海新世纪广场

平面呈圆弧形，板式高层。建筑环抱一个近 1 万平方米的圆形广场。主楼中部有 12 层高的门状洞口，具有很强的向心力和几何构图震撼力。立面下部有三层通高柱廊，连贯大气，顶部有线脚装饰。白色面砖和蓝色玻璃窗形成色质对比，形象鲜明丰富。

02 喜来登豪达太平洋大饭店（威斯汀太平洋大饭店）

建筑用途：商业建筑
地理位置：遵义南路 5 号
开放时间及电话：全天，021-62758888
公共交通：轨道交通 10 号线，公交 57、709、748、806、911、925、938 路
停车场：喜来登豪达太平洋大饭店停车库
设计：日本青木建设株式会社＋日本设计事务所＋上海市民用建筑设计院
建成时间：1989 年
建筑面积：67200 平方米
建筑层数：27 层
建筑结构：钢筋混凝土框架结构
Sheraton Shanghai Hongqiao Hotel（Westin Tai Ping Yang Hotel）
Construction purposes：Commerce
Location：5 Zunyi Road（S）

03 上海国际贸易中心大楼

建筑用途：办公建筑
地理位置：延安西路 2201 号
开放时间及电话：9：00 ～ 17：00，021-62757212
公共交通：轨道交通 10 号线，公交 57、709、748、806、911、925、938 路
停车场：上海国际贸易中心大楼停车库
设计：日本设计株式会社＋上海市民用建筑设计院
建成时间：1990 年
建筑面积：90000 平方米
建筑层数：地上 37 层，地下 2 层
建筑结构：钢结构
Shanghai International Trade Center Building
Construction purposes：Office
Location：2201 Yan'an Road（W）

04 刘海粟美术馆
建筑用途：展览建筑
地理位置：虹桥路 1660 号
开放时间及电话：周二～周日
9：00～16：00，021-62701018
公共交通：轨道交通 10 号线，公交
54、748、806、911、925、936、
938 路
停车场：上海世贸商城停车库
设计：叶柏风
建成时间：1995 年
建筑面积：5000 平方米
建筑层数：3 层
建筑结构：钢筋混凝土框架结构
Liu Haisu Art Museum
Construction purposes：Exhibition
Location：1660 Hongqiao Road

**06 宋子文别墅（住宅、家具厂，上海
市优秀历史建筑）**
建筑用途：居住建筑（商业建筑）
地理位置：虹桥路 1430 号
公共交通：轨道交通 10 号线，公交
48、709、827、836、938 路
停车场：申康宾馆停车场
设计：不详
建成时间：1928 年
建筑面积：488 平方米
建筑层数：2 层
建筑结构：砖木结构
Song Ziwen Villa（Residence,
Furniture Factory）
Construction purposes：Residence
（Commerce）
Location：1430 Hongqiao Road

**05 申康宾馆（美华新村、陈氏住宅，
上海市优秀历史建筑）**
建筑用途：商业建筑（居住建筑）
地理位置：虹桥路 1440 号
开放时间及电话：全天，021-62759131
公共交通：轨道交通 10 号线，公交
48、709、827、836、938 路
停车场：申康宾馆停车场
设计：美国普益房产公司
建成时间：1935 年
建筑面积：2964 平方米
建筑层数：3 层
建筑结构：砖混结构
Shenkang Hotel（Meihua Village,
Chen Resicence）
Construction purposes：Commerce
（Residence）
Location：1440 Hongqiao Road

07 第一中级人民法院
建筑用途：办公建筑
地理位置：虹桥路 1200 号
开放时间及电话：9：00～17：00，
021-34254567、62758936
公共交通：轨道交通 3、4、10 号线，公
交 72、113、149、748、827、836 路
停车场：第一中级人民法院停车库
设计：上海特致建筑设计有限公司
建成时间：2003 年
建筑面积：29000 平方米
建筑层数：13 层
建筑结构：钢筋混凝土框筒结构
Shanghai No.1 Intermediate People's
Court
Construction purposes：Office
Location：1200 Hongqiao Road

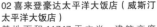

**02 喜来登豪达太平洋大饭店（威斯汀
太平洋大饭店）**
基地面积 11747 平方米，建筑高度
100.5 米。主楼为弧形板式平面，如展
开的扇面。外墙采用赫石色金属板材贴
面，平整有光泽。主楼中部大面积开矩
形窗，形状排列规整。上部女儿墙高耸
收头。两侧有通高柱状造型装饰。裙房
前凸，共 5 层，椭圆形平面，与主体
建筑形成强烈对比。

03 上海国际贸易中心大楼
建筑高度 140 米，外观方正。主楼平
面为正方形，四角内凹。外观干净利落，
雕塑感强。外立面统一装饰蓝色反光玻
璃幕墙，简洁大气，强调整体性。玻璃
幕墙局部结合通风百叶和金属构件设
计，细部丰富。建筑底层为大厅，二层
为展览厅，三层为中小会议室、餐厅、
多功能厅，四层设有诊疗室、理发美容、
银行、邮电等服务设施，五至二十七层
为出租办公室，二十八层为机械设备层、
疏散通道，二十九至三十五层设有 86
套出租公寓。

04 刘海粟美术馆
立面呈"山"字形，覆以全钢架结构玻
璃幕墙，蓝色玻璃的整体建筑造型映衬
在蓝天下，遥相呼应，似一颗蓝宝石镶
嵌在土地上。建筑内部功能齐全，设备
先进，设有五个展厅、国际会议厅、画
库、资料室、阅览室、画室、画廊和海
粟书店。

**05 申康宾馆（美华新村、陈氏住宅，
上海市优秀历史建筑）**
占地面积 11700 平方米，绿化面积
6357 平方米，内有西班牙风格别墅 11
幢。缓坡屋顶，局部平屋顶，上覆红色
筒瓦。水泥拉毛墙面，半圆拱券门窗。
窗间采用螺旋形柱装饰，门套及山墙装
饰亦用曲线造型，带有巴洛克建筑色彩。
8 号楼曾是"飞虎将军"陈纳德与陈香
梅的寓所之一。

**06 宋子文别墅（住宅、家具厂，上海
市优秀历史建筑）**
英国田园别墅风格，二层整体被坡屋顶
覆盖。平面布局灵活，东面有一层高的
配楼。南立面交错的屋顶上开有老虎窗，
底层环绕清水红砖廊。北立面为双重
板瓦屋面，山墙上有木构架装饰。整个
建筑高低错落，造型活泼丰富。

07 第一中级人民法院
新建筑位于原建筑的后方，基地面积
6000 平方米，拥有 41 个法庭。银灰
色外表，无色玻璃幕墙和金属饰面材料
形成统一中又有对比的整体，现代风格
明显。立面突出横向线条，多金属构件
修饰。顶部覆以水平屋顶构架。

04 虹桥西郊地块图

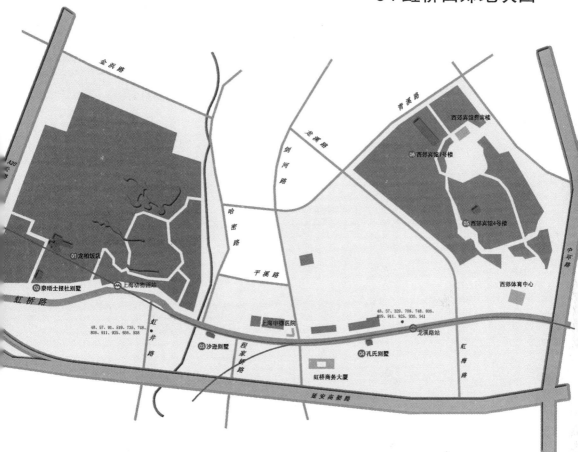

01 龙柏饭店

建筑用途：商业建筑

地理位置：虹桥路 2419 号

开放时间及电话：全天，021-62688868

公共交通：轨道交通 10 号线，公交 48、57、91、519、739、748、806、911、925、936、938 路

停车场：龙柏饭店停车场

设计：华东建筑设计研究院

建成时间：1982 年

建筑面积：13000 平方米

建筑层数：6 层

建筑结构：钢筋混凝土框架结构

Cypress Hotel

Construction purposes: Commerce

Location: 2419 Hongqiao Road

02 泰晤士报社别墅（龙柏饭店 2 号楼，上海市优秀历史建筑）

建筑用途：办公建筑（商业建筑）

地理位置：虹桥路 2419 号

开放时间及电话：全天，021-62688868

公共交通：轨道交通 10 号线，公交 48、57、91、519、739、748、806、911、925、936、938 路

停车场：龙柏饭店停车场

设计：英商泰晤士报

建成时间：1930 年

建筑面积：426 平方米

建筑层数：2 层

建筑结构：砖木结构

The Time's Villa（Building 2 of Cypress Hotel）

Construction purposes: Office（Commerce）

Location: 2419 Hongqiao Road

01 龙柏饭店

上海第一家自行设计建造、自己经营管理的现代花园别墅式饭店。采用欧洲孟莎式屋顶，平面舒展活泼，立面高低参差，空间渗透多变。女儿墙用小红瓦，呼应周边原有建筑的风格。墙面采用淡土黄色面砖，大面积使用玻璃幕墙。建筑结合室外园林布局，有步移景异的参观体验。

02 泰晤士报社别墅（龙柏饭店 2 号楼，上海市优秀历史建筑）

建筑位于龙柏饭店入口东侧，外观 3 层英国乡村式别墅，占地面积 5600 平方米。平瓦陡坡屋面，南侧屋面有一个单坡老虎窗。二层以上墙面为白色粉刷，红色木构架外露，其他部分为红砖清水墙面。底层南侧门廊采用拱券，进门为大客厅，后面是楼梯间和附属用房，底层有会客厅、起居室、餐厅、厨房等，二层为卧室、书房等。

03 沙逊别墅（罗别根花园、罗白康花园、龙柏饭店 1 号楼，上海市优秀历史建筑、上海市文物保护单位）

英国乡村别墅，黑色木构架外露，平瓦陡斜屋面，外墙面白色粉刷，底层清水红砖外墙，钢门窗。中部和西部各为 1 层，南入口处有一个大平台。进入门厅，东面为餐厅，北面为书房，楼上为卧室，内有大小房间 12 间。

04 孔氏别墅（上海瑞祥门诊部、辉煌 KTV，上海市优秀历史建筑）

原为花园住宅。建筑主体部分形体简洁，采用四坡屋顶，拉毛水泥墙面。矩形窗洞周围稍有修饰；入口门廊呈弧形，使用塔司干柱式，门廊上为露台。栏杆有几何形装饰。

05 西郊宾馆 4 号楼（姚氏花园住宅，上海市优秀历史建筑、上海市文物保护单位）

现代建筑风格，设计手法借鉴了赖特的流水别墅。强调自由平面和流动空间。其起居室的活动太阳顶棚白天可引进阳光，晚上可观赏月色夜景，使居室空间和外部的自然空间融为一体。

06 西郊宾馆 7 号楼

西郊宾馆是上海最大的接待国宾的花园式宾馆。建筑群采用分散式布局，具有中国传统园林的布局特点。该建筑平面结合庭院布置，曲折蜿蜒，功能分区清晰合理。缓坡屋顶，白墙黛瓦，错落有致。窗框装饰棕红面砖，勒脚用花岗石堆砌，建筑风格清新明快。

03 沙逊别墅（罗别根花园、罗白康花园、龙柏饭店 1 号楼，上海市优秀历史建筑、上海市文物保护单位）

建筑用途：居住建筑（商业建筑）
地理位置：虹桥路 2409 号
公共交通：轨道交通 10 号线，公交 48、57、91、519、739、748、806、911、925、936、938 路
停车场：虹桥商务大厦停车库
设计：英商公和洋行
建成时间：1931 年
建筑面积：960 平方米
建筑层数：2 层
建筑结构：砖木混合结构
Sasson Villa（Rubicon Garden, Building 1 of Cypress Hotel）
Construction purposes： Residence（Commerce）
Location： 2409 Hongqiao Road

05 西郊宾馆 4 号楼（姚氏花园住宅，上海市优秀历史建筑、上海市文物保护单位）

建筑用途：商业建筑（居住建筑）
地理位置：虹桥路 1921 号
开放时间及电话：全天，021-62198800
公共交通：轨道交通 10 号线，公交 48、57、328、709、748、806、809、911、925、936、941 路
停车场：西郊宾馆停车场
设计：协泰建筑师事务所
建成时间：1936 年
建筑面积：932 平方米
建筑层数：2 层
建筑结构：砖木石混合结构
Building 4 of Xijiao State Guest Hotel（Yao Youde Residence）
Construction purposes：Commerce（Residence）
Location： 1921 Hongqiao Road

04 孔氏别墅（上海瑞祥门诊部、辉煌 KTV，上海市优秀历史建筑）

建筑用途：居住建筑（医疗建筑、商业建筑）
地理位置：虹桥路 2258 号
开放时间及电话：9：00 ～ 17：00，021-64455999
公共交通：轨道交通 10 号线，公交 48、57、328、709、748、806、809、911、925、936、941 路
停车场：虹桥商务大厦停车库
设计：海杰克（美）
建成时间：1934 年
建筑面积：不详
建筑层数：2 层
建筑结构：砖混结构
Kong Residence（Parkway Health Hongqiao Medical Center）
Construction purposes： Residence（Hospital, Commerce）
Location： 2258 Hongqiao Road

06 西郊宾馆 7 号楼

建筑用途：商业建筑
地理位置：虹桥路 1985 号
开放时间及电话：全天，021-62198800
公共交通：轨道交通 10 号线，公交 48、57、328、709、748、806、809、911、925、936、941 路
停车场：西郊宾馆停车场
设计：华东建筑设计研究院
建成时间：1985 年
建筑面积：8700 平方米
建筑层数：4 层
建筑结构：砖混结构、框架结构
Building 7 of Xijiao State Guest Hotel
Construction purposes：Commerce
Location： 1985 Hongqiao Road

静安区

静安区区域图

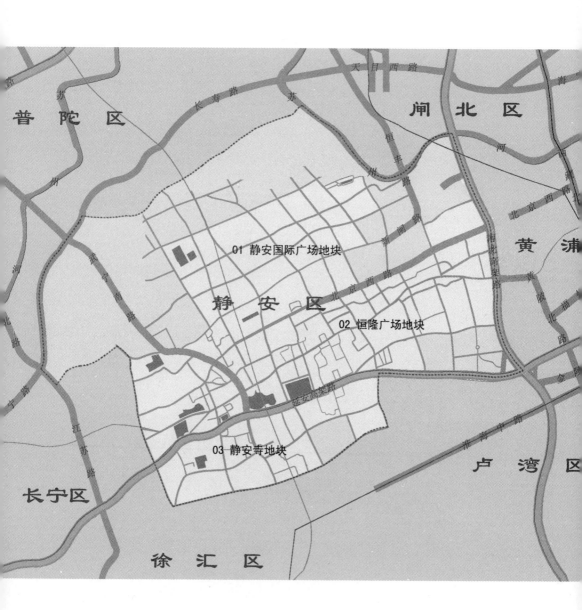

01 静安国际广场地块图

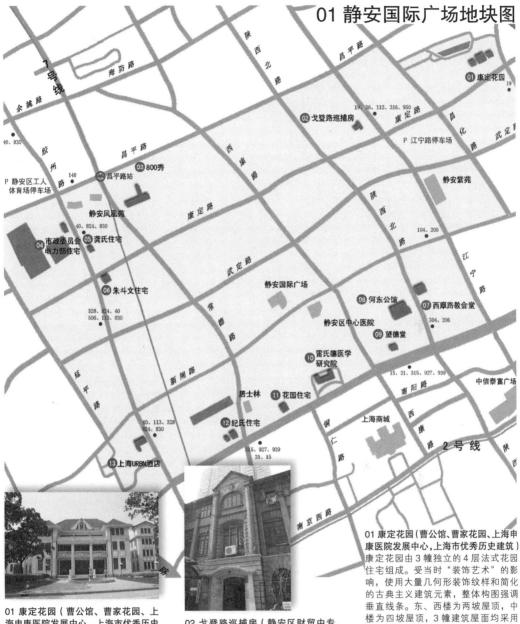

01 康定花园（曹公馆、曹家花园、上海申康医院发展中心，上海市优秀历史建筑）

建筑用途：居住建筑（办公建筑）
地理位置：康定路2号
开放时间及电话：9：00～17：00，021-52132016
公共交通：公交 19、36、112、148 路
停车场：江宁路停车场
设计：KOHO-SUHR（德）
建成时间：1923 年
建筑面积：8451 平方米
建筑层数：4 层
建筑结构：砖混结构
Kangding Garden（Cao Residence,Cao Garden Shanghai Shenkang Hospital Development Center）
Construction purposes: Residence(Office)
Location：2 Kangding Road

02 戈登路巡捕房（静安区财贸中专，上海市优秀历史建筑）

建筑用途：办公建筑（文化建筑）
地理位置：江宁路511号
开放时间及电话：9：00～17：00，021-62536884
公共交通：公交 19、36、112、316、950 路
停车场：江宁路停车场
设计：不详
建成时间：1910 年（清宣统二年）
建筑面积：不详
建筑层数：3 层
建筑结构：砖混结构
Gordon Road police station（Jingan District Finance and Trade Polytechnic）
Construction purposes：Office（Culture）
Location：511 Jiangning Road

01 康定花园（曹公馆、曹家花园、上海申康医院发展中心，上海市优秀历史建筑）
康定花园由3幢独立的4层法式花园住宅组成。受当时"装饰艺术"的影响，使用大量几何形装饰纹样和简化的古典主义建筑元素，整体构图强调垂直线条。东、西楼为两坡屋顶，中楼为四坡屋顶，3幢建筑屋面均采用机制粘土红平瓦，并在相应部位开有老虎窗作重点装饰。建筑外墙面采用水刷石粉刷，立面上有很多竖向线脚。正立面中央部位还设有半圆形的阳台或露台，庄重中不失灵活，构成风格统一的建筑群体。

02 戈登路巡捕房（静安区财贸中专，上海市优秀历史建筑）
该建筑体现折中主义风格。清水红砖外墙和券窗等部位的做法保留了近代早期外廊式建筑的特征。建筑立面采用竖向3段式构图，并通过壁柱强调竖向线条。整体立面不对称，但入口处呈局部对称态势。砖砌的拱券与壁柱细节丰富，有砖砌纹样修饰，柱头与券心石采用混凝土简化处理。

03 800 秀

800 秀是一座集文化、办公、休闲功能为一体的创意园区，前身为上海电机厂。园区内集合了 20 世纪 50 年代先后建成的 15 栋建筑。针对建筑的不同特点，对其进行"修旧如旧"的保护手段和"谨慎改造"的设计策略。长度达到 120 米的活动长廊是建筑群点睛之笔。建筑群北部的休闲广场汇集展览、画廊、餐饮场所，南部是创意办公区，办公建筑有较高的层高和较大的空间尺度，使用方便灵活。

04 市政委员会电力部住宅（上海建筑装饰集团古典建筑工程公司，上海市优秀历史建筑）

上海市政委员会电力部设计，爱尔德瑞基承建。建筑采用坡屋顶，立面为平整的清水砖墙，开窗简洁，且呈不规则式排布，简约中不失灵动。入口处为木构的双坡屋顶，与建筑整体造型相呼应。内部楼梯和局部分隔也采用木材质，突出了英国式花园住宅的特点。

05 龚氏住宅（上海宝钢集团老干部活动中心，上海市优秀历史建筑）

建筑坐北朝南，英国乡村别墅风格。南立面用 6 根圆柱支撑二层挑出的通长阳台，圆柱之间用缓拱相连，造型大方稳重、轻盈舒缓。主楼外墙面采用淡黄色拉毛水泥，山墙部分有露明木构架作为装饰，"人"字尖顶和烟囱是英国乡村别墅风格的突出体现。

06 朱斗文住宅（静安区政协，上海市优秀历史建筑）

此楼细部装饰精美，构图均匀，为古典主义建筑风格。主立面采用对称式构图，4 根刻有凹槽的圆柱由底层直达二层，气派非凡。建筑占地面积为 600 平方米，楼下原有一块可容纳 200 桌酒宴的大草坪，现已被分割。主入口朝南，正中为圆弧形门廊，西侧有线条优美的雨廊。二层亦为圆弧形阳台，内部空间灵活分割，富有情趣。

03 800 秀
建筑用途：展览建筑
地理位置：常德路 800 号
开放时间及电话：11：00 ～ 19：00，021-32180800
公共交通：轨道交通 7 号线，公交 40、824、830 路
停车场：静安区工人体育场停车场
设计：德国罗昂建筑设计咨询有限公司
建成时间：2009 年
建筑面积：22000 平方米
建筑层数：5 层
建筑结构：钢筋混凝土结构
800 Show
Construction purposes：Exhibition
Location：800 Changde Road

05 龚氏住宅（上海宝钢集团老干部活动中心，上海市优秀历史建筑）
建筑用途：居住建筑（商业建筑）
地理位置：胶州路 522 号
开放时间及电话：9：00 ～ 17：00，021-56643686
公共交通：轨道交通 7 号线，公交 40、824、830 路
停车场：静安区工人体育场停车场
设计：英商思九生洋行
建成时间：1925 年
建筑面积：558 平方米
建筑层数：2 层（外观 3 层）
建筑结构：砖木混合结构
Gong House（Shanghai Bao-steel Group Veteran Center）
Construction purposes：Residence（Commerce）
Location：522 Jiaozhou Road

04 市政委员会电力部住宅（上海建筑装饰集团古典建筑工程公司，上海市优秀历史建筑）
建筑用途：居住建筑（办公建筑）
地理位置：胶州路 561 号
开放时间及电话：9：00 ～ 17：00，021-62535118
公共交通：轨道交通 7 号线，公交 40、148、824、830 路
停车场：静安区工人体育场停车场
设计：上海市政委员会电力部
建成时间：1926 年
建筑面积：1800 平方米
建筑层数：3 层
建筑结构：砖木混合结构
City Council Ministry of Electric Power Residence
（Classic Building Construction Company of Shanghai Architecture Decoration Group）
Construction purposes：Residence（Office）
Location：561 Jiaozhou Road

06 朱斗文住宅（静安区政协，上海市优秀历史建筑）
建筑用途：居住建筑（办公建筑）
地理位置：康定路 759 号
开放时间及电话：不对外开放，021-62536163
公共交通：轨道交通 7 号线，公交 40、113、328、824、830 路
停车场：静安区工人体育场停车场
设计：不详
建成时间：1926 年
建筑面积：1468 平方米
建筑层数：2 层
建筑结构：砖混结构
Zhu Douwen Residence（Jingan District Political Consultative Committee）
Construction purposes：Residence（Office）
Location：759 Kangding Road

07 西摩路教会堂（上海市教育委员会教学研究室，2002 年世界纪念性建筑遗产保护名录、上海市优秀历史建筑）

建筑用途：宗教建筑（办公建筑）
地理位置：陕西北路 500 号
开放时间及电话：不对外开放，
021-56313191
公共交通：轨道交通 2 号线，公交 206、304 路
停车场：中信泰富广场停车库
设计：英商思九生洋行
建成时间：1920 年
建筑面积：703 平方米
建筑层数：2 层
建筑结构：砖木混合结构
Ohel Rachel Synagogue
(Shanghai Education Committee Teaching Research Center)
Construction purposes：Religion
(Office)
Location：500 Shanxi Road (N)

09 望德堂（上海市优秀历史建筑）

建筑用途：居住建筑
地理位置：北京西路 1220 弄 2 号
公共交通：轨道交通 2 号线，公交 15、21、206、304、315、927 路
停车场：中信泰富广场停车库
设计：西班牙居民
建成时间：1932 年
建筑面积：1905 平方米
建筑层数：3 层
建筑结构：砖木混合结构
Avondale House
Construction purposes：Residence
Location：2 Lane 1220 Beijing Road (W)

08 何东公馆（上海辞书出版社，上海市优秀历史建筑）

建筑用途：居住建筑（办公建筑）
地理位置：陕西北路 457 号
开放时间及电话：9：00 ～ 17：00，
021-62472088
公共交通：轨道交通 2 号线，公交 15、21、206、304、315、927 路
停车场：中信泰富广场停车库
设计：不详
建成时间：1928 年
建筑面积：1000 平方米
建筑层数：2 层
建筑结构：砖木石混合结构
Hedong Residence (Shanghai Lexicographical Publishing House)
Construction purposes：Residence
(Office)
Location：457 Shanxi Road (N)

10 雷氏德医学研究院（上海医学工业研究院，上海市优秀历史建筑）

建筑用途：办公建筑
地理位置：北京西路 1320 号
开放时间及电话：9：00 ～ 17：00，
021-62893799
公共交通：轨道交通 2、7 号线，公交 15、21、315、927 路
停车场：上海商城停车库
设计：英商德和洋行
建成时间：1932 年
建筑面积：9252 平方米
建筑层数：3 层
建筑结构：钢筋混凝土结构
The Henry Lester Institute for Medical Education and Research
(Shanghai Institute for Medical Industry)
Construction purposes：Office
Location：1320 Beijing Road (W)

07 西摩路教会堂（上海市教育委员会教学研究室，2002 年世界纪念性建筑遗产保护名录、上海市优秀历史建筑）

该建筑为目前上海现存时间最早、远东地区规模较大的犹太教会堂。是沙逊家族的第三代沙逊大班亚可布·沙逊为纪念去世的妻子而建。教堂呈长方形，整幢建筑表现为典型的新古典主义风格，但在局部的门饰、窗洞、过厅、四跑楼梯、束柱等建筑细部上，却折射出浓厚的犹太建筑特色和民风民情。立面 3 段划分，南门主入口以贯通两层的一对爱奥尼式柱子和一对方形壁柱形成门廊，门廊内为 3 个拱形门。两侧为双层柱廊，柱间的小拱顶与教堂拱顶垂直相交，建筑线条简洁流畅。

08 何东公馆（上海辞书出版社，上海市优秀历史建筑）

何东公馆占地约 17 亩。东临陕西北路，南临北京西路。最初四周用竹篱笆相围，透过篱笆的空隙可见内部花园和住宅。建筑坐落于花园中部，风格为简化的古典样式。主立面对称构图，纵横三段式划分。入口处用高大柱子支撑二层的阳台，作为连接室内外的过渡空间。由入口进入，可达内部豪华典雅的门厅、客厅。周边是一片中国园林式花园，小桥流水，路曲石奇。

09 望德堂（上海市优秀历史建筑）

基地面积 1350 平方米，其中建筑占地 620 平方米，建筑体量较大，是上海目前为数不多的西班牙人自建的西班牙式花园住宅。与上海其他西班牙风格的住宅相比，望德堂平面呈东西略长的长方形，这可能出自于对基地的考虑，但其立面仍充分体现了西班牙建筑的自由和随意性，屋面高低错落，山墙呈波浪形起伏，红色筒瓦屋檐和水泥拉毛墙面形成强烈对比，使建筑特色十分明显。细部装饰精工细作，呈现出西班牙"银匠式"建筑装饰手法。

10 雷氏德医学研究院（上海医学工业研究院，上海市优秀历史建筑）

该建筑原是已故英侨著名建筑师兼房地产商雷士德(Henry Lester，1840～1928 年)的遗产。根据他的遗嘱用其全部财产成立雷士德基金会，用基金办了雷士德医学研究院、雷士德工学院和仁济医院。上述房地产即为其遗产之一。建筑总体为现代主义建筑风格，立面对称，通过石材墙面与金属窗框的对比强调了竖向线条。中部入口处为立面视觉中心，主入口、壁柱、窗裙墙等部位的装饰属"装饰艺术"风格。

11 花园住宅（上海电气进出口公司、波斯经典地毯旗舰店，上海市优秀历史建筑）
建筑用途：居住建筑（商业建筑）
地理位置：北京西路 1394 弄 2 号
开放时间及电话：10：00～20：30，021-62892260
公共交通：轨道交通 2、7 号线，公交 15、21、315、927、939 路
停车场：上海商城停车库
设计：六合贸易工程公司
建成时间：1929 年
建筑面积：不详
建筑层数：2 层
建筑结构：砖混结构
Garden Houses（TTV Valve Trading Corporation of Shanghai, Persian Classical Flagship Store）
Construction purposes：Residence（Commerce）
Location：1394 Beijing Road（W）

13 上海 URBN 酒店
建筑用途：商业建筑
地理位置：胶州路 183 号
开放时间及电话：全天，021-51534600、51534610
公共交通：轨道交通 2、7 号线，公交 40、113、328、824、830 路
停车场：城市航站楼停车库
设计：AOO 建筑设计
建成时间：2007 年
建筑面积：1100 平方米
建筑层数：4 层
建筑结构：钢筋混凝土结构
URBN Hotel in Shanghai
Construction purposes：Commerce
Location：183 Jiaozhou Road

12 纪氏住宅（静安区文化局，上海市优秀历史建筑）
建筑用途：居住建筑（办公建筑）
地理位置：北京西路 1510 号
开放时间及电话：9：00～17：00，021-62566762
公共交通：轨道交通 2、7 号线，公交 15、21、315、927、939 路
停车场：城市航站楼停车库
设计：建安公司
建成时间：1930 年
建筑面积：1300 平方米
建筑层数：4 层
建筑结构：砖混结构
J's House（Cultural Affairs Bureau of Jingan District）
Construction purposes：Residence（Office）
Location：1510 Beijing Road（W）

11 花园住宅（上海电气进出口公司、波斯经典地毯旗舰店，上海市优秀历史建筑）
建筑为文艺复兴风格。主立面对称构图，素色粉刷，底层中央的入口门廊采用 3 跨连续券柱式构图，特色鲜明，上面是二层的露台，平面后退，与两旁突出部分构成虚实对比。窗洞周围有线脚装饰。

12 纪氏住宅（静安区文化局，上海市优秀历史建筑）
该建筑呈折中主义风格。竖向 3 段式构图，立面并矩形窗，窗间墙有壁柱修饰，壁柱为简化的科林斯、爱奥尼柱式。山墙与窗下墙上有精美雕饰，门是独立式花园洋房的珍品。

13 上海 URBN 酒店
上海 URBN 酒店由一幢建于 20 世纪 70 年代的老建筑改建而成，是中国第一家"碳中性"环保酒店。建筑围绕一个狭长的绿化庭院布置，主体建筑平面呈"L"形，共有 26 间客房。建筑中采用无源太阳能天窗、雨水贮留池、水系统空调等设备，满足了该建筑的环保要求。同时在建筑材料的选择和装修上也非常讲究，集中采用循环再造或本地采购建筑材料，走廊和房间墙壁回收上海或苏州老屋的青砖，内部地板、房门、桌子采用原法租界新里的红木地板再制，前台墙面收集上海老式手提箱纵横排列而成，这些都突出体现了环保节能设计理念。

01 上海自然博物馆
建筑用途：展览建筑
地理位置：石门二路 128 号
开放时间及电话：尚未开放
公共交通：轨道交通 2 号线，公交 15、21、41、927、955 路
停车场：上海强生物业公司南京西路停车库
设计：美国帕金斯威尔建筑设计公司 + 同济大学建筑设计研究院
建成时间：2012 年
建筑面积：45086 平方米
建筑层数：地上 3 层、地下 2 层
建筑结构：钢筋混凝土框架结构
Shanghai Museum of Natural
Construction purposes：Exhibition
Location：128 Shimen Road（Ⅱ）

01 上海自然博物馆
上海自然博物馆位于静安雕塑公园内。建筑设计采用"绿螺"的寓意，外部形态类似鹦鹉螺，绿化屋面从雕塑公园地平开始向上螺旋攀升，造型清新有趣。该建筑在生态技术方面也具有示范作用，采用了节能幕墙、绿化隔热外墙、生态绿化屋面、地源热泵、太阳能、雨水回收等技术措施，还设有建设生态节能集控管理平台，提高能源利用率。

02 新恒隆广场地块图

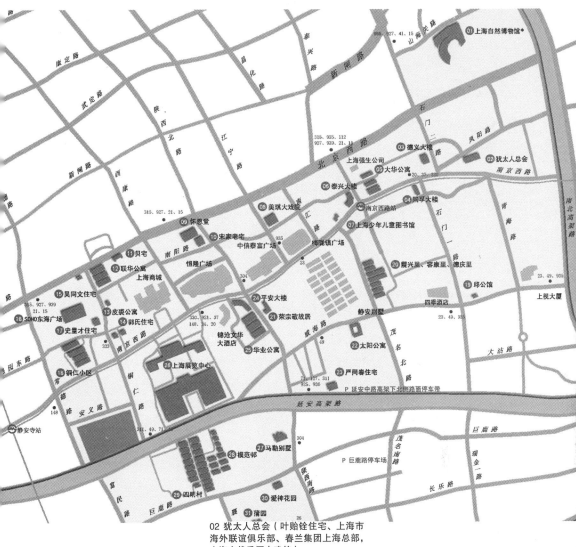

02 犹太人总会（叶贻铨住宅、上海市海外联谊俱乐部、春兰集团上海总部，上海市优秀历史建筑）

建筑用途：商业建筑（居住建筑、办公建筑）

地理位置：南京西路 722 号

开放时间及电话：9：00 ～ 17：00，021-62561810

公共交通：轨道交通 2 号线，公交 20、37、148、921 路

停车场：上海强生物业公司南京西路停车库

设计：不详

建成时间：1911 年（清宣统三年）

建筑面积：5126 平方米

建筑层数：2 层

建筑结构：砖混结构

Shanghai Jewish Club
(Ye Yiquan House, Shanghai Overseas Friendship, Chunlan Group Headquarters of Shanghai)

Construction purposes：Commerce (Residence, Office)

Location：722 Nanjing Road (W)

02 犹太人总会（叶贻铨住宅、上海市海外联谊俱乐部、春兰集团上海总部，上海市优秀历史建筑）

犹太人总会是一幢典型的仿文艺复兴式府邸。平面呈长方形，立面对称均衡。低坡度四坡屋顶，红色平瓦。主入口有双柱拱券门廊，地坪用汉白玉和黑色大理石拼花。两翼楼层墙面后退，下为塔司干式券柱廊，上为大阳台，用汰石子花瓶栏杆作为装饰。立面用虎皮清水墙，底层用斩假石饰面；窗户风格细致，进户门廊带有小的古典柱石支撑，门厅中央有弧形雕饰，雕刻也尽显繁复。内设舞厅、小剧场、酒店、餐厅等，一层走廊屋顶彩色镶嵌玻璃，反映出巧夺天工的精湛技艺。原系浙江镇海籍人上海巨贾叶澄衷之子叶贻铨府邸，1949 年后曾为上海市政协办公楼、上海市海外联谊俱乐部，现为春兰集团上海总部。

03 德义大楼（丹尼斯公寓，上海市优秀历史建筑）

该建筑为上海较早建成的单身宿舍公寓大楼，"装饰艺术"风格。建筑东、南向沿街，占地面积1217平方米。二层转角处有花岗岩装饰带，顶部窗间墙和窗略后退，立面富有层次感。宋庆龄题书的少年儿童书店、程十发题书的南京理发店等店铺位于其中。楼上是旅馆式公寓。德义大楼是当时号称"中国哈同"的房地产大业主程谨轩的遗产，继承人是其次子程霖生。

04 同孚大楼（中国银行、中国工商银行）

大昌建筑公司承建，现代主义建筑风格，立面强调横线条。楼体半圆，呼应街道转角地形。底部采用大理石贴面。朝向为东偏南，平面形态弧线与直线相结合。由于地形限制，楼层的所有房间几乎没有一间呈标准的正方形或矩形，有的还是不规则形状，在一般的大楼公寓中实属罕见。现一层为中国工商银行分行，二层以上为公寓住宅。

05 大华公寓（上海市优秀历史建筑）

由美商普益房地产公司投资，创新建筑厂施工，现代主义建筑风格。由前后4排多层公寓房组成，坐北朝南，弄堂口处设过街楼。立面设计简洁，窗下墙及檐部采用白色宽带状饰面突出横向线条，两端以褐色面砖突出竖向构图，二者形成对比。公寓之间的空地较宽阔，公寓采光、通风良好。

06 泰兴大楼（麦特赫斯脱公寓，上海市优秀历史建筑）

新申记营建厂承建，建筑占地面积为1433平方米。公寓沿街道转角建造，平面呈"八"字形，主立面朝向东偏南。建筑立面构图以横线条为主，中央部分则突出垂直线条，强调了横竖的对比，具有现代建筑风格。目前大部分面积为办公用房，还有一部分居民居住。

07 上海少年儿童图书馆（切尔西住宅，上海市优秀历史建筑）

上海少儿图书馆馆舍由欧美式的主楼和现代主义建筑风格的附楼构成。四周绿树成荫，环境幽雅。主楼内部有文学室、英语室、导读室、科普室、自修室、期刊室、艺术图书室、多功能演讲厅，附楼内部为儿童知识乐园和计算机教育中心。

08 美琪大戏院（美琪影院，上海市优秀历史建筑、上海市文物保护单位）

陶馥记营造厂承建，占地面积2650平方米，建筑两面临街，入口设在转角处。门厅平面呈圆形，二层通高，开竖向长窗采光。门厅左右各有一个过厅，门厅、楼厅、楼梯、过厅等各部分布局合理、功能清晰。观众厅共1600余座，其中楼座540余座。建筑造型简洁，立面以设长条窗的圆形门厅为视觉中心。5扇垂直长窗有几何图案装饰，屋檐处有精美花纹。体现了近代美国式建筑简洁明快的设计手法。

03 德义大楼（丹尼斯公寓，上海市优秀历史建筑）

建筑用途：居住建筑
地理位置：南京西路772号
公共交通：轨道交通2号线，公交20、21、37、330路
停车场：上海强生物业公司南京西路停车库
设计：英商克明洋行
建成时间：1928年
建筑面积：11774平方米
建筑层数：9层
建筑结构：钢筋混凝土结构
Deyi Building（Dennis Apartment）
Construction purposes：Residence
Location：772 Nanjing Road（W）

05 大华公寓（上海市优秀历史建筑）

建筑用途：居住建筑
地理位置：南京西路868～882号
公共交通：轨道交通2号线，公交20、37、330路
停车场：上海强生物业公司南京西路停车库
设计：美商陶达洋行
建成时间：1932年
建筑面积：12092平方米
建筑层数：7层
建筑结构：钢筋混凝土结构
Dahua Apartment
Construction purposes：Residence
Location：868-882 Nanjing Road（W）

04 同孚大楼（中国银行、中国工商银行）

建筑用途：居住建筑（办公建筑）
地理位置：南京西路801～803号
开放时间及电话：不对外开放
公共交通：轨道交通2号线，公交20、37、330、921路
停车场：上海强生物业公司南京西路停车库
设计：陆谦受＋吴景奇
建成时间：1936年
建筑面积：2937平方米
建筑层数：9层
建筑结构：钢筋混凝土框架结构
Yates Apartment（Bank of China, Industrial and Commerce Bank of China）
Construction purposes：Residence（Office）
Location：801-803 Nanjing Road（W）

06 泰兴大楼（麦特赫斯脱公寓，上海市优秀历史建筑）

建筑用途：居住建筑（办公建筑）
地理位置：南京西路934号
公共交通：轨道交通2号线，公交20、37、330路
停车场：上海强生物业公司南京西路停车库
设计：英商新瑞和洋行
建成时间：1934年
建筑面积：8620平方米
建筑层数：12层
建筑结构：钢筋混凝土结构
Taixing Apartment（Maitehesi Apartment）
Construction purposes：Residence（Office）
Location：934 Nanjing Road（W）

07 上海少年儿童图书馆（切尔西住宅，上海市优秀历史建筑）
建筑用途：文化建筑（居住建筑）
地理位置：南京西路 962 号
开放时间及电话：周一～周五
9：00～11：30、13：00～17：00，
周末及节假日、寒暑假 9：00～17：00，
021-62170496、62723798
公共交通：轨道交通 2 号线，公交 20、
37、330 路
停车场：上海强生物业公司南京西路
停车库
设计：不详
建成时间：1941 年
建筑面积：4200 平方米
建筑层数：3 层
建筑结构：砖混结构
Shanghai Children's Library
Construction purposes：Culture
（Residence）
Location：962 Nanjing Road（W）

09 怀恩堂（上海市优秀历史建筑）
建筑用途：宗教建筑
地理位置：陕西北路 375 号
开放时间及电话：周六 9：00，
周日 9：00、19：00，021-62539394
公共交通：轨道交通 2 号线，公交 15、
21、315、927 路
停车场：中信泰富广场停车库
设计：不详
建成时间：1942 年
建筑面积：1834 平方米
建筑层数：2 层
建筑结构：砖木混合结构
Wyon Hall
Construction purposes：Religion
Location：375 Shanxi Road（N）

11 贝宅（贝轩大公馆、中信公司，上海市优秀历史建筑）
建筑用途：居住建筑（商业建筑）
地理位置：北京西路 1301 号
开放时间及电话：全天，021-62897878
公共交通：轨道交通 2、7 号线，公交
15、21、315、927 路
停车场：上海商城停车库
设计：中都工程设计公司
建成时间：1934 年
建筑面积：2449 平方米
建筑层数：5 层
建筑结构：钢筋混凝土结构
Pei House（Pei Xuan Mansion, CITIC
Group）
Construction purposes：Residence
（Commerce）
Location：1301 Beijing Road（W）

09 怀恩堂（上海市优秀历史建筑）
怀恩堂是一座可容千人同时参加礼拜的教堂。塔楼与稍稍凸出的主入口形成不对称的立面构图。主入口处门廊为 3 联尖拱券，两层通高。清水红砖墙外立面，窗口、檐口等细部用几何图案装饰。大堂中部 3 层，旁边 2 层，东南角为高耸的塔楼。

10 宋家老宅（宋庆龄爱心会所，上海市优秀历史建筑）
该建筑为英国乡村别墅风格，屋顶形式活泼，各layer檐咬合错落。原是一幢外国人别墅，1918 年 5 月宋耀如先生去世后，其夫人移居于此，同住的还有宋美龄、宋子安、宋子良。在 1949 年解放军挺进上海时作为难童救济站，后成为上海解放后第一个新型托儿所。同年 12 月，宋宅又作为中国福利基金会的办公地点使用。1996 年 5 月，建筑经过修葺，恢复了原有风貌。目前作为私人会所使用。

11 贝宅（贝轩大公馆、中信公司，上海市优秀历史建筑）
原为贝宅（贝祖诒，曾任中国银行行长，美国著名建筑师贝聿铭之父）。"装饰艺术"风格，东侧入口照壁有面砖烧制的一百个不同字体的寿字。建筑设计体现中西合璧的特征，将西方现代风格与中国传统结合在一起。住宅由主楼、附楼、花园组成，占地面积 3250 平方米。主楼平面为中式，三间二厢，立面为西式，现代建筑风格融合"装饰艺术"细部。骑楼通过一个锅炉房和南侧主楼连接，外立面采用乳白色泰山砖拼贴出几何图案。

08 美琪大戏院（美琪影院，上海市优秀历史建筑、上海市文物保护单位）
建筑用途：观演建筑
地理位置：江宁路 66 号
开放时间及电话：演出当日 19：30，
021-62172426
公共交通：轨道交通 2 号线，公交 21、
23、304、935 路
停车场：中信泰富广场停车库
设计：范文照
建成时间：1941 年
建筑面积：5700 平方米
建筑层数：2 层
建筑结构：钢筋混凝土框架结构
Majestic Theater（Majestic Cinema）
Construction purposes：Performance
Location：66 Jiangning Road

10 宋家老宅（宋庆龄爱心会所，上海市优秀历史建筑）
建筑用途：居住建筑（文化建筑）
地理位置：陕西北路 369 号
公共交通：轨道交通 2 号线，公交 15、
21、315、927 路
停车场：中信泰富广场停车库
设计：不详
建成时间：1908 年（清光绪三十四年）
建筑面积：不详
建筑层数：2 层
建筑结构：砖木混合结构
Song House（Song Qing-ling Love
Club）
Construction purposes：Residence
（Culture）
Location：369 Shanxi Road（N）

12 联华公寓（爱文公寓，上海市优秀历史建筑）

联合房地产公司投资兴建。原为联华房地产公司所有，故名为联华公寓。3 排多层公寓，现代主义建筑风格。立面简洁，装饰水平线条，楼梯间内凹，形成横竖对比。建筑西侧沿道路设计为流畅的弧面。楼内每层有 4 单元 8 户、户型以两居室为主。公寓内有全套卫生设备，煤气、热水等各种设施齐全。此外，公寓当时设有两套通行路线：业主由南入口宽敞的楼梯进入，佣人则从北入口狭窄的楼梯进入，设计考虑周全。

13 皮裘公寓（上海市优秀历史建筑）

皮裘公寓属现代主义建筑风格，平屋顶，清水红砖墙面。立面阳台与窗套有齿状古典风格装饰细部，与周围墙面形成虚实对比，建筑总体造型简洁大方。

14 郭氏住宅（郭氏兄弟楼、上海市人民政府外事办公室，上海市优秀历史建筑）

该建筑原是"永安集团"创业人郭乐、郭顺两弟兄的寓所。东西两楼均为法国文艺复兴式风格。立面呈对称式，中部有层叠柱廊，并且罗列西方古典三大柱式，底层为塔司干式，二层为爱奥尼式，三层为科林斯式。阳台、窗口、檐口、勒脚等处装饰细部精致。主楼为中国传统的三间二厢平面，南面正中设圆形门廊，进入可达内部大厅。大厅两侧为会客室和餐厅。二、三层设置面积不等的卧室，附有转角阳台。北面有一幢附楼，内为厨房、汽车库、佣人房、储藏室，通过联系廊与主楼连接。

15 吴同文住宅（上海市城市规划设计院，上海市优秀历史建筑）

该建筑原为上海颜料大王吴同文住宅，占地面积 2213.33 平方米，现代式花园住宅。南立面设有较大的露台、阳台，转折处采用曲线造型，具有"装饰艺术"风格。外立面贴彩色马赛克。室内功能分布合理，设有玻璃顶棚日光室，是当时上海首家装电梯的私宅。主楼位于基地北面，门房、车库等置于基地东南角，楼前有 1370 平方米的大草坪，植有冬青等树木。草坪周围用彩色釉面砖装饰的高墙，围合着独家私园。

12 联华公寓（爱文公寓，上海市优秀历史建筑）
建筑用途：居住建筑
地理位置：北京西路 1341 ～ 1383 号
公共交通：公交 15、21、921、927、939 路，沪钱专线
停车场：上海商城停车库
设计：邬达克（匈）
建成时间：1932 年
建筑面积：12923 平方米
建筑层数：5 层
建筑结构：钢筋混凝土结构
Lianhua Apartment（Avenue Apartment）
Construction purposes：Residence
Location：1341–1383 Beijing Road（W）

14 郭氏住宅（郭氏兄弟楼、上海市人民政府外事办公室，上海市优秀历史建筑）
建筑用途：居住建筑（办公建筑）
地理位置：南京西路 1400 ～ 1419 号
公共交通：轨道交通 2、7 号线，公交 20、24、37、323、921 路
停车场：上海商城停车库
设计：威尔逊（英）
建成时间：1926 年
建筑面积：2464 平方米
建筑层数：3 层
建筑结构：砖混结构
Guo's House
（Guo Brethren Buildings, Shanghai Municipal People's Government Foreign Affairs Office）
Construction purposes：Residence（Office）
Location：1400–1419 Nanjing Road（W）

13 皮裘公寓（上海市优秀历史建筑）
建筑用途：居住建筑
地理位置：铜仁路 278 号
公共交通：公交 15、21、323、921、927、939 路，沪钱专线
停车场：上海商城停车库
设计：不详
建成时间：1929 年
建筑面积：4245 平方米
建筑层数：4 层
建筑结构：砖混结构
Bijou Apartment
Construction purposes：Residence
Location：278 Tongren Road

15 吴同文住宅（上海市城市规划设计院，上海市优秀历史建筑）
建筑用途：居住建筑（办公建筑）
地理位置：铜仁路 333 号
开放时间及电话：9：00 ～ 17：00，021-62891690
公共交通：公交 15、21、315、927、939 路
停车场：上海商城停车库
设计：邬达克（匈）
建成时间：1937 年
建筑面积：1712 平方米
建筑层数：4 层
建筑结构：钢筋混凝土结构
Dr Wu's villa（Shanghai Urban Planning and Design Institute）
Construction purposes：Residence（Office）
Location：333 Tongren Road

16 SOHO 东海广场
建筑用途：办公建筑
地理位置：铜仁路 299 号
开放时间及电话：9：00 ～ 17：00，
021-51786527
公共交通：轨道交通 2、7 号线，公交
15、21、315、323、921、927、939 路
停车场：SOHO 东海广场停车库
设计：美国 JY 建筑规划设计事务所
建成时间：2008 年
建筑面积：80510 平方米
建筑层数：地上 57 层、地下 3 层
建筑结构：钢筋混凝土框筒结构
SOHO East China Sea Plaza
Construction purposes：Office
Location： 299 Tongren Road

18 铜仁小区（上海市优秀历史建筑）
建筑用途：居住建筑
地理位置：南京西路 1522 弄
公共交通：轨道交通 2、7 号线，公交
148、323 路
停车场：SOHO 东海广场停车库
设计：不详
建成时间：1930 年
建筑面积：2064 平方米
建筑层数：3 层
建筑结构：砖木混合结构
Tongren District
Construction purposes：Residence
Location：Lane 1522 Nanjing Road（W）

16 SOHO 东海广场
东海广场位于南京西路商务圈核心区，规划共有 3 期，目前一期写字楼已建成。该建筑一二层为商业，建筑面积为 3842 平方米，三至五十七层为写字楼，建筑面积为 67829 平方米。建筑高度为 217 米。建筑平面布置规整，外形采用直线与弧线结合造型，顶部处理为体块层叠效果，以弧线体块收尾。整体呈现代主义建筑风格。

17 史量才住宅（上海市水务局，静安区文物保护单位、上海市优秀历史建筑）
该建筑曾是过去上海报界巨头、《申报》总经理史量才的寓所。法国乡村别墅式风格的花园住宅。主立面构图对称，比例和谐。建筑体量饱满，转角处多采用弧线构图，造型优美。二层敞廊栏板和一层平台栏板图案精美，带有中国传统装饰特征。廊厅很宽敞，墙侧有壁炉。

18 铜仁小区（上海市优秀历史建筑）
南京西路 1522 弄是一处有 34 幢门前带花园的住宅群，开间宽阔、环境幽雅。建筑为具有西班牙风格的花园式住宅。红瓦坡顶，上开老虎窗，淡黄色水泥拉毛墙面，再配以茂盛的绿荫，喧闹的市井中勾勒出优雅的居所。

19 邱公馆（民立中学 4 号楼，上海市优秀历史建筑）
古堡式的三层建筑，原为 20 世纪 20 年代上海著名颜料商邱信山、邱渭卿兄弟所建。清水红砖墙，红色平瓦盖顶。正立面完全对称、庄重典雅，为新古典主义建筑风格。二层设有连续平拱廊，采用爱奥尼柱式，细部装饰精巧。三层有断檐山墙造型，雕饰精美，巴洛克风格。北立面带有中国江南传统建筑特征。南面底层门厅设有多立克柱式，门楣有石雕，檐口、柱头、栏杆细部均有精致雕饰。整个大楼汇集欧洲古典建筑特点而成。

17 史量才住宅（上海市水务局，静安区文物保护单位、上海市优秀历史建筑）
建筑用途：居住建筑（办公建筑）
地理位置：铜仁路 257 号
开放时间及电话：9：00 ～ 17：00，
021-62476232
公共交通：轨道交通 2、7 号线，公交
15、21、921、927、939 路
停车场：SOHO 东海广场停车库
设计：不详
建成时间：1922 年
建筑面积：2494 平方米
建筑层数：3 层
建筑结构：砖木混合结构
Shi Liangcai House（Shanghai Water
Authority）
Construction purposes：Residence
（Office）
Location： 257 Tongren Road

19 邱公馆（民立中学 4 号楼，上海市优秀历史建筑）
建筑用途：居住建筑（文化建筑）
地理位置：威海路 414 号
开放时间及电话：9：00 ～ 17：00，
021- 62531592
公共交通：轨道交通 2 号线，公交 23、
49、935 路
停车场：四季酒店停车库
设计：不详
建成时间：1920 ～ 1930 年
建筑面积：1500 平方米
建筑层数：3 层
建筑结构：砖混结构
Qiu Residence（4 Building of Private
Middle School）
Construction purposes：Residence
（Culture）
LocationL： 414 Weihai Road

20 震兴里、容康里、德庆里（上海市优秀历史建筑）

震兴里、荣康里、德庆里是新式石库门里弄住宅。占地面积为 7890 平方米，建筑群规模较大，行列式排列，沿街立面整齐统一，稍有变化，极富韵律感。建筑外立面均采用古典装饰。

21 荣宗敬故居（星空传媒，上海市优秀历史建筑）

建筑为折中主义风格，形式丰富，主立面设两层列柱敞廊，气派大方，庄重典雅，具有法国古典主义特征。平面形状较复杂，颇具神秘色彩。内部地面、门、窗和彩色玻璃等处装饰精美，建筑内外统一。

22 太阳公寓（上海市优秀历史建筑）

太阳公寓（房地产商孙春生以其姓的英文音译命名）平面呈"回"字形，为合院式多层公寓，特色鲜明。临街立面采用花色面砖饰面，形成丰富的纹理效果。主入口设置三层通高、比例细长的拱券，窗楣采用白色平券装饰。1976 年加建两层，但建筑立面比例尚恰当。

23 严同春住宅（上海仪表局，上海市优秀历史建筑）

该建筑为受到"装饰艺术"影响的现代式花园住宅。但有趣的是细部装饰采用中国传统建筑的花纹图案，使得该建筑在外部形态上既体现西方现代风格，又有中国传统气质。总平面为中国传统的两进四合院式布局，周围环以连廊，联系内部的 71 个房间。为适应业主"五世同堂"的要求，第一进底层设有大厅、后厅、接待室、会客室等，第二进有客堂间、书房、餐厅等，前接二层、三层及后楼均为卧室、起居室和休息室。

24 平安大楼

周边型公寓建筑，建筑结合地形呈弧线造型。底层为商业建筑，1939 年曾为平安大戏院。新古典主义风格，底部墙体采用乳白色大理石饰面，中部墙体贴以深红色面砖，顶部白色粉刷檐口。门窗采用拱券造型，细部有几何状线脚修饰。

25 华业公寓（华业大楼，上海市文物保护单位、上海市优秀历史建筑）

该建筑总体为三合院式布局。主楼居中，正面向东，呈正方形。底层入口处凸出单层门厅，四角的方形角楼具有西班牙城堡式建筑特色。顶部为多面锥形，形似中国亭子的攒尖顶。南北各有一幢高 4 层的配楼，主楼与配楼之间在底层通过西班牙式廊道联系。华业公寓高 40 余米，是折中主义向现代建筑过渡时期的典型作品。

20 震兴里、容康里、德庆里（上海市优秀历史建筑）
建筑用途：居住建筑
地理位置：茂名北路 200 ～ 290 弄
公共交通：轨道交通 2 号线，公交 20、23、37、49 路
停车场：中信泰富广场停车库
设计：不详
建成时间：1927 年
建筑面积：13276 平方米
建筑层数：2 层
建筑结构：砖木混合结构
Zhenxing/Rongkang/Deqing District
Construction purposes：Residence
Location：200-290 Maoming Road（N）

22 太阳公寓（上海市优秀历史建筑）
建筑用途：居住建筑
地理位置：威海路 651 号、665 弄2 ～ 30 号
公共交通：轨道交通 2 号线，公交 49、925、936 路
停车场：梅龙镇广场停车库
设计：美国卡拉特莫尼工程顾问公司
建成时间：1928 年
建筑面积：5700 平方米
建筑层数：6 层
建筑结构：砖混结构
Sun Apartment
Construction purposes：Residence
Location：651/2-30 Lane 665 Weihai Road

21 荣宗敬故居（星空传媒，上海市优秀历史建筑）
建筑用途：居住建筑（办公建筑）
地理位置：陕西北路 186 号
开放时间及电话：9：00 ～ 17：00，021-62183298
公共交通：公交 20、24、37、148、921 路
停车场：恒隆广场停车库
设计：陈椿江
建成时间：1918 年
建筑面积：2660 平方米
建筑层数：3 层
建筑结构：钢筋混凝土结构
Rong Zongjing Residence（Satellite Television Asian Region Limited）
Construction purposes：Residence（Office）
Location：186 Shanxi Road（N）

23 严同春住宅（上海仪表局，上海市优秀历史建筑）
建筑用途：居住建筑（办公建筑）
地理位置：延安中路 816 号
开放时间及电话：9：00 ～ 17：00，021-64676000
公共交通：轨道交通 2 号线，公交 71、127、311、925、936 路
停车场：延安中路高架下北侧路面停车带
设计：林瑞骥
建成时间：1933 年
建筑面积：5394 平方米
建筑层数：3 层
建筑结构：砖木结构
Yan Tongchun Residence（Shanghai Instrument Bureau）
Construction purposes：Residence（Office）
Location：816 Yan-an Road（M）

24 平安大楼
建筑用途：居住建筑（商业建筑）
地理位置：陕西北路 203 号
公共交通：轨道交通 2 号线，公交 20、24、37、148、304、921 路
停车场：恒隆广场停车库
设计：不详
建成时间：1925 年
建筑面积：33690 平方米
建筑层数：7 层
建筑结构：钢筋混凝土结构
Ping-an Building
Construction purposes：Residence（Commerce）
Location：203 Shanxi Road（N）

26 上海展览中心（中苏友好大厦，上海市优秀历史建筑）
建筑用途：展览建筑
地理位置：延安中路 1000 号
开放时间及电话：展出时间开放，021-62790279
公共交通：轨道交通 2 号线，公交 20、24、37、49、71、148、330、921 路
停车场：上海展览中心停车场
设计：安德列耶夫（苏联）+华东工业建筑设计院
建成时间：1955 年
建筑面积：58900 平方米
建筑层数：14 层（中央大厅）、2 层（文化馆、农业馆、电影院）、1 层（工业馆）
建筑结构：现浇钢筋混凝土结构（中央大厅）、钢筋混凝土混合结构（文化馆、农业馆）、薄壳（工业馆）、钢筋混凝土框架结构（电影院）
Shanghai Exhibition Center（The Sino-Soviet Friendship Mansion）
Construction purposes：Exhibition
Location：1000 Yan-an Road（M）

28 模范邨（上海市优秀历史建筑）
建筑用途：居住建筑
地理位置：延安中路 877 号
公共交通：轨道交通 2、7 号线，公交 48、49、71、311 路
停车场：巨鹿路停车场
设计：周惠南
建成时间：1931 年
建筑面积：17717 平方米
建筑层数：3 层
建筑结构：砖木混合结构
Mo-Fan Cun
Construction purposes：Residence
Location：877 Yan-an Road（M）

25 华业公寓（华业大楼，上海市文物保护单位、上海市优秀历史建筑）
建筑用途：居住建筑
地理位置：陕西北路 175 号
公共交通：公交 20、24、37、148、921 路
停车场：恒隆广场停车库
设计：李锦沛
建成时间：1934 年
建筑面积：10507 平方米
建筑层数：主楼 10 层、侧楼 4 层
建筑结构：混合结构
Cosmopoliton Apartment（Huaye Apartment）
Construction purposes：Residence
Location：175 Shanxi Road（N）

27 马勒别墅（衡山马勒别墅饭店、共青团上海市委，全国重点文物保护单位、上海市优秀历史建筑）
建筑用途：居住建筑（商业建筑、办公建筑）
地理位置：陕西南路 30 号
开放时间及电话：全天，021-62478881
公共交通：轨道交通 1、2、7 号线，公交 26、71、127、311、304 路
停车场：巨鹿路停车场
设计：英商爱立克洋行+华盖建筑设计事务所
建成时间：1936 年
建筑面积：3132 平方米
建筑层数：3 层
建筑结构：砖木混合结构
Moller's Villa（Hengshan Moller Villa Hotel, Shanghai Municipal Communist Youth League）
Construction purposes：Residence（Commerce, Office）
Location：30 Shanxi Road（S）

26 上海展览中心（中苏友好大厦，上海市优秀历史建筑）
上海展览中心由中央大厅、工业馆、文化馆、农业馆及电影院所组成。中央大厅坐北朝南，是新中国成立后上海最早建成的会展场所，现为全市主要的会议中心和展览场馆。古俄罗斯建筑风格，中央大厅矗立基地正中，顶部镏金钢塔金光灿烂，高达 110.4 米，超过当时上海最高的国际饭店。

27 马勒别墅（衡山马勒别墅饭店、共青团上海市委，全国重点文物保护单位、上海市优秀历史建筑）
马勒别墅占地 5200 平方米，是以英国商人马勒命名的一幢花园住宅。由 6 栋建筑组成，共 106 个房间，内部空间复杂。主楼共 3 层，外墙采用泰山面砖饰面，颇具特色。顶部有高度不等的 2 个四坡顶，东侧坡屋顶上设拱形凸窗，浮雕装饰，西侧坡屋顶造型较简洁，线条陡直。建筑群展现典型的挪威风格。层层叠叠的双坡屋顶和老虎窗交织在一起，形成宫殿建筑般的梦幻造型。

28 模范邨（上海市优秀历史建筑）
模范邨为行列式布局的新式里弄住宅，建筑沿道路排列整齐，造型简洁。建筑为平屋顶，立面构图强调横向线条，屋檐、窗套、阳台有简洁线脚装饰。

29 四明村（上海市优秀历史建筑）
建筑用途：居住建筑
地理位置：延安中路 913 弄
公共交通：轨道交通 2、7 号线，公交 48、49、71、311 路
停车场：巨鹿路停车场
设计：黄元吉
建成时间：1932 年
建筑面积：29150 平方米
建筑层数：3 层
建筑结构：砖木混合结构（部分砖混结构）
Si-Ming Cun
Construction purposes：Residence
Location：913 Yan-an Road（M）

31 蒲园（上海市优秀历史建筑）
建筑用途：居住建筑
地理位置：长乐路 570 弄
公共交通：公交 26、94、304 路，沪钱专线
停车场：巨鹿路停车场
设计：张玉泉
建成时间：1942 年
建筑面积：3460 平方米
建筑层数：3 层
建筑结构：砖木混合结构
Pu Yuan
Construction purposes：Residence
Location：Lane 570 Chang-le Road

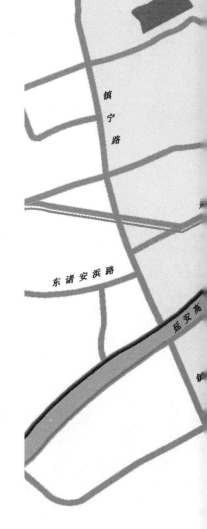

30 爱神花园（上海作家协会，上海市优秀历史建筑）
建筑用途：居住建筑（办公建筑）
地理位置：巨鹿路 675 号
开放时间及电话：9：00 ～ 17：00，021-54047175
公共交通：公交 26、94、304 路，沪钱专线
停车场：巨鹿路停车场
设计：邬达克（匈）
建成时间：1931 年
建筑面积：3216 平方米
建筑层数：2 层
建筑结构：砖混结构
Eros Garden（Shanghai Writers Association）
Construction purposes：Residence（Office）
Location：675 Julu Road

29 四明村（上海市优秀历史建筑）
原为四明银行宿舍，徐志摩、胡蝶等曾居于此，1928 ～ 1932 年先后分三批建造。新式石库门里弄住宅，行列式排列。有简化的石库门和较高的院墙，山墙有西式装饰，弄道上方有过街楼。

30 爱神花园（上海作家协会，上海市优秀历史建筑）
该建筑占地面积为 4000 平方米，绿化面积为 154 平方米。呈意大利文艺复兴风格，设计和施工都堪称一流。南立面设贯通两层的爱奥尼柱式门廊，底层为大青石平台，二层则是开敞式阳台，附有铸铁花饰栏杆。建筑布局为一大厅二厢房，内外对称、三段划分。南立面除门廊部分均为清水砖墙，楼上局部白色涂料饰面。窗饰有三角形、平拱、弧拱等多种样式，屋檐下有齿形带饰。

31 蒲园（上海市优秀历史建筑）
蒲园是位于长乐路（旧名蒲石路）的花园里弄住宅。有独立式、双毗连式两种，平行排列于弄道两侧。平缓的筒瓦四坡顶，浅黄色水泥拉毛墙面，螺旋形窗间柱，二层设挑阳台，呈现了西班牙式建筑风格。

03 静安寺地块图

02 静安寺交通枢纽

刘长胜故居　03 常德公寓

04 久光百货

城市航站楼

06 百乐门舞厅　05 静安寺

P 静安立体停车库

07 愚谷邨

静安寺广场

09 会德丰国际广场

10 嘉道理住宅

11 大胜胡同

汇丰银行

静安希尔顿酒店

12 海格公寓

蔡元培故居

17 巨鹿路花园住宅群

16 裕华新村

上海宾馆

13 衡华山大厦

静安广场

19 上海歌剧院

18 富民路长乐路住宅

20 法国会所

越洋广场

静安寺站

北京西路　南京西路

愚园东路

胶州路

宁波路

华山路

安义路

铜仁路

延安高架路

富民路　巨鹿路

乌鲁木齐北路

华山路

常熟路

长乐路

延庆路

常熟路站

恩堂

20　93

0、825、138、
3、921

坊

西路

宏恩医院

西楼

328、548、506、113、48

寓

长乐路

37、57、76、330、921　148

45、93、315、328

1、71、48、936

48、311、925

93、94
328、830

315、49、94、824

49

26

148

01 新恩堂（上海公共礼拜堂、基督教新教堂、上海基督教三自爱国运动委员会，上海市优秀历史建筑）
建筑用途：宗教建筑
地理位置：乌鲁木齐北路 25 号
开放时间及电话：主日崇拜：
周日 7：30 ～ 11：30、祷告会：
周三 7：30、读经班：周四 13：30，
021-62580451、62557499
公共交通：公交 20、93、328 路
停车场：静安立体停车库
设计：泰基工程司
建成时间：1939 年
建筑面积：955 平方米
建筑层数：2 层
建筑结构：砖木结构
New En Church（Shanghai International Church, New Christianity Church, National TSPM in Shanghai）
Construction purposes：Religion
Location：25 Ulumuqi Road（N）

01 新恩堂（上海公共礼拜堂、基督教新教堂、上海基督教三自爱国运动委员会，上海市优秀历史建筑）
美国学院派哥特式风格，拉丁十字教堂平面，立面与基督教景灵堂相似，人文价值和艺术价值较高。东西两个教堂均为二坡屋面，屋顶坡度较大，屋顶为尖券结构，开尖券窗，体现哥特建筑的神秘感。建筑外立面为清水砖墙，山墙及窗外轮廓有白色涂料带饰，外墙勒脚采用水泥粉刷。

02 静安寺交通枢纽

该项目是 2010 上海世博会交通配套工程之一，占地面积约为 20000 平方米，为静安寺地区重要的结合交通换乘、停车、分散人流与车流、商业配套等功能的综合交通枢纽。现代风格，造型简洁，运用曲线和退台的处理手法营造富有动感的建筑造型，通过玻璃幕墙与金属饰面的对比形成丰富的立面肌理。

03 常德公寓（爱林登公寓，上海市优秀历史建筑）

常德公寓占地面积 580 平方米。"装饰艺术"风格，立面强调横竖线条对比，造型简洁，局部装饰细腻。公寓结合地形建造，平面呈"凹"字形。每层 3 户，户型包括二室户和三室户。西面的长廊既为安全通道，又是服务阳台。底层和夹层布置 4 套跃层住宅，每套有小楼梯连通上下。著名女作家张爱玲曾经在这幢楼的 601 室生活 6 年多。

04 久光百货（九百城市广场）

九百城市广场是静安区中心重整改造计划的重要组成部分。总用地面积为 17000 平方米，建筑高度 53 米。在设计手法上，体现了现代美学的精粹，外形呈现出不规则的层次感，强调曲线的灵动和飘逸，透视效果明显。宜人的空间尺度、朝向南京路的大台阶，使其沿街立面富有层次与活力，形成亲切的商业氛围。建筑与静安公园的开放绿地相呼应，与相邻的静安寺相比较，形成鲜明的群体形象，同时自身也成为南京西路上一颗耀眼的明珠。

05 静安寺

静安寺相传始建于三国孙吴赤乌十年（247 年），初名沪渎重玄寺，寺址位于吴淞江边，唐代更名为永泰禅院，宋大中祥符元年（1008 年）始名静安寺。历史上，静安寺曾历经几度兴修。1983 年，国务院确定静安寺为汉族地区佛教全国重点寺庙之一，次年，成立静安古寺修复委员会，由上海市佛教协会副会长贾劲松居士主持，按历史原貌修复。是年，市人民政府又拨专款 30 万元。1990 年静安古寺修复工程基本完成，这是现今的静安寺。

02 静安寺交通枢纽
建筑用途：城市综合体
地理位置：愚园路、常德路西北角
开放时间及电话：尚未开放
公共交通：轨道交通 2、7 号线，公交 37、76 路
停车场：静安寺交通枢纽停车库
设计：华东建筑设计研究院·
建成时间：2010 年
建筑面积：126873 平方米
建筑层数：地上 19 层（商业楼）、7 层（商铺）、地下 3 层
建筑结构：钢筋混凝土框架结构
Jing'an Temple Hub
Construction purposes: Urban Complex
Location: Northwest to the Intersection of Yuyuan Road and Changde Road

04 久光百货（九百城市广场）
建筑用途：商业建筑
地理位置：南京西路 1618 号
开放时间及电话：10：00 ～ 22：30，021-32174838
公共交通：轨道交通 2、7 号线，公交 37、57、76、330、921 路
停车场：城市航站楼停车库
设计：美国捷得建筑师事务所 + 香港凯达柏涛有限公司 + 华东建筑设计研究院
建成时间：2004 年
建筑面积：94790 平方米
建筑层数：9 层
建筑结构：钢筋混凝土结构
Sogo（City Plaza）
Construction purposes: Commerce
Location: 1618 Nanjing Road（W）

03 常德公寓（爱林登公寓，上海市优秀历史建筑）
建筑用途：居住建筑
地理位置：常德路 195 号
公共交通：轨道交通 2、7 号线，公交 37、57、76、148 路
停车场：城市航站楼停车库
设计：不详
建成时间：1936 年
建筑面积：2663 平方米
建筑层数：8 层
建筑结构：钢筋混凝土结构
Changde Apartment（Eddington House）
Construction purposes: Residence
Location: 195 Changde Road

05 静安寺
建筑用途：宗教建筑
地理位置：南京西路 1686 号
开放时间及电话：7：30 ～ 15：45，021-62566366
公共交通：轨道交通 2、7 号线，公交 37、45、57、76、93、506、824 路
停车场：城市航站楼停车库
设计：华东建筑设计研究院（修复）
建成时间：相传 247 年始建、1990 年修复
建筑面积：18012 平方米
建筑层数：2 层
建筑结构：钢筋混凝土结构
Jing'an Temple
Construction purposes: Religion
Location: 1686 Nanjing Road（W）

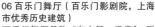

06 百乐门舞厅（百乐门影剧院，上海市优秀历史建筑）
建筑用途：商业建筑
地理位置：愚园路 218 号
开放时间及电话：13：00 ~ 1：30，
021-62550540
公共交通：轨道交通 2、7 号线，公交
20、93 路
停车场：百乐门停车库
设计：杨锡镠
建成时间：1934 年
建筑面积：2550 平方米
建筑层数：3 层
建筑结构：钢筋混凝土结构
Paramount Hall（Paramount Theater）
Construction purposes：Commerce
Location：218 Yuyuan Road

08 涌泉坊（上海市文物保护单位、上海市优秀历史建筑）
建筑用途：居住建筑
地理位置：愚园路 395 号
公共交通：公交 138、330、825、921、939 路
停车场：静安立体停车库
设计：杨润玉 + 杨元麟 + 周济之
建成时间：1936 年
建筑面积：6233 平方米
建筑层数：3 层
建筑结构：砖混结构
Bubbling Well Lane
Construction purposes：Residence
Location：395 Yuyuan Road

06 百乐门舞厅（百乐门影剧院，上海市优秀历史建筑）
百乐门舞厅号称"东方第一乐府"，现代"装饰艺术"风格。建筑立面强调垂直线条，转角入口处为构图中心。20世纪 90 年代东侧曾改建并加层。底层为厨房和店面。二层为舞池和宴会厅，最大的舞池面积约 500 平方米，周围有可任意分割的小舞池，最多可容纳千人同时跳舞。三层为旅馆。顶层有一圆筒形玻璃钢塔，当舞客准备离场时，由服务生在塔上发出信号，示意车夫从远处将汽车开到舞厅门口。

07 愚谷邨（上海市优秀历史建筑）
愚谷邨是建筑和环境质量均属上乘的新式里弄住宅，最初是为崇尚西欧生活的富裕阶层而建。位于静安区西部的乌鲁木齐北路与镇宁路之间。小区内道路东侧有 8 幢建筑，西侧有 9 幢建筑，均呈西班牙建筑风格。淡黄色水泥拉毛墙面，入口、檐口、窗框、阳台有线脚装饰，颇为细腻。

08 涌泉坊（上海市文物保护单位、上海市优秀历史建筑）
涌泉坊占地面积为 5300 平方米，是西班牙式 3 层新式里弄住宅群，弄底是陈楚湘住宅。弄口有过街楼，连接东西两侧房屋，西班牙城堡式立面。东西向沿街是长 50 米、高 14 米的一排房屋，屋顶坡度平缓，装饰红色西班牙筒瓦，各户小院的矮墙也以筒瓦压顶。圆拱门，房屋门窗旁有小圆柱装饰。

09 会德丰国际广场
会德丰国际广场位于南京西路和华山路交界处，在南京路商圈占据重要位置。大楼总高度为 270 米，成为新的"浦西第一楼"。主楼为纯写字楼，裙房为高级百货。大楼形体简洁，标准层平面呈菱形，由四个顶部呈一定角度的对称立面围合而成，表面覆盖玻璃幕墙，外观像一艘巨轮。

07 愚谷邨（上海市优秀历史建筑）
建筑用途：居住建筑
地理位置：愚园路 361 弄
公共交通：公交 138、330、825、921、939 路
停车场：城市航站楼停车库
设计：杨润玉 + 杨元麟
建成时间：1927 年
建筑面积：不详
建筑层数：3 层
建筑结构：砖木结构
Yu-gu Cun
Construction purposes：Residence
Location：Lane 361 Yuyuan Road

09 会德丰国际广场
建筑用途：城市综合体
地理位置：南京西路 1717 号
开放时间及电话：尚未开放
公共交通：轨道交通 2、7 号线，公交
45、93、315、328 路
停车场：会德丰国际广场停车库
设计：美国 KPF 建筑师事务所
建成时间：2010 年
建筑面积：106609 平方米
建筑层数：地上 54 层、地下 3 层
建筑结构：钢结构
Wheelock Square
Construction purposes：Urban Complex
Location：1717 Nanjing Road（W）

10 嘉道理住宅（大理石大厦、中国福利会少年宫，上海市优秀历史建筑、上海市文物保护单位）

嘉道理住宅为法国建筑式样，高贵典雅。占地面积为15000平方米。对称布局，横向三段式构图，建筑前有宽阔的草坪和园地。房屋内部装修仿18世纪欧洲宫廷模式，极其奢华。内外墙面及地坪采用意大利大理石铺面，中央入口处有爱奥尼式大理石柱廊。建筑内部一层有会客厅、休息室、娱乐室等。二楼为卧室，各卧室装修、色彩都不相同，并配有浴室、卫生间。三楼为仓库、佣人卧室等。

11 大胜胡同（上海市优秀历史建筑）

大胜胡同是环境幽雅的大型新式里弄住宅群，也是上海罕见的被称之为胡同的弄堂。建筑风格为法式里弄住宅，共有3层朝南的砖木结构房屋116幢，呈行列式排列。建筑群依弯曲的南北街道布置，自然排列，空间变化丰富。山墙临街，底层为商铺，形成风格统一的建筑群体。外墙为水泥拉毛饰面，窗口等部位有清水红砖边饰，体现"装饰艺术"风格。

12 海格公寓（静安宾馆，上海市优秀历史建筑）

建筑为西班牙风格与装饰风格相结合。红色筒瓦，缓坡屋檐，水泥砂浆拉毛墙面，基部石材贴面，建筑整体显得肃静尊贵。立面采用对称式构图，中部及两端设凹阳台，入口设石拱券门廊，加强了建筑立面的虚实对比。门内有大楼梯直达二层门厅，气派非凡。1992年加建两层。

13 御华山大厦

立面简洁，现代主义建筑风格。主楼通透的玻璃幕墙和裙房稳重的石材饰面形成鲜明对比，使简洁的建筑外观富有感染力。内部有52套面积在327～737平方米之间的超大规模公寓，每层层高3.3米。整栋楼采用全玻璃可呼吸式节能幕墙，拥有360°无遮挡环城视野，每个角度均具有良好的景观。

10 嘉道理住宅（大理石大厦、中国福利会少年宫，上海市优秀历史建筑、上海市文物保护单位）
建筑用途：居住建筑（教育建筑）
地理位置：延安西路64号
开放时间及电话：9:00～16:30，
021-62481850
公共交通：轨道交通2、7号线，公交48、311、925路
停车场：静安立体停车库
设计：斯金生（英）
建成时间：1924年
建筑面积：3300平方米
建筑层数：3层
建筑结构：砖木石混合结构
Kadoorie Residence（Marble House, Children's Place of China Welfare Institute）
Construction purposes：Residence（Education）
Location：64 Yan-an Road（W）

12 海格公寓（静安宾馆，上海市优秀历史建筑）
建筑用途：居住建筑（商业建筑）
地理位置：华山路370号
开放时间及电话：全天，021-62480088、62482657
公共交通：轨道交通2、7号线，公交93、94、328、830路
停车场：静安广场停车库
设计：美商哈沙德洋行
建成时间：1934年
建筑面积：10840平方米
建筑层数：11层
建筑结构：钢筋混凝土结构
Haig Court（Jing An Hotel）
Construction purposes：Residence（Commerce）
Location：370 Huashan Road

11 大胜胡同（上海市优秀历史建筑）
建筑用途：居住建筑
地理位置：华山路229～285弄
公共交通：轨道交通2、7号线，公交93、94、328、830路
停车场：静安广场停车库
设计：德拉蒙德（神父）
建成时间：1936年
建筑面积：22706平方米
建筑层数：3层
建筑结构：砖木结构
Da Sheng Alley
Construction purposes：Residence
Location：Lane 229-285 Huashan Road

13 御华山大厦
建筑用途：居住建筑
地理位置：华山路328号
公共交通：轨道交通2、7号线，公交49、94、315、824路
停车场：御华山大厦停车库
设计：大元联合建筑师事务所
建成时间：2009年
建筑面积：25000平方米
建筑层数：地上39层、地下3层
建筑结构：钢筋混凝土结构
Yu-huashan Apartment
Construction purposes：Residence
Location：328 Huashan Road

14 宏恩医院（华东医院 10 号楼，上海市文物保护单位、上海市优秀历史建筑）
建筑用途：医疗建筑
地理位置：延安西路 221 号
开放时间及电话：全天，021-62483180、62484867
公共交通：公交 48、113、328、506、548 路
停车场：静安广场停车库
设计：邬达克（匈）
建成时间：1926 年
建筑面积：10649 平方米
建筑层数：6 层
建筑结构：钢筋混凝土框架结构
Country Hospital（Building 10 of East China Hospital）
Construction purposes：Hospital
Location：221 Yan-an Road（W）

16 裕华新村（上海市优秀历史建筑、上海市文物保护单位）
建筑用途：居住建筑
地理位置：富民路 182 弄
公共交通：公交 15、45、48、57 路
停车场：静安广场停车库
设计：徐敬直 + 杨润均 + 李惠伯
建成时间：1938 年
建筑面积：3434 平方米
建筑层数：3 层
建筑结构：砖木混合结构
Yu hua Village
Construction purposes：Residence
Location：Lane182 Fumin Road

15 熊佛西楼（上海戏剧学院熊佛西楼，上海市优秀历史建筑）
建筑用途：居住建筑（文化建筑）
地理位置：华山路 630 号
开放时间及电话：全天，021-64800099
公共交通：公交 48、113、328、506、548 路
停车场：上海宾馆停车库
设计：不详
建成时间：1903 年（清光绪二十九年）
建筑面积：1200 平方米
建筑层数：2 层
建筑结构：砖木混合结构
Xiong-fo West Building（Xiong-fo West Building of Shanghai Theatre Academy）
Construction purposes：Residence（Culture）
Location：630 Huashan Road

17 巨鹿路花园住宅群（上海市优秀历史建筑）
建筑用途：居住建筑（商业建筑）
地理位置：巨鹿路 849 ~ 863 号、889 弄、899 弄
公共交通：公交 45、49、93、94、148 路
停车场：静安广场停车库
设计：不详
建成时间：1930 年
建筑面积：不详
建筑层数：3 层
建筑结构：砖木混合结构
Garden House in Julu Road
Construction purposes：Residence（Commerce）
Location：849-863/Lane 899/Lane899 Julu Road

14 宏恩医院（华东医院 10 号楼，上海市文物保护单位、上海市优秀历史建筑）
主体建筑为一座平面呈"工"字形的医院大楼，占地面积为 2300 平方米。建筑形象完整，特点鲜明，内部装修考究，设施齐全。现医院由南楼、北楼和门诊楼 3 部分组成。南楼为病房主用楼。北楼为医务主楼。南、北楼之间设门诊楼（长 18 米、宽 10.5 米）连接。强调平面和立面的严谨对称，体现欧洲文艺复兴时期建筑的形式特征。

15 熊佛西楼（上海戏剧学院熊佛西楼，上海市优秀历史建筑）
该保护建筑共有东、西两幢楼，两楼风格迥异。西楼为欧式风格的清水砖墙建筑，大量采用砖雕装饰，通过红砖和青砖的相间堆砌形成具有特色的建筑外观。东楼建筑为殖民地风格的外廊建筑，清水砖墙，缓坡屋顶，屋面设有老虎窗，四周有开敞的列柱围廊和稳重的建筑基座。外廊采用带斜撑的木柱支撑。在 2001 年的大修中内部结构及功能均有变动。建筑立面以复原为主。歇山屋顶，铺设机制粘土红平瓦，在南北屋面上各开两个老虎窗。

16 裕华新村（上海市优秀历史建筑、上海市文物保护单位）
半独立式花园里弄住宅，建筑外观具有美国建筑大师赖特的设计特色，属现代主义建筑风格。平缓的坡屋顶，外墙为棕色面砖和水泥砂浆饰面，仿照烟囱设计的通风道凸出屋面，表现块面、线条的组合与对比。每幢宅前设有小花园。

17 巨鹿路花园住宅群（上海市优秀历史建筑）
巨鹿路花园住宅群（849 ~ 863 号及 899 弄内）占地面积 25000 平方米，共 10 幢双拼花园洋房，现用于巨鹿路欧洲风情街项目商业开发。巨鹿路 889 号住宅共有 9 幢。现主要为部队用房、居民住宅、单位用房等。建筑群以建于 1930 年代的英式风格联体花园别墅为主，建筑风格大同小异，陡坡屋顶，山墙局部有外露木构架，主入口以柱廊装饰，整体风貌比较统一。

18 富民路长乐路住宅（上海市优秀历史建筑）

福新烟草工业公司建造，英式风格花园里弄住宅。沿街分为前后两排，建筑单体双开间，南立面的西侧开间向前凸出，红瓦双坡屋顶，山墙局部有露明木构架，东侧屋顶设有棚式老虎窗。

19 上海歌剧院（中央储备银行，上海市优秀历史建筑）

新古典主义建筑风格。主立面对称构图，二层和三层檐口外挑，檐下有几何图案纹样，共同构成水平向装饰带。平屋顶，上有小型屋顶花园。立面开窗方正，中规中矩，窗框为简单几何形状，窗下外墙局部凸出成为窗台或小露台。主入口处有几何线脚装饰，略显突出，立面细部体现"装饰艺术"特征。内部天穹绘有精美图案。

20 法国会所（华山医院 5 号楼，上海市优秀历史建筑）

原为中国红十字医院（1904 年沈敦和等创办万国红十字会，后改为中国红十字会，所属的大清医院、上海哈佛医院、武汉庞氏医院于 1907 年合并，建此医院）。古典主义风格，竖向三段式构图，层间有水平线脚装饰，做工考究。立面开拱券窗，有壁柱。红砖砌成精美图案，层次分明。

21 枕流公寓（上海市优秀历史建筑）

西班牙式公寓大楼。平面呈曲尺形，变化丰富。地下室有游泳池。主入口朝北，与南门贯通，中为门厅，内设电梯、服务台等。东北角有车库，每层有 5 ～ 7 户。其中一至五层有使用面积 80 平方米的两室户、100 平方米的三室户、150 平方米的四室户。六至七层为跃层，套间居室，主仆分道出入，这种布局在当时的上海极少见。建筑和装修质量在 20 世纪 30 年代均属高档。许多文化界名人曾在此居住，电影明星周璇从 1932 年便入住枕流公寓，直至 1957 年去世。

18 富民路长乐路住宅（上海市优秀历史建筑）
建筑用途：居住建筑
地理位置：富民路 210 弄 2 ～ 14 号，长乐路 752 ～ 762 号
公共交通：公交 49、94、315、824 路
停车场：静安广场停车库
设计：陈植
建成时间：1934 年
建筑面积：1923 平方米
建筑层数：3 层
建筑结构：砖木混合结构
Changle Road and Fumin Road Residence
Construction purposes：Residence
Location：2-14,Lane 210 Fumin Road/752-762 Changle Road

19 上海歌剧院（中央储备银行，上海市优秀历史建筑）
建筑用途：办公建筑
地理位置：常熟路 100 弄 10 号
开放时间及电话：周一～周五
9：00 ～ 17：00，021-62491465
公共交通：公交 49、94、148、315、824 路
停车场：静安广场停车库
设计：陈蜀生
建成时间：1936 年
建筑面积：不详
建筑层数：3 层
建筑结构：钢筋混凝土结构
Shanghai Opera House（Central Reserve Bank）
Construction purposes：Office
Location：10 Lane 100 Changshu Road

20 法国会所（华山医院 5 号楼，上海市优秀历史建筑）
建筑用途：居住建筑（医疗建筑）
地理位置：乌鲁木齐中路 12 号
开放时间及电话：全天，021-52133818、62498866
公共交通：公交 48、113、328、506、548 路
停车场：上海宾馆停车库
设计：不详
建成时间：1910 年（清宣统二年）
建筑面积：1029 平方米
建筑层数：2 层
建筑结构：砖木混合结构
French Club（Building 5 of Huashan Hospital）
Construction purposes：Residence（Hospital）
Location：12 Wulumuqi Road（M）

21 枕流公寓（上海市优秀历史建筑）
建筑用途：居住建筑
地理位置：华山路 699 号、731 号
公共交通：公交 48、113、328、506、548 路
停车场：上海宾馆停车库
设计：美商哈沙德洋行
建成时间：1930 年
建筑面积：7300 平方米
建筑层数：地上 7 层、地下 1 层
建筑结构：钢筋混凝土框架结构
Brookside Apartment
Construction purposes：Residence
Location：699/731 Huashan Road

普陀区

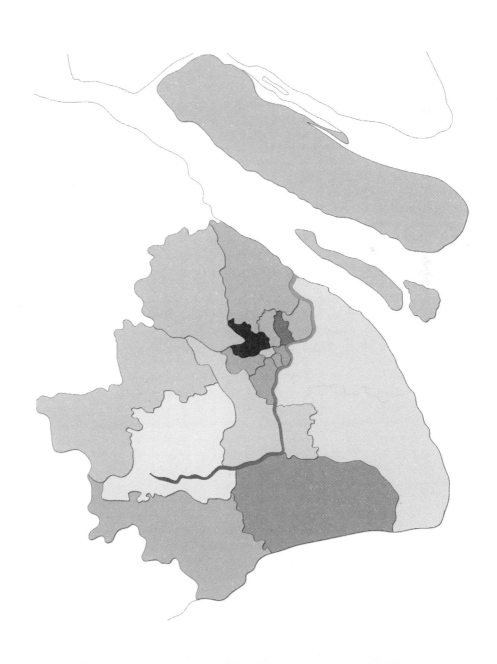

普陀区区域图

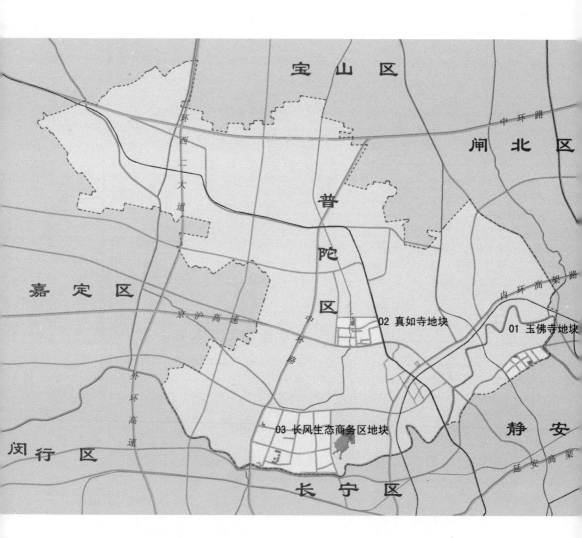

01 玉佛寺地块图

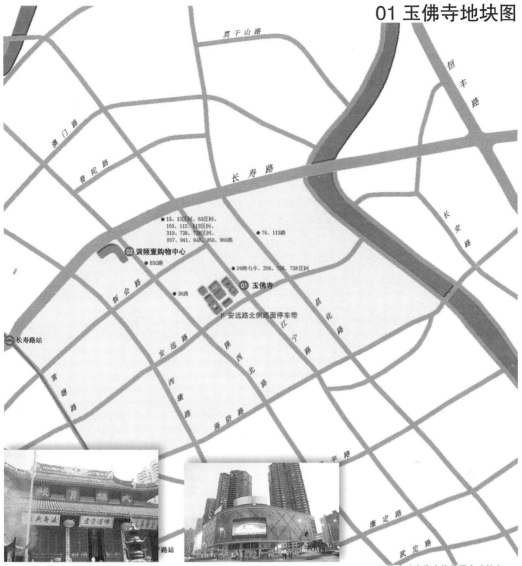

01 玉佛寺（上海市优秀历史建筑）

建筑用途：宗教建筑
地理位置：江宁路999号、安远路170号
开放时间及电话：8：00～16：30，021-62665596
公共交通：轨道交通1、7号线，公交13、13区间、19、36、63区间、76、105、112、112区间、113、206、319、738区间、837、941、948、950、966路
停车场：安远路北侧路面停车带（安远路陕西北路）
设计：不详
建成时间：1882年（清光绪八年）
建筑面积：8856平方米
建筑层数：2层
建筑结构：砖木结构
Yufo Temple
Construction purposes：Religion
Location：999 Jangning Road, 170 Anyuan Road

02 调频壹购物中心

建筑用途：商业建筑
地理位置：长寿路155号
开放时间及电话：10：00～23：00，021-31315151
公共交通：公交13、13区间、19、36、63区间、76、105、112、112区间、113、206、319、738、738区间、837、941、948、950、966路
停车场：调频壹购物中心停车库
设计：现代都市建筑设计院
建成时间：2008年
建筑面积：50000平方米
建筑层数：6层
建筑结构：钢筋混凝土框架结构
Channel One
Construction purposes：Commerce
Location：155 Changshou Road

01 玉佛寺（上海市优秀历史建筑）

作为上海十大景区之一的玉佛寺，是闻名中外的佛教寺院。建筑群沿中轴线轴对称分布，单体为仿宋宫殿式。中轴线上依次有大照壁、天王殿、大雄宝殿、般若丈室（上为玉佛楼和藏经楼）。东山门以东，依次为上海市佛教协会、观音殿、上海佛学院、禅堂、五观堂和素斋部。西山门以西，依次为客堂、寺务处、库房、铜佛殿、卧佛殿、法物流通处、上客堂和乐志堂等。体量庞大，井然有序。

02 调频壹购物中心

Channel One 是上海首家面向80后年轻消费群体的全新一站式大型购物广场。它融入"室内街头文化"和"社交主题"，把时尚、艺术、消费合为一体。中心内设有许多具有社交功能的空间。在高层林立、立面单一的大都市，Channel One 标志性的镂空天顶和舒展倾斜的立面呈现出独特的风采。

02 真如寺地块图

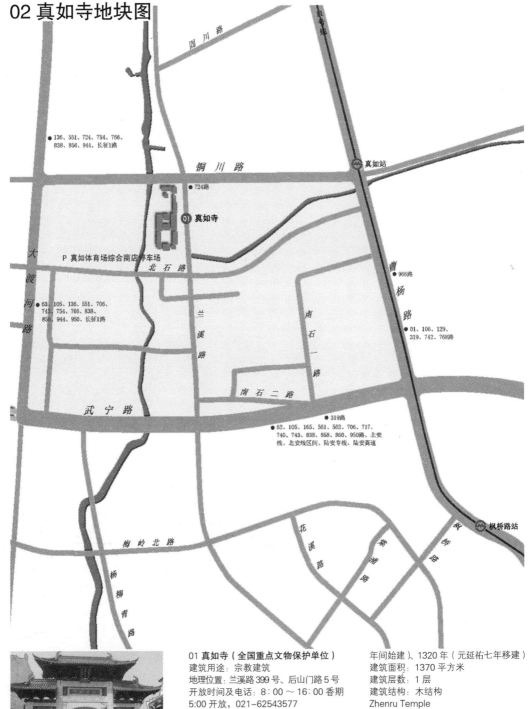

136、551、724、754、766、838、856、944、长征1路

铜川路

724路

真如站

01 真如寺

P 真如体育场综合商店停车场

北石路

966路

63、105、136、551、706、743、754、766、838、856、944、950、长征1路

兰溪路

南石一路

01、106、129、319、742、768路

曹杨路

南石二路

319路

武宁路

62、105、165、561、562、706、717、740、743、838、858、860、950路、北安线、北安线区间、陆安专线、陆安高速

枫桥路站

梅岭北路

花溪路

桑浦路

枫桥路

杨柳青路

01 真如寺（全国重点文物保护单位）
建筑用途：宗教建筑
地理位置：兰溪路399号、后山门路5号
开放时间及电话：8：00 ～ 16：00 香期
5:00 开放，021–62543577
公共交通：轨道交通 11 号线，公交
01、62、63、105、106、129、136、
165、319、551、562、706、717、
724、740、742、743、754、766、
768、838、856、858、860、944、
950、966、长征 1 路、北安线、北安
线区间、陆安专线、陆安高速
停车场：真如体育场综合商店停车场
设计：不详
建成时间：1208 ～ 1224 年（南宋嘉定

年间始建）、1320 年（元延祐七年移建）
建筑面积：1370 平方米
建筑层数：1 层
建筑结构：木结构
Zhenru Temple
Construction purposes：Religion
Location：399 Lanxi Road, 5
Houshanmen Road

01 真如寺（全国重点文物保护单位）
真如寺现主要建筑有山门、天王殿、大雄
宝殿、观音殿等。大雄宝殿为元延祐七
年（公元 1320 年）所建，历经 600 余
年沧桑，至今仍保持着元朝寺院建筑风
貌，面宽、进深皆 3 间，内部构造极复杂。

03 长风生态商务区地块图

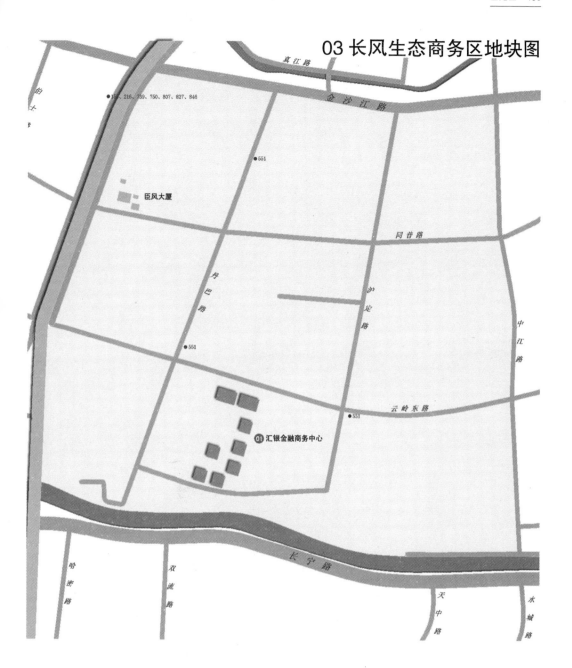

01 汇银金融商务中心（汇银铭尊）
建筑用途：办公建筑（住宅建筑）
地理位置：云岭东路 599 弄
开放时间及电话：9：00 ～ 17：00，
021-52652222
公共交通：轨道交通 2 号线，公交 551 路
停车场：汇银金融商务中心停车库
设计：大原建筑设计咨询（上海）有限
公司＋马建国际建筑设计
建成时间：2009 年
建筑面积：187460 平方米
建筑层数：地上 16 ～ 18 层
建筑结构：钢筋混凝土框架结构、框剪
结构

Huiyin Financial Business Center
（MIENZONE）
Construction purposes：Office
（Residence）
Location：Lane 599 Yunling Road（E）

01 汇银金融商务中心（汇银铭尊）
汇银铭尊位于长风生态商务区核心位
置，包括 5 栋甲级写字楼、3 栋酒店
式公寓。采用 Art Deco 风格，外立面
搭配玻璃穹顶、玻璃幕墙。整层大尺
度开阔空间有利于灵活运用，并可创
造出流动的、富于人性化的现代办公
空间。

闸北区

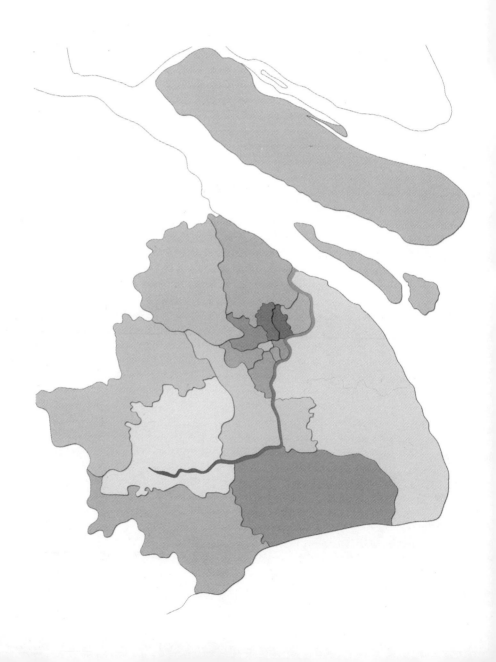

闸北区区域图

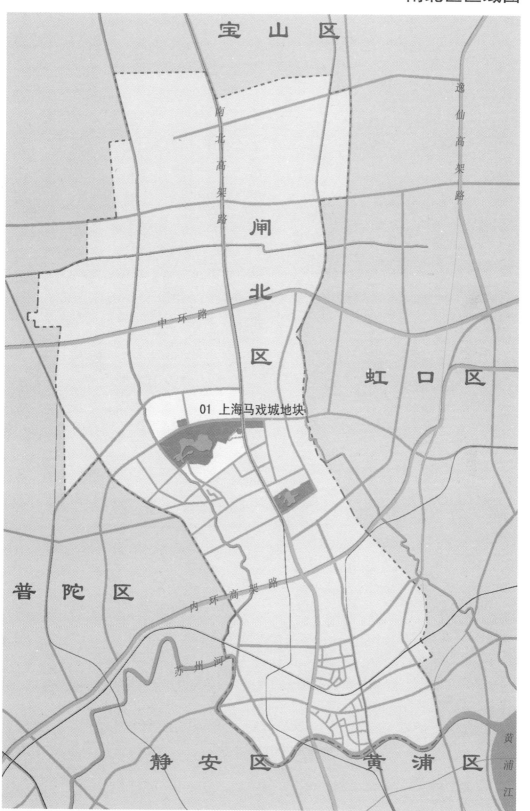

01 上海马戏城地块图

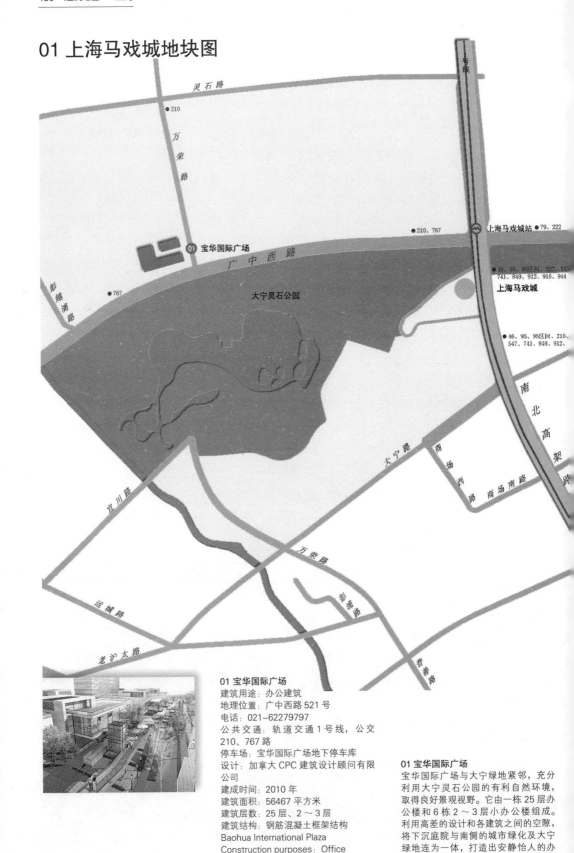

01 宝华国际广场
建筑用途：办公建筑
地理位置：广中西路 521 号
电话：021-62279797
公共交通：轨道交通 1 号线，公交
210、767 路
停车场：宝华国际广场地下停车库
设计：加拿大 CPC 建筑设计顾问有限
公司
建成时间：2010 年
建筑面积：56467 平方米
建筑层数：25 层、2～3 层
建筑结构：钢筋混凝土框架结构
Baohua International Plaza
Construction purposes：Office
Location：521 Guangzhong Road（W）

01 宝华国际广场
宝华国际广场与大宁绿地紧邻，充分
利用大宁灵石公园的有利自然环境，
取得良好景观视野。它由一栋 25 层办
公楼和 6 栋 2～3 层小办公楼组成。
利用高差的设计和各建筑之间的空隙，
将下沉庭院与南侧的城市绿化及大宁
绿地连为一体，打造出安静怡人的办
公环境。

虹口区

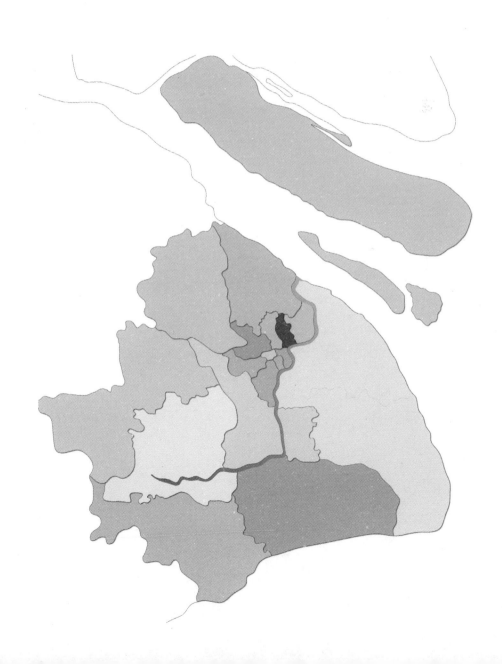

虹口区区域图

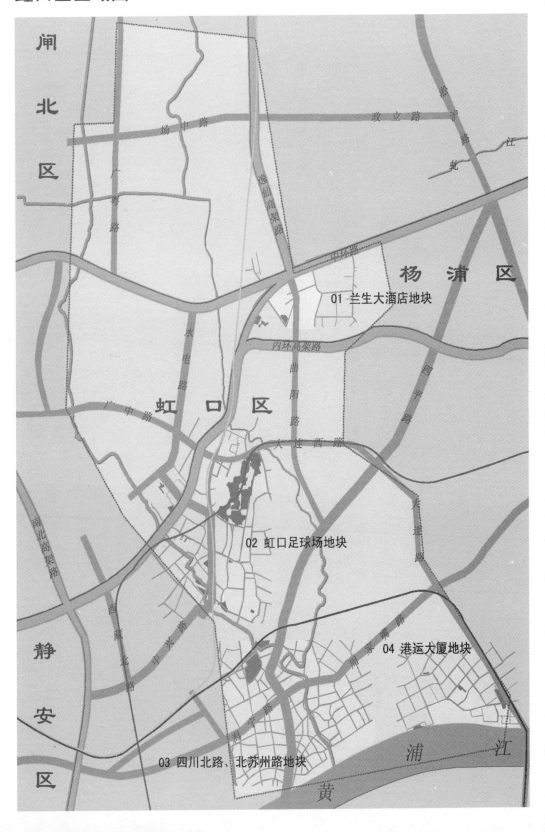

闸北区

闸北区

杨浦区

虹口区

静安区

01 兰生大酒店地块

02 虹口足球场地块

04 港运大厦地块

03 四川北路、北苏州路地块

黄浦江

01 兰生大酒店地块图

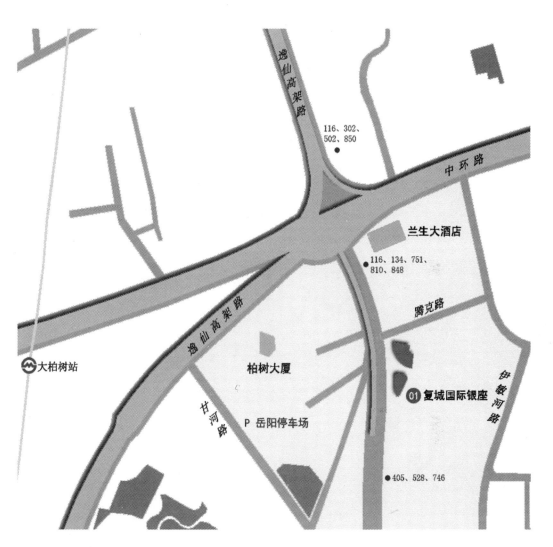

逸仙高架路

116、302、502、850

中环路

兰生大酒店

116、134、751、810、848

腾克路

柏树大厦

伊敏河路

大柏树站

甘河路

P 岳阳停车场

01 复城国际银座

405、528、746

01 复城国际银座
建筑用途：办公建筑
地理位置：曲阳路910号
开放时间及电话：9:00～11:00,
021-62669696
公共交通：轨道交通3号线，公交
405、528、746路
停车场：复城国际银座停车库
设计：上海中星志成建筑设计有限公司
建成时间：2008年
建筑面积：45417平方米
建筑层数：北侧部分21层、南侧部分
12层
建筑结构：框架结构
Fucheng International
Construction purposes：Office
Location：910 Quyang Road

01 复城国际银座
复城国际银座包括两幢写字楼，北侧建筑21层，南侧建筑12层。建筑平面形态结合地形布置，南侧建筑采用带圆角的三角形平面，建筑体型较规整，北侧建筑平面将折线与弧线相结合。造型上突出体块的拼合感，更具表现力。两座塔楼通过相同材质与弧线的应用形成风格统一的整体。

02 虹口足球场地块图

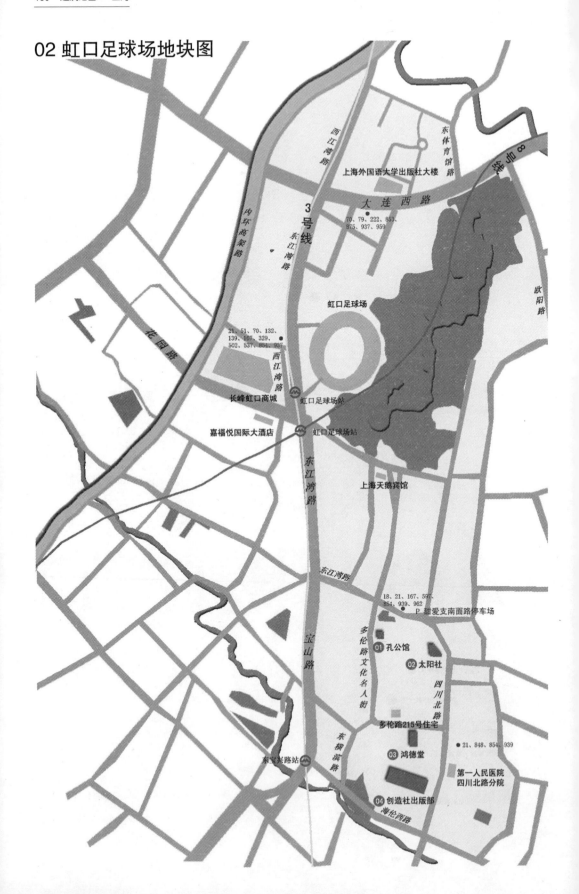

西江湾路

东体育会路

上海外国语大学出版社大楼

大连西路

70、79、222、853、875、937、959

3号线

内环高架路

东江湾路

欧阳路

虹口足球场

花园路

21、51、70、132、139、167、329、502、537、854、937

西江湾路

长峰虹口商城

虹口足球场站

嘉福悦国际大酒店

虹口足球场站

东江湾路

上海天鹅宾馆

东江湾路

18、21、167、597、854、939、962

P 甜爱支南面路停车场

宝山路

多伦路文化名人街

01 孔公馆

02 太阳社

四川北路

多伦路215号住宅

21、848、854、939

东横滨路

东宝兴路站

03 鸿德堂

第一人民医院四川北路分院

04 创造社出版部

溧伦西路

01 孔公馆（海军 411 医院，上海市优秀历史建筑、上海市文物保护单位）
建筑用途：居住建筑（医院建筑）
地理位置：多伦路 250 号
公共交通：轨道交通 3、8 号线，公交 18、21、167、597、854、939、962 路
停车场：甜爱支南面路停车场
设计：不详
建成时间：1924 年
建筑面积：637 平方米
建筑层数：2 层
建筑结构：砖木结构
Building Name：Former Residence of Kong Xiangxi（Naval Hospital 411）
Construction purposes：Residence（Hospital）
Location：250 Duolun Road

03 鸿德堂（上海市优秀历史建筑）
建筑用途：宗教建筑
地理位置：多伦路 59 号
开放时间及电话：周日 7：00、9：30、19：00，021-56961196
公共交通：公交 21、848、854、939 路
停车场：第一人民医院四川北路分院停车场
设计：黄元吉
建成时间：1928 年
建筑面积：700 平方米
建筑层数：2 层
建筑结构：砖混结构
Hong De Tang
Construction purposes：Religion
Location：59 Duolun Road

01 孔公馆（海军 411 医院，上海市优秀历史建筑、上海市文物保护单位）
阿拉伯伊斯兰建筑风格，原为孔祥熙寓所，平面呈扇形，由主楼、辅楼部分组成。转角处的弧形为立面构图中心，左右立面对称，东北部屋顶上设有方亭。主入口设在转角弧形处，有一石制牛腿支撑的小阳台，略显局促。门窗洞口为马蹄形拱券，细部及立柱表面装饰复杂精美，采用阿拉伯纹案浮雕。

02 太阳社（丰乐里）
早期广式石库门建筑，坐西朝东，单开间。清水砖墙，红砖装饰带镶嵌在青砖墙上，具有质朴的美感。门头为半圆形拱券，雕花与线脚精美。主入口拱券上装饰有券心石。旧址原为"苏广成衣铺"，楼下是营业部，楼上即太阳社成立初期活动地点。1928 年 1 月，蒋光慈、孟超等根据瞿秋白的指示，在此发起成立了太阳社，主要成员有林伯修、洪灵菲、楼适夷、任钧、殷夫等。与此同时创办了《太阳月刊》。

03 鸿德堂（上海市优秀历史建筑）
教堂平面呈长方形，底层设小厅，办修德小学。二层大厅为巴西利卡式，为礼拜专用。入口处为方形钟楼，重檐攒尖顶、清水砖墙，局部有仿木构架的水泥圆柱，檐口绘有彩画。建筑外观主要为中国传统建筑风格，局部处理中西掺杂，是上海惟一一座中国传统建筑风格的基督教堂。

04 创造社出版部
坐北朝南的联排式新式里弄建筑。立面采用连续券柱式构图，多种券式混合使用，设券心石。壁柱上有简化的柱头。一层下部为桃红色粉刷墙面，二层清水砖墙。坡屋顶，上开老虎窗，檐口做层叠式处理。创造社出版部于 1926 年 4 月成立，1928 年 1 月迁于此。

02 太阳社（丰乐里）
建筑用途：办公建筑（居住建筑）
地理位置：四川北路 1999 弄 32 号
公共交通：轨道交通 3、8 号线，公交 18、21、167、597、854、939、962 路
停车场：甜爱支南面路停车场
设计：不详
建成时间：1916 年
建筑面积：242 平方米
建筑层数：2 层
建筑结构：砖木结构
Sun Press（Fengle District）
Construction purposes：Office（Residence）
Location：32 Lane 1999 Sichuan Road（N）

04 创造社出版部
建筑用途：办公建筑（居住建筑）
地理位置：四川北路 1811 弄 41 号
公共交通：公交 21、848、854、939 路
停车场：第一人民医院四川北路分院停车场
设计：不详
建成时间：1911 年（清宣统三年）
建筑面积：229 平方米
建筑层数：2 层
建筑结构：砖木结构
The Publishing Division
Construction purposes：Office（Residence）
Location：41 Lane 1811 Sichuan Road（N）

03 四川北路 · 北苏州路地块图

01 虹光大戏院（广东大戏院、群众影剧院，上海市优秀历史建筑）
建筑用途：观演建筑
地理位置：四川北路 1552 号
开放时间及电话：10：00 ～ 24：00，
021-63243446
公共交通：轨道交通 10 号线，公交
21、65、167、848、854、928 路
停车场：虹口商城停车库
设计：不详
建成时间：1930 年
建筑面积：1765 平方米
建筑层数：5 层
建筑结构：砖混结构
Avision Theatre（Guangdong Theatre,
Public Theater）
Construction purposes：Performance
Location：1552 Sichuan Road（N）

02 虹口救火队（虹口救火会大楼，上海市优秀历史建筑）
建筑用途：办公建筑
地理位置：吴淞路 560 号
开放时间及电话：不对外开放
公共交通：轨道交通 10 号线，公交
21、65、167、848、854、928 路
停车场：虹口商城停车库
设计：公共租界工部局打样间
建成时间：1917 年
建筑面积：4400 平方米
建筑层数：3 层
建筑结构：砖混结构
Hongkou Fire Squadron（Hongkou
Fire Station Building）
Construction purposes：Office
Location：560 Wusong Road

03 19叁Ⅲ老场坊（上海工部局宰牲场，上海市优秀历史建筑）

建筑用途：展览建筑（工业建筑）
地理位置：沙泾路 10 号
开放时间及电话：9:00 ～ 22:00，
021-65011933
公共交通：公交 6、13、17、220、319、510 路
停车场：1933 老场坊停车场
设计：巴尔弗斯（英、原始设计）+ 中元国际工程设计研究院（改造设计）
建成时间：1933 年（始建）、2007 年（改造）
建筑面积：31700 平方米
建筑层数：5 层
建筑结构：钢筋混凝土结构
Shanghai 1933 (Shanghai Municipal Committee Butcher's Plant)
Construction purposes：Exhibition (Industrial)
Location：10 Shajing Road

03 19叁Ⅲ老场坊（上海工部局宰牲场，上海市优秀历史建筑）

19叁Ⅲ老场坊是当时现代化程度最高、规模最大的工业生产厂房，曾被誉为"远东第一宰牲场"。主体建筑结构是东、南、西、北 4 幢高低不一的钢筋混凝土楼房围成的四方形厂区，正中是一座 24 边形的主楼，与旁边四座楼房通过楼道相连，使整个平面成"回"字形。各楼之间上下交错，廊道盘旋，结构复杂，却秩序分明。采用了当时非常先进的"无梁楼盖"、"伞形柱"、旋转坡道等施工技术，具有强烈的视觉冲击力。底层墙基用花岗石砌筑，沿街立面的窗均为花纹精美的镂空小方窗，具有古罗马帝国时期巴西利卡风格。

04 西本愿寺（梦幻柔情舞厅，上海市优秀历史建筑）

仿日本西本愿寺式样，带有印度佛教建筑特征，与东京的筑地本愿寺亦有几分相似之处。马蹄形的拱形大厅，沿街山墙有装饰复杂的大拱形券面。券上饰莲瓣浮雕，券下饰禽鸟浮雕，再下为三行莲花浮雕。北面有拱券门厅，拱券立面饰半圆形浮雕。

05 海宁大楼（中国银行虹口分行大楼、工商银行，上海市优秀历史建筑）

建筑形态受地形限制明显，平面沿街呈"一"字形，形态单薄，南面临路口处设计为弧形转角，上有几何形塔楼。建筑下部有水平向装饰带，上部转化为突出竖向线条。外立面采用花岗岩和泰山毛面砖贴面，局部采用几何形装饰。

04 西本愿寺（梦幻柔情舞厅，上海市优秀历史建筑）

建筑用途：宗教建筑（商业建筑）
地理位置：乍浦路 455 号
公共交通：轨道交通 3、4、10 号线，公交 21、65、167、848、854、928 路
停车场：乍浦路停车场
设计：冈野重久（日）
建成时间：1931 年
建筑面积：407 平方米
建筑层数：1 层
建筑结构：砖木结构
Benyuan Temple West (Dream and Tenderness Ballroom)
Construction purposes：Religion (Commerce)
Location：455 Zhapu Road

05 海宁大楼（中国银行虹口分行大楼、工商银行，上海市优秀历史建筑）

建筑用途：办公建筑
地理位置：四川北路 894 号
开放时间及电话：9:00 ～ 17:00，
021-65559999
公共交通：轨道交通 3、4、10 号线，公交 21、65、167、848、854、928 路
停车场：乍浦路停车场
设计：陆谦受 + 吴景奇
建成时间：1932 年
建筑面积：5858 平方米
建筑层数：7 层
建筑结构：钢筋混凝土框架结构
Haining Building (Hongkou Branch of Bank of China Building, Industrial and Commerce Bank)
Construction purposes：Office
Location：894 Sichuan Road (N)

01 虹光大戏院（广东大戏院、群众影剧院，上海市优秀历史建筑）

现代建筑风格，局部带有"装饰艺术"特征。坐东朝西，整体平面呈扇形。主立面对称构图，中部白色粉刷，两侧褐色面砖贴面，檐部有水平线脚装饰。三层出挑阳台，南侧裙房转角处设计为曲面。1995 年大修，成为一个集戏剧演出、电影、游戏游乐、咖啡屋于一体的多功能影剧院。

02 虹口救火队（虹口救火会大楼，上海市优秀历史建筑）

该建筑为文艺复兴风格。占地面积为 2660 平方米。平面转角处为凹弧形，留出前场空间。立面对称，底层及阳台内墙为仿石墙面，其余为清水红砖墙面。中部底层开 4 扇大门，用作消防车库。二三层有通长内阳台。屋顶有一方形塔楼，上部为六边形瞭望台，能望至控江路、五角场。

06 雷士德工学院（上海海员医院，上海市优秀历史建筑）

建筑平面为"Y"字形，坐北朝南，"装饰艺术"风格。主入口为尖券门廊，上为露肋半圆形穹顶塔楼，建筑基部采用石砌勒脚，墙体采用淡棕色面砖，上部女儿墙作折线状起伏。外观壮观华丽，内部装饰考究，设备齐全。楼前辟有小型庭园，有假山、喷水池、小亭和多种花卉。楼内除教室以外，还设有各种工场和实验室、大礼堂、图书室、博物室、校长教职员办公与备课室、教师与学生食堂及厨房等。

07 河滨公寓（上海市优秀历史建筑）

占地面积为7000平方米，为20世纪30年代上海单体建筑总面积最大的公寓住宅楼。其"S"字形的平面形状设计极富特色，通风和采光效果均好。该大楼原为7层，1978年加建了3层。底层及第一层为店铺或写字间，二至七层为公寓，底层还建有一座设备齐全的游泳池，池长15.5米，宽9米，深2.1米。立面为现代建筑风格，门窗、栏杆细部简洁。

08 上海邮政大楼（上海市邮电管理局，上海市优秀历史建筑、全国重点文物保护单位）

占地面积为10000平方米。平面呈"U"形，沿道路周边式布局。古典主义风格，主立面环绕贯通3层的科林斯柱式。东南转角处矗立着一座塔楼，高49.5米。外部装有时钟，是整幢建筑的视觉中心，带有意大利巴洛克风格。细粒水刷石墙面，局部红砖墙面，钟楼基座花岗石贴面。楼内二层营业厅在当时号称"远东第一大厅"。东部底层为邮件处理，二层西部为营业大厅，三层为办公室，四层为高级职员宿舍。

09 新亚大酒店（上海市优秀历史建筑）

现代建筑风格，采用美国近代的竖线条装饰，具有"装饰艺术"特征。外墙采用棕色面砖，基部采用花岗岩，局部窗下墙有斩假石做出几何形态装饰。沿天潼路四川北路转角作弧线形处理，顶端有塔楼。底楼为餐厅，二至六层为客房，七层为大礼堂，八楼为露天花园，后加顶改建为餐厅。

06 雷士德工学院（上海海员医院，上海市优秀历史建筑）
建筑用途：文化建筑（医疗建筑）
地理位置：东长治路505号
开放时间及电话：9：00～17：00，021-64712527
公共交通：公交22、33、934路
停车场：上海外滩茂悦大酒店停车库
设计：英商德和洋行
建成时间：1936年
建筑面积：8985平方米
建筑层数：主楼6层、侧楼3（4）层
建筑结构：钢筋混凝土结构
Lester Institute of Technology
（Shanghai Seaman Hospital）
Construction purposes：Culture
（Hospital）
Location：505 Dongchangzhi Road

08 上海邮政大楼（上海市邮电管理局，上海市优秀历史建筑、全国重点文物保护单位）
建筑用途：办公建筑
地理位置：北苏州路276号
开放时间及电话：周三、周六、周日9：00～17：00，021-63629898
公共交通：轨道交通10号线，公交19、25、65、928路
停车场：新亚大酒店停车库
设计：英商思九生洋行
建成时间：1924年
建筑面积：29000平方米
建筑层数：地上4层、地下1层
建筑结构：钢筋混凝土井字型框架结构
Shanghai Post Office Building（Procedures of Shanghai Municipality on the Administration of Telecommunications Services）
Construction purposes：Office
Location：276 Beisuzhou Road

07 河滨公寓（上海市优秀历史建筑）
建筑用途：居住建筑
地理位置：北苏州路400号
公共交通：轨道交通10号线，公交19、25、65、928路
停车场：新亚大酒店停车库
设计：英商公和洋行
建成时间：1935年
建筑面积：54000平方米
建筑层数：11层
建筑结构：钢筋混凝土结构
Riverside Apartment
Construction purposes：Residence
Location：400 BeiSuzhou Road

09 新亚大酒店（上海市优秀历史建筑）
建筑用途：商业建筑
地理位置：天潼路422号
开放时间及电话：全天，021-63242210
公共交通：轨道交通10号线，公交19、25、65、928路
停车场：新亚大酒店停车库
设计：英商五和洋行
建成时间：1934年
建筑面积：15900平方米
建筑层数：8层
建筑结构：钢筋混凝土框架结构
New Asia Hotel
Construction purposes：Commerce
Location：422 Tiantong Road

10 上海大厦（百老汇大厦，上海市优秀历史建筑、全国重点文物保护单位）
建筑用途：商业建筑
地理位置：北苏州路 2 号
开放时间及电话：全天开放，
021-63246260
公共交通：公交 19、33、37、55、135、921、934 路
停车场：上海大厦停车场
设计：英国业广地产公司
建成时间：1934 年
建筑面积：24596 万平方米
建筑层数：地上 21 层、地下 1 层
建筑结构：双层铝钢框架结构
Shanghai Mansion（Broadway Mansion）
Construction purposes：Commerce
Location：2 Beiuzhou Road

12 俄罗斯联邦驻上海总领事馆（上海市优秀历史建筑、上海市文物保护单位）
建筑用途：办公建筑
地理位置：黄浦路 20 号
开放时间及电话：周一～周五9：00～12：00，
021-63248383
公共交通：公交 19、33、37、55、135、921、934 路
停车场：上海大厦停车场
设计：汉斯·埃米尔·里勃（德）
建成时间：1916 年
建筑面积：3264 平方米
建筑层数：3 层
建筑结构：砖木混合结构
Russian Federation Consulate General in Shanghai
Construction purposes：Office
Location：20 Huangpu Road

10 上海大厦（百老汇大厦，上海市优秀历史建筑、全国重点文物保护单位）
占地面积 6600 平方米，高 76.7 米。"装饰艺术"与美国现代高层建筑风格相结合。立面为中部高两侧低的跌落式构图，顶部轮廓丰富。外墙底层为暗绿色花岗岩贴面，上部为浅褐色泰山面砖贴面，色调和谐统一。是上海高层建筑趋向现代主义风格的早期代表。大厦当时专门为外国人使用的旅馆和公寓，底层为一般客房和公共服务，设有中西餐厅、休息室、理发部等，二层至十六层为各式公寓和客房，十七层为小餐厅和厨房，十八层为业主居住的客房，十九至二十一层为机房和水箱设备层。

11 浦江饭店（理查饭店，上海市优秀历史建筑）
坐北朝南，英国新古典主义风格，立面细部丰富。底层饰券式门窗，主入口有铁架雨篷。二层以上设挑出阳台，三、四层之间有贯通的多立克柱式。西侧转角处为半圆弧形，顶部设穹顶塔楼。西立面后部顶层为尖拱窗。

12 俄罗斯联邦驻上海总领事馆（上海市优秀历史建筑、上海市文物保护单位）
占地面积为 1700 平方米。坐北朝南，矩形平面，三面凭栏眺望黄浦江与苏州河。折中主义建筑风格，立面底层为仿石块饰面基座，二三层窗槛墙内收。孟莎式坡屋顶，开有德国式弧线型老虎窗，顶端有穹顶瞭望塔。是上海早期领事馆建筑中至今保存最好的。

13 上海港国际客运中心
国际客运中心以其空中的"一滴水"造型，形成客运中心基地建筑群中的标志性建筑。建筑外观呈不规则流线型，覆以蓝色玻璃幕墙，下部采用全钢骨架支撑，悬浮在空中。造型新颖，空间独特。上海港国际客运中心基地规划沿江长度875 米，占地面积 136300 平方米。

11 浦江饭店（理查饭店，上海市优秀历史建筑）
建筑用途：商业建筑
地理位置：黄浦路 15 号
开放时间及电话：全天，021-63246388
公共交通：公交 19、33、37、55、135、921、934 路
停车场：上海大厦停车场
设计：英商新瑞和洋行
建成时间：1846 年（清道光二十六年始建）、1907 年（清光绪三十三年扩建）
建筑面积：16563 平方米
建筑层数：6 层
建筑结构：钢筋混凝土结构、砖木结构
Pujiang Hotel（Astor Hotel）
Construction purposes：Commerce
Location：15 Huangpu Road

13 上海港国际客运中心
建筑用途：交通建筑
地理位置：东大名路 500 号
开放时间及电话：全天，021-65452288
公共交通：公交 22、33、37、135、921 路
停车场：上海港国际客运中心停车库
设计：美国 Francis Repas 建筑师事务所＋上海建筑设计研究院
建成时间：2009 年
建筑面积：160000 平方米
建筑层数：8 层
建筑结构：钢结构
Shanghai Port International Cruise Terminal
Construction purposes：Transportation
Location：500 Dongdaming Road

04 港运大厦地块图

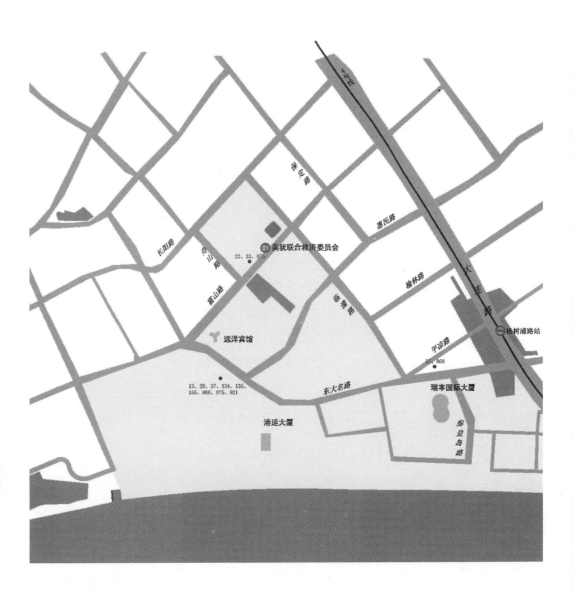

01 美犹联合救济委员会（上海市优秀历史建筑）

建筑用途：办公建筑（居住建筑）
地理位置：霍山路 119 ～ 121 号
公共交通：轨道交通 4 号线，公交 19、22、33、47、137、510、875 路
停车场：远洋宾馆停车库
设计：不详
建成时间：1910 年（清宣统二年）
建筑面积：904 平方米
建筑层数：4 层
建筑结构：砖混结构
JDC Site
Construction purposes: Office (Residence)
Location：119–121 Huoshan Road

01 美犹联合救济委员会（上海市优秀历史建筑）

该建筑占地面积 290 平方米，坐北朝南。外墙主立面设连续的清水红砖拱券式外廊，弧形券和半圆形券相结合，局部采用简化的古典式清水红砖柱。背立面为清水青砖墙饰以红砖腰线。法国孟莎式屋顶平瓦四坡屋顶，上段坡度平缓，下段较为陡峭。

杨浦区

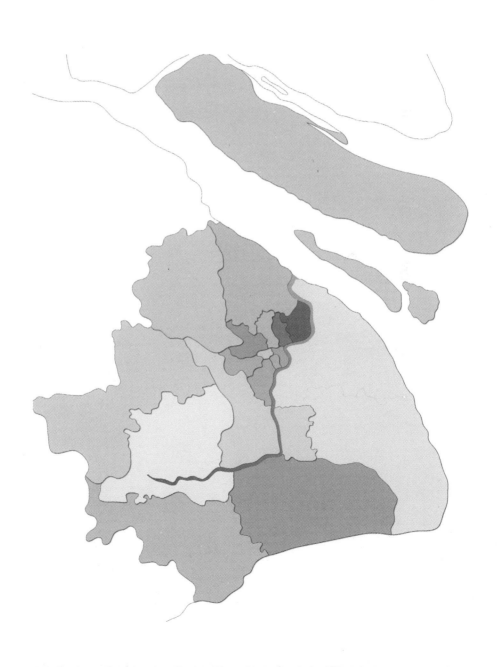

杨浦区区域图

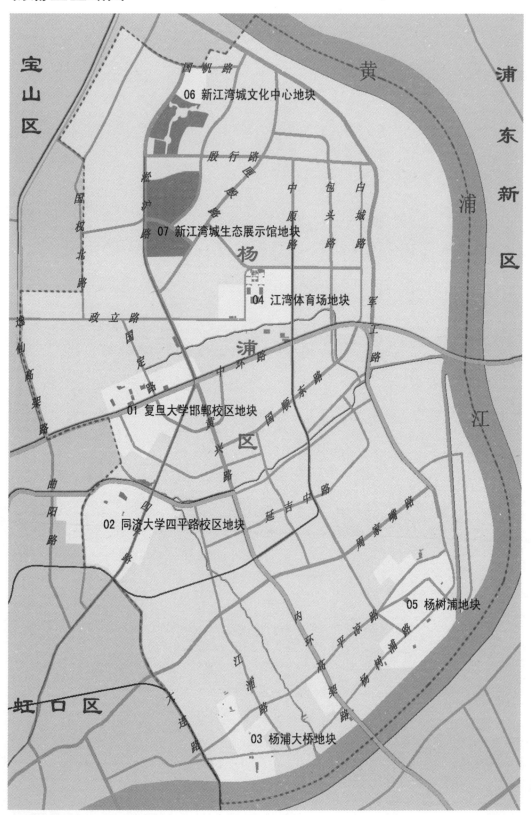

宝山区

黄浦江

浦东新区

国帆路

06 新江湾城文化中心地块

殷行路

淞沪路

国权北路

07 新江湾城生态展示馆地块

中原路

包头路

白城路

杨

04 江湾体育场地块

军

政立路

浦

工

总仙高翠路

国定路

中环路

路

区

江

01 复旦大学邯郸校区地块

国顺东路

黄兴路

曲阳路

02 同济大学四平路校区地块

延吉中路

周家嘴路

四平路

05 杨树浦地块

虹口区

内环高架路

平凉路

杨树浦路

江浦路

03 杨浦大桥地块

大连路

01 复旦大学邯郸校区地块图

01 校史馆（奕柱堂）
建筑用途：展览建筑
地理位置：邯郸路 220 号
开放时间及电话：9：00 ～ 11：30、
14：00 ～ 16：00，021-65643609
公共交通：轨道交通 3、8 号线，公交
118、329、850、991 路
停车场：复旦大学停车场
设计：不详
建成时间：1922 年
建筑面积：700 平方米
建筑层数：2 层
建筑结构：砖木结构
School History Room（Yizhu Auditorium）
Construction purposes：Exhibition
Location：220 Handan Road

01 校史馆（奕柱堂）
复旦大学校史馆的建筑造型与相辉堂相似，硕大的中国传统屋顶与西方建筑墙身构成中西合璧的风格。正面山花将木构架装饰其中，手法非常独特。与相辉堂隔草坪相对，围合出和谐的校园外部空间。1921 年由当时担任中南银行总经理的华侨黄奕柱捐赠兴建，曾名奕柱堂，现作为校史馆，内部运用多种技术和手段按照复旦公学、私立复旦大学、国立复旦大学、复旦大学四个时期展示了复旦大学的百年历程。

02 老校门（上海市优秀历史建筑）

老校门始建于 1921 年，1951 年拆除，2004 年复建。校门采用中国传统牌坊式造型，高 6.1 米、宽 11 米，突出了校门的横向比例。飞檐翘角，白墙黑瓦，带有很强的江南地区传统建筑风韵，显得典雅古朴，富有内涵。采用木、石、混凝土等主要材料，基座为灰色花岗岩。杉木栏门正中是铜质复旦校徽，门面似隔非隔，稳重大气。

03 美国研究中心

中心成立于 1985 年，是针对美国问题研究以及中美关系研究的国家级研究单位。拥有现代化图书馆和报告厅。建筑运用体块相互组合穿插，直线和曲线交相辉映，错落有致，形态丰富。立面采用浅棕色的瓷砖，显得典雅高贵，富有个性。

04 正大集团体育馆

正大集团体育馆采用拱、索、膜结合体系，造型美观大方、富有动感和标识性。体育馆纵向跨度 95 米，横向跨度 65 米，在屋顶上方有一个跨度达 100 米的半圆弧拱结构，与屋面之间连有预应力索。拱和屋盖壳体结构相互依靠，维持稳定，传递荷载，并构成了美妙的动感造型。体育馆地上一层为内场及各类功能用房，二层为观众活动空间及广播控制中心与空调室，三层为看台层，可容纳观众 5000 人。

05 五角场巨蛋

五角场中央的标志建筑"巨蛋"是申城首座高架道路景观工程。夜晚时分，"巨蛋"散发出五彩光芒，并不断变化颜色，对来往车流人流形成强烈的视觉冲击。整个工程长轴为 100 米，短轴为 80 米，呈椭圆形，以 5 条地下通道、9 个地面出入口与周围道路及商业广场相连。以清水混凝土为基调，简洁、大气，极具现代感和艺术气息。用大型城市雕塑将交通与景观联系在一起。

02 老校门（上海市优秀历史建筑）
建筑用途：标识建筑
地理位置：邯郸路 220 号
公共交通：轨道交通 3、8 号线，公交 118、329、850、991 路
停车场：复旦大学停车场
设计：不详
建成时间：1921 年始建、2004 年复建
建筑结构：木、石、钢筋混凝土结构
Old School Gate
Construction purposes：Symbol
Location：220 Handan Road

04 正大集团体育馆
建筑用途：体育建筑
地理位置：邯郸路 220 号
开放时间及电话：9：00 ～ 22：00，021-65643780
公共交通：轨道交通 3、8 号线，公交 118、329、850、991 路
停车场：复旦大学停车场
设计：同济大学建筑设计研究院 + 理·像（株）综合建筑事务所
建成时间：2005 年
建筑面积：12318 平方米
建筑层数：地上 3 层
建筑结构：钢管桁架结构与钢缆悬挂张拉膜结构
CP GROUP Indoor Stadium
Construction purposes：Sport
Location：220 Handan Road

03 美国研究中心
建筑用途：办公建筑
地理位置：邯郸路 220 号
电话：021-65642222
公共交通：轨道交通 3、8 号线，公交 118、329、850、991 路
停车场：复旦大学停车场
设计：美国夏威夷事务所 + 上海建筑设计研究院
建成时间：1995 年
建筑面积：8000 平方米
建筑层数：4 层
建筑结构：框架结构
Center for American Studies（CAS）
Construction purposes：Office
Location：220 Handan Road

05 五角场巨蛋
建筑用途：景观建筑
地理位置：中环线五角场段
公共交通：轨道交通 8 号线，公交 59、61、713、850 路
停车场：万达广场停车场
设计：仲松
建成时间：2005 年
建筑层数：1 层
建筑结构：钢结构
The Huge Egg
Construction purposes：Landmark
Location：Wujiaochang Zhonghuan Road

02 同济大学四平路校区地块图

01 上海国际设计中心
建筑用途：办公建筑
地理位置：四平路 1239 号
电话：021-65989888
公共交通：轨道交通 8 号线，公交
115、123、142、874、960 路
停车场：同济大学停车场
设计：安藤忠雄（日）
建成时间：2010 年
建筑面积：47055 平方米
建筑层数：西楼地上 24 层、东楼 21 层、
北楼 5 层、南楼 4 层、地下 2 层
建筑结构：主楼部分钢、钢筋混凝土结
构、裙房部分钢筋混凝土框架结构
Shanghai International Design Center
Construction purposes：Office
Location：1239 Siping Road

01 上海国际设计中心
建筑设计走简洁路线，体块清晰，外观
呈"力"字形，通过单体之间交错咬合，
形成动感的整体节奏，建筑形态极富张
力。主楼外墙采用玻璃，晶莹的建筑材
料更增添了造型的通透与张扬。加上超
薄屋顶的覆盖，整个建筑充满了力量感。
东、西楼在十一至十二层连成一个整体，
完成了建筑形体之间的咬合，裙房外露
部分为清水混凝土，沿用了安藤的一贯
手法。安藤希望该建筑能符合这个城市
"惊人的速度感和生命力"，成为"属于
上海的风景"。

02 明成楼（建筑城市规划学院 B 楼）

明成楼的"成"，据说取自计成，为了铭记这位明代造园大师。建筑造型简洁，通过体块组合呈现曲面，富于雕塑感。立面大面积红色贴砖富有特色，常称其为"红楼"。内部空间丰富有趣，特别是中庭采用大台阶的处理手法，联系了上下两层空间，极具趣味性。

03 建筑城市规划学院 C 楼

建筑用地局促，给建筑设计带来一定难题。但建筑师在表皮和空间上作出许多趣味，引人入胜。建筑大量采用清水混凝土、玻璃、钢材、木材等材质，使得建筑呈现出简洁、纯净、古朴而又时尚之感。入口木质楼梯、下沉小广场、内部绿化中庭、贯穿所有楼面的直跑楼梯，使得建筑空间丰富多变，富有趣味性。这是一个鼓励使用者交往的建筑。

04 文远楼（建筑城市规划学院 A 楼，上海市优秀历史建筑）

文远楼命名取自古代著名科学家祖冲之的别名"文远"。建筑采用不对称错层式布局，运用钢筋混凝土框架结构，营造出朴实无华、经济实用的空间。该建筑在平面布局、立面处理手法和空间组成形式等方面，与"包豪斯"所一贯倡导的设计思想极其相近。文远楼是我国最早的"包豪斯"现代主义风格建筑，是现代建筑的经典之作。

05 教学科研综合楼

科研综合楼外形酷似"魔方"。建筑主体平面呈 48.6 米 ×48.6 米的正方形，柱网间距 5.4 米，建筑高达 98 米。大楼内大胆采用大空间"楼中楼"的设计理念，在大空间的楼层中设置了诸多教室、会议中心、咖啡厅等空间。大楼的中央大厅，16.2 米 ×16.2 米的空间从地面直接贯通近百米高的楼顶，是目前国内罕见的高层建筑结构形式。综合楼是集教学、科研、办公等多项功能于一体的建筑。

02 明成楼（建筑城市规划学院 B 楼）
建筑用途：文化建筑
地理位置：四平路 1239 号
开放时间及电话：7：00 ～ 22：00，
021-65982200
公共交通：轨道交通 8 号线，公交
115、123、142、874、960 路
停车场：同济大学停车场
设计：戴复东
建成时间：1987 年
建筑面积：7760 平方米
建筑层数：4 层
建筑结构：框架结构
Mingcheng Building（Building B of
Architecture and Urban Planning
College）
Construction purposes：Culture
Location：1239 Siping Road

04 文远楼（建筑城市规划学院 A 楼，上海市优秀历史建筑）
建筑用途：文化建筑
地理位置：四平路 1239 号
开放时间及电话：7：00 ～ 22：00，
021-65982200
公共交通：轨道交通 8 号线，公交 115、
123、142、874、960 路
停车场：同济大学停车场
设计：黄毓麟 + 哈雄文（原始设计）+
钱锋（改建设计）
建成时间：1954 年始建、2007 年改建
建筑面积：5050 平方米
建筑层数：3 层
建筑结构：框架结构
Wenyuan Building（Building A of
Architecture and Urban Planning
College）
Construction purposes：Culture
Location：1239 Siping Road

03 建筑城市规划学院 C 楼
建筑用途：文化建筑
地理位置：四平路 1239 号
开放时间及电话：7：00 ～ 22：00，
021-65982200
公共交通：轨道交通 8 号线，公交
115、123、142、874、960 路
停车场：同济大学停车场
设计：同济大学建筑设计研究院
建成时间：2004 年
建筑面积：9672 平方米
建筑层数：地上 7 层、地下 1 层
建筑结构：钢筋混凝土框架、钢结构
Building C of Architecture and Urban
Planning College
Construction purposes：Culture
Location：1239 Siping Road

05 教学科研综合楼
建筑用途：文化建筑
地理位置：四平路 1239 号
电话：021-65982200
公共交通：轨道交通 8 号线，公交 115、
123、142、874、960 路
停车场：同济大学停车场
设计：JEAN PAUL VIGUIER（法）+
同济大学建筑设计研究院
建成时间：2007 年
建筑面积：46240 平方米
建筑层数：地上 21 层、地下 1 层
建筑结构：钢框架 + 外围耗能钢管支
撑结构
Teaching-Research Complex of Tongji
University
Construction purposes：Culture
Location：1239 Siping Road

06 大礼堂（上海市优秀历史建筑）
建筑用途：观演建筑
地理位置：四平路 1239 号
电话：021-65982200
公共交通：轨道交通 8 号线，公交 115、123、142、874、960 路
停车场：同济大学停车场
设计：同济大学建筑设计研究院
建成时间：1961 年始建、2006 年改建
建筑面积：3600 平方米（改建后 7000 平方米）
建筑层数：1 层
建筑结构：装配式现浇钢筋混凝土联方网架结构
Tongji Auditorium
Construction purposes：Performance
Location：1239 Siping Road

08 羽毛球馆（日本某中学礼堂，上海市优秀历史建筑）
建筑用途：体育建筑
地理位置：四平路 1239 号
开放时间及电话：8：00 ～ 21：00，021-65982200
公共交通：轨道交通 8 号线，公交 115、123、142、874、960 路
停车场：同济大学停车场
设计：前川国男（日）
建成时间：1940 年
建筑面积：不详
建筑层数：1 层
建筑结构：砖混结构
Badminton Hall（A Japanese High School Auditorium）
Construction purposes：Sport
Location：1239 Siping Road

06 大礼堂（上海市优秀历史建筑）
同济大学大礼堂当年曾是远东地区最大的礼堂，拱形网架结构净跨 40 米，当时是亚洲之最，誉为 "远东第一跨"。巧妙利用两侧高窗增强室内采光效果，并以简洁的立面突出玻璃、钢材、混凝土的材质特点，并将组合成为有机的整体，在结构形式与建筑造型上体现了突出的独创性、先进性。2005 年对大礼堂进行了保护性改造，不仅 "修旧如旧"，还进行了许多节能设计，如 "地源新风" 系统，并改建了音响系统，使得建筑更加适应现代化的要求。

07 西南一楼（上海市优秀历史建筑）
西南一楼属中国传统建筑风格。中央主入口部分高四层，采用四角攒尖顶，突出重心。建筑两翼为两坡屋顶，坡度平缓，出檐舒朗，檐下有斗栱，斗栱之间为人字栱。主入口立面为 3 开间，三层有阳台挑出，增加了建筑的层次变化。栏杆、额枋、雀替俱全，外墙底层有腰线，细部装饰体现了中国传统文化底蕴。建筑细部精致、色彩明快，比例和谐。

08 羽毛球馆（日本某中学礼堂，上海市优秀历史建筑）
建筑采用混凝土墙墩，采用木制门式桁架结构体系支撑，斜坡屋顶，出檐较小，屋脊处开天窗，以补充室内采光之不足。建筑立面简洁纯净，没有过多的装饰。入口立面处是 3 开间的框架结构，强调了建筑的平衡。

09 一二 · 九礼堂（日本某中学教学楼，上海市优秀历史建筑）
坡屋顶，结构设计巧妙，平日用作小会堂，兼顾放映和小型演出。属现代主义建筑风格。加建后北部为钢和玻璃的入口大堂，恢复了原山墙柱廊式结构。是一次成功的功能整合，又保留了原来的美感。

07 西南一楼（上海市优秀历史建筑）
建筑用途：居住建筑
地理位置：四平路 1239 号
电话：021-65982200
公共交通：轨道交通 8 号线，公交 115、123、142、874、960 路
停车场：同济大学停车场
设计：吴景祥 + 朱亚新
建成时间：1954 年
建筑面积：4888 平方米
建筑层数：4 层
建筑结构：砖混结构
Southwest Building 1
Construction purposes：Residence
Location：1239 Siping Road

09 一二 · 九礼堂（日本某中学教学楼，上海市优秀历史建筑）
建筑用途：观演建筑
地理位置：四平路 1239 号
电话：021-65982200
公共交通：轨道交通 8 号线，公交 115、123、142、874、960 路
停车场：同济大学停车场
设计：石本久治（日，原始设计）+ 吴杰 + 王建强（改建设计）
建成时间：1942 年（始建）、2001 年（改建）
建筑面积：8260 平方米
建筑层数：3 层
建筑结构：砖木混合结构
Building 12 · 9（A Japanese High School Teaching Building）
Construction purposes：Performance
Location：1239 Siping Road

10 中法中心

建筑从中法文化交流概念入手，提出一个"双手相握"的图解。整个建筑被分为三部分，南北两条水平延伸的曲折的教学、办公部分，互相穿插后分别从空中和地下结合到最北端垂直分布的公共交流部分。不规则的体量转折和穿插，使9棵大树和水杉林得以保留，又创造出丰富多变的室内外环境，使巨大的体量消解于微妙的环境中。建筑外墙一侧是锈红色的钢板墙，一侧是灰白色的水泥纤维板墙，这两个色彩不同、材质不同的建筑体块渐渐走向融合，最终归为一体。

11 土木工程学院大楼

大楼采用全钢结构框架和混凝土墙体，外观上暴露钢架，具有很强的机械美学味道。外墙采用金属波形挂板，一些钢结构构件还被作为建筑装饰，展现了建筑的结构美。建筑从平面布局到空间处理，从形体组合到立面设计，体现了建筑与结构、功能与形式的完美统一。

12 中德学院

中德学院大楼平面呈楔状"A"形，斜向南侧，主楼底部架空，同时底层边界构成一条连续曲线，并与南侧相邻建筑共同围合成圆形中央广场。建筑侧立面的大墙面强调了室内外空间以及广场和环境的分离，正立面错落有致分隔，大墙底部的斧形大洞又加强了建筑与环境的沟通。建筑室内承重构件和维护构件分离却又并置，加上光影变化，呈现出流畅的舒适空间。

13 游泳馆

游泳馆平面呈长方形，长约74米，宽约56米。屋盖为可开闭的扁平壳样式，跨度为37.5米。分为两大功能，其一为泳区主体，其二为更衣淋浴等辅助用房。由于结构选型具有特点，使得单纯的平面亦能产生出生动的建筑形象，且不夸张，与周围环境融为一体。

10 中法中心
建筑用途：文化建筑
地理位置：四平路 1239 号
电话：021-65982200
公共交通：轨道交通 8 号线，公交 115、123、142、874、960 路
停车场：同济大学停车场
设计：同济大学建筑设计研究院
建成时间：2006 年
建筑面积：13676 平方米
建筑层数：地上 5 层、地下 1 层
建筑结构：钢筋混凝土结构
Sino-French Center of Tongji University
Construction purposes：Culture
Location：1239 Siping Road

12 中德学院
建筑用途：文化建筑
地理位置：四平路 1239 号
电话：021-65982200
公共交通：轨道交通 8 号线，公交 115、123、142、874、960 路
停车场：同济大学停车场
设计：同济大学建筑设计研究院
建成时间：2002 年
建筑面积：12545 平方米
建筑层数：地上 11 层、地下 1 层
建筑结构：钢结构
The Sino-Germany College Building of Tongji University
Construction purposes：Culture
Location：1239 Siping Road

11 土木工程学院大楼
建筑用途：文化建筑
地理位置：四平路 1239 号
开放时间及电话：8：00～21：00，021-65982200
公共交通：轨道交通 8 号线，公交 115、123、142、874、960 路
停车场：同济大学停车场
设计：同济大学建筑设计研究院
建成时间：2006 年
建筑面积：14920 平方米
建筑层数：8 层
建筑结构：钢结构
Building of Civil Engineering School
Construction purposes：Culture
Location：1239 Siping Road

13 游泳馆
建筑用途：体育建筑
地理位置：四平路 1239 号
开放时间及电话：8：00～20：45，021-65982200
公共交通：轨道交通 8 号线，公交 115、123、142、874、960 路
停车场：同济大学停车场
设计：同济大学建筑设计研究院
建成时间：2007 年
建筑面积：4500 平方米
建筑层数：地上 1 层、地下 1 层
建筑结构：钢筋混凝土框架剪力墙、张弦梁屋盖
The Natatorium of Tongji University
Construction purposes：Sport
Location：1239 Siping Road

03 杨浦大桥地块图

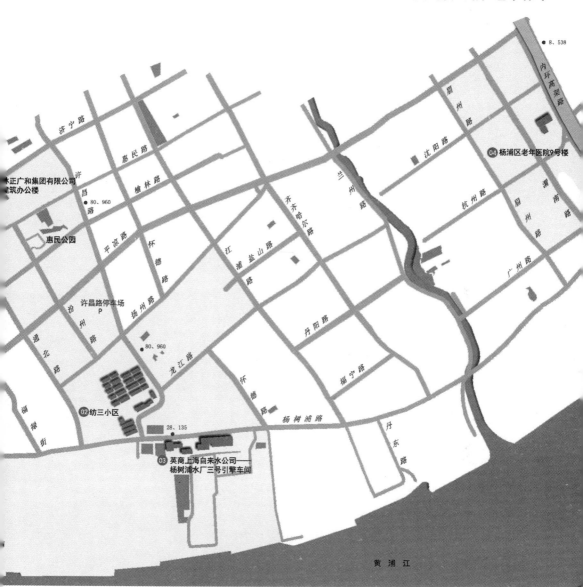

● 8、538
内环高架路
济宁路
惠民路
04 杨浦区老年医院9号楼
● 许昌路
80、960
楠林路
沈阳路
眉州路
兰州路
杭州路
眉州路
浦南路
惠民公园
齐齐哈尔路
平凉路
怀德路
江浦盐山路
广州路
许昌路停车场 P
扬州路
沧州路
丹阳路
80、960
龙江路
福禄街
怀德路
福宁路
通北路
02 纺三小区
28、135
丹东路
杨树浦路
03 英商上海自来水公司——
杨树浦水厂三号引擎车间

黄浦江

01 梅林正广和集团有限公司老建筑办公楼（正广和汽水厂，上海市优秀历史建筑）
建筑用途：工业建筑
地理位置：通北路 400 号
开放时间及电话：9：00 ～ 16：00，
021-65452123
公共交通：公交 80、960 路
停车场：梅林正广和有限公司停车场、
惠民路道路停车
设计：英商公和洋行
建成时间：1935 年
建筑面积：不详
建筑层数：6 层
建筑结构：钢筋混凝土框架结构
Old Office Building of Maling Aquarius
Co.LTD.(Aquarius Company)
Construction purposes：Industry
Location：400 Tongbei Road

01 梅林正广和集团有限公司老建筑办公楼（正广和汽水厂，上海市优秀历史建筑）
现存上海市优秀历史建筑，原为仓库，今作为办公楼使用。由公和洋行设计，方瑞记承造。呈现代主义建筑风格，形体简洁，立面显横竖线条构图，墙面为红色清水砖，原檐口有多重线脚。

02 纺三小区（原日军司令部及兵营，上海市优秀历史建筑）
建筑用途：居住建筑
地理位置：许昌路 227 弄
公共交通：公交 28、135、841 路
停车场：小区内部道路停车、许昌路停车场
设计：不详
建成时间：1930 年
建筑面积：不详
建筑层数：1～4 层
建筑结构：砖木结构、砖混结构
Fangsan Residence Quarter（Former Headquarter and Military Camp of Japan Army）
Construction purposes：Residence
Location：Lane 227 Xuchang Road

03 英商上海自来水公司——杨树浦水厂三号引擎车间（上海市优秀历史建筑、上海市文物保护单位）
建筑用途：工业建筑
地理位置：杨树浦路 830 号
开放时间及电话：9：00～16：00，021-65126789
公共交通：公交 28、135、841 路
停车场：杨树浦路路边停车
设计：英商公和洋行
建成时间：1928 年
建筑面积：不详
建筑层数：3 层
建筑结构：钢筋混凝土框架结构
Engine Workshop 3 in Yangpu Waterworks of Shanghai Waterworks Co.Ltd.
Construction purposes：Industry
Location：830 Yangshupu Road

04 杨浦区老年医院 9 号楼（圣心教堂，上海市优秀历史建筑）
建筑用途：医疗建筑（宗教建筑）
地理位置：杭州路 349 号
开放时间及电话：全天，021-65432021
公共交通：公交 8、228、538 路
停车场：杨浦区老年医院停车场
设计：不详
建成时间：1931 年
建筑面积：1500 平方米
建筑层数：4 层
建筑结构：框架结构
Building 9 of Yangpu Geriatrics Hospital（Sacred Heart Church）
Construction purposes：Hospital（Religion）
Location：349 Hangzhou Road

02 纺三小区（原日军司令部及兵营，上海市优秀历史建筑）
纺三小区坐落于许昌路 227 弄内，约建于 1930 年，为 22 幢住宅建筑，小区当时由日本人出资建造，设计师是英国人，是典型的和洋折中日本近代住宅。从小区的住宅建筑可见，其外观是简化的西方样式，坡屋面设有老虎窗，外立面为干粘鹅卵石或清水红砖外，而内部则是典型的传统日式住宅装饰。

03 英商上海自来水公司——杨树浦水厂三号引擎车间（上海市优秀历史建筑、上海市文物保护单位）
杨树浦水厂始建于 1881 年，是中国第一座现代化水厂。三号引擎车间为英国传统哥特式风格，采用清水砖墙作为承重墙，镶嵌以红砖腰线，周围墙身压顶雉堞缺口，雉堞的压顶及窗框、檐部为英国传统古城堡样式，这种建筑风格在工业建筑中比较少见，同时这还是上海最早使用水泥和混凝土的工业建筑。

04 杨浦区老年医院 9 号楼（圣心教堂，上海市优秀历史建筑）
杨浦区老年医院 9 号楼是一幢较典型的欧式教堂样式建筑。建筑主体西翼为教堂，入口处是八角形钟楼，有彩色花窗，图案精致，色彩华丽，平面呈"U"形，内部尚存有教堂长向空间和爱奥尼式壁柱，地面铺设马赛克，拼嵌成几何图案。原建筑主楼为 2 层，后加建为 4 层。虽然建筑形式为教堂建筑，但是却一直作为医院使用。

04 江湾体育场地块图

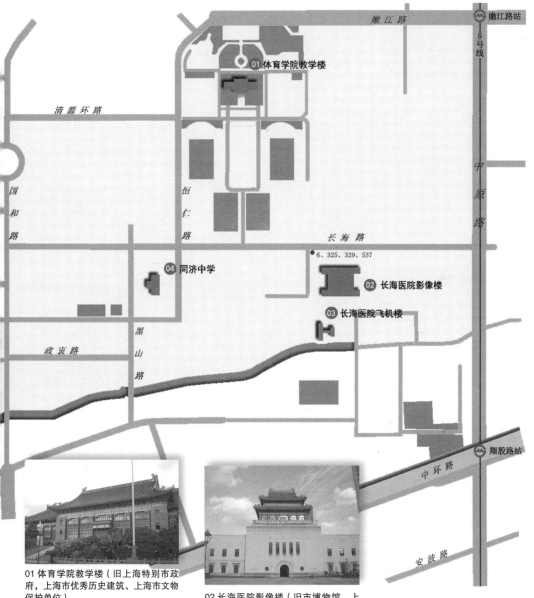

01 体育学院教学楼（旧上海特别市政府，上海市优秀历史建筑、上海市文物保护单位）
建筑用途：文化建筑
地理位置：清源环路 650 号
电话：021-51253000
公共交通：轨道交通 8 号线，公交 61、325、329、537 路
停车场：体育学院停车场
设计：董大西
建成时间：1933 年
建筑面积：8982 平方米
建筑层数：地上 4 层、地下 1 层
建筑结构：钢筋混凝土结构
Teaching Building of Institute of Physical Education (Special City Government of Old Shanghai)
Construction purposes：Culture
Location：650 Qingyuan Ring Road

02 长海医院影像楼（旧市博物馆，上海市优秀历史建筑）
建筑用途：医院建筑（文化建筑）
地理位置：长海路 174 号（长海医院内）
电话：021-25070256
公共交通：轨道交通 8 号线，公交 61、325、329、537 路
停车场：长海医院停车场
设计：董大西
建成时间：1936 年
建筑面积：3400 平方米
建筑层数：2 层
建筑结构：钢筋混凝土结构
Photo Offset Process Building of Changhai Hospital (Old City Museum)
Construction purposes：Hospital (Culture)
Location：174 Changhai Road (Inside of Changhai Hospital)

01 体育学院教学楼（旧上海特别市政府，上海市优秀历史建筑、上海市文物保护单位）
占地面积为 6000 平方米。建筑造型为中国清代宫殿式，屋面两侧为庑殿顶，中部采用歇山顶，铺设绿色琉璃瓦，斗拱、梁枋均涂漆彩绘。栏杆、隔扇均为传统建筑装饰。建筑外形虽然为仿古式样，但内部却采用现代化水电设备，设有电梯、热水汀、抽水马桶等高级设备。该建筑的特点为中西合璧，民族风格的外貌下体现了现代建筑的舒适与实用。

03 长海医院飞机楼（中国航空协会及航空陈列室大楼，上海市优秀历史建筑）
建筑用途：办公建筑
地理位置：长海路 174 号（长海医院内）
电话：021-81871114
公共交通：轨道交通 8 号线，公交 61、325、329、537 路
停车场：长海医院停车场
设计：董大酉
建成时间：1936 年
建筑面积：未知
建筑层数：3 层
建筑结构：砖混结构
The Aircraft Floor in Changhai Hospital（Old China Air Transport Association and Exhibition Building）
Construction purposes：Office
Location：174 Changhai Road（Inside of Changhai Hospital）

04 同济中学（旧市图书馆，杨浦区文物保护单位、上海市优秀历史建筑）
建筑用途：文化建筑
地理位置：黑山路 180 号
电话：021-65482980
公共交通：轨道交通 8 号线，公交 61、325、329、537 路
停车场：同济中学停车场
设计：董大酉
建成时间：1935 年
建筑面积：3470 平方米
建筑层数：2 层
建筑结构：钢筋混凝土结构
Tongji Middle School（Old City Library）
Construction purposes：Culture
Location：180 Heishan Road

05 江湾体育场（上海市体育场，上海市优秀历史建筑、上海市文物保护单位）
建筑用途：体育建筑
地理位置：国和路 346 号
电话：021-65494368
公共交通：轨道交通 10 号线，公交 8、90、325、817 路
停车场：江湾体育场停车场
设计：董大酉
建成时间：1935 年
建筑面积：28000 平方米
建筑层数：2 层
建筑结构：钢筋混凝土结构
Jiangwan Stadium（Shanghai Stadium）
Construction purposes：Sport
Location：346 Guohe Road

02 长海医院影像楼（旧市博物馆，上海市优秀历史建筑）
民国时期"大上海计划"中主要建筑之一，占地面积为 1900 平方米。建筑中央立有一门楼，为重檐歇山顶、琉璃瓦屋面，门楼面阔 5 开间，进深 3 开间，为仿木结构形式。外露梁柱，四周设有平台。建筑外墙为人造石砌筑，坚固厚重。一层门厅两旁有衣帽间、售品室及楼梯等，向内是大厅，两侧为办公室、研究室及库藏室等。左翼突出处为图书室、右侧为讲演室。二层中央部分为历史陈列厅和艺术陈列厅，两翼为书画陈列厅。造型同上海市立图书馆相似。

03 长海医院飞机楼（中国航空协会及航空陈列室大楼，上海市优秀历史建筑）
这栋形式酷似一架双翼战斗飞机的房屋"前翼"迎风，"机首"朝南，"尾翼"翘然，"机身"有类似座舱样子的露天平台。建筑采用中西合璧的设计手法，结构分两部分，一部分由"机首"和"前翼"组成，高 3 层，作为会客室和纪念室。另一部分由"机身"和"尾翼"组成，高 2 层，多为办公室，"尾翼"上镶有"中国航空协会"的字样，显示了建筑的历史。

04 同济中学（旧市图书馆，杨浦区文物保护单位、上海市优秀历史建筑）
建筑形制类似北京鼓楼，是"大上海计划"主要建筑之一。与旧市博物馆极为相似，堪称为中国近代建筑史上的双子星座。占地面积为 1620 平方米。建筑平面呈"工"字形，楼座面阔 5 开间，进深 3 开间，仿木结构。正中央门楼为重檐歇山顶，黄色琉璃瓦，装饰华丽。门楼四周的平台有石栏维护，体现了中国传统建筑特色。底层大厅后面为报刊阅览室，再后面是书库。底层左侧为办公室，右侧为儿童阅览室、演讲厅。二层中央前部为展览室，后部为借书室和目录室。

05 杨树浦地块图

东区污水处理

河间路
平凉路
波阳路
眉州路
01 隆昌路公寓住宅
28、813
杭州路
隆昌路
海州路
宁武路
28、813
02 群裕设计办公

05 江湾体育场（上海市体育场，上海市优秀历史建筑、上海市文物保护单位）
江湾体育场由运动场、体育馆、游泳池、篮球场、网球场和大礼堂等组成。运动场成椭圆形，长 330 米，宽 175 米，场地面积约 37200 平方米。可容纳 40000 人座位、20000 人立位。西面正门为三个拱形大门，高 8 米，饰有传统式构件和线脚。体育馆长 82 米，宽 41 米，屋顶大跨度三铰拱结构达到 437 米。民国时期，江湾体育场曾举行第六届全运会，新中国成立后曾为第五届全国人民运动会主体育场。

杨树浦路3061弄居住区

密丰绒线厂

135

03 裕丰纺织株式会社

杨树浦电厂

煤气厂办公楼

01 隆昌路公寓住宅（上海市优秀历史建筑）
建筑用途：居住建筑
地理位置：隆昌路 222 ～ 266 号
公共交通：公交 28、813 路
停车场：波阳路路边停车
设计：不详
建成时间：1938 年
建筑面积：不详
建筑层数：2 层
建筑结构：砖木结构
Longchang Road Apartments
Construction purposes：Residence
Location：222-266 Longchang Road

03 裕丰纺织株式会社（上海第 17 棉纺织总厂、杨浦滨江创意产业园区，上海市优秀历史建筑）
建筑用途：工业建筑
地理位置：杨树浦路 2866 号
公共交通：公交 59 路
停车场：杨浦滨江创意产业园区停车场
设计：平野勇造（日）
建成时间：1935 年
建筑面积：140000 平方米
建筑层数：2 层
建筑结构：砖木与钢屋架结构
Yufeng Textile Co.Ltd.（Shanghai
No.17 Cotton Mill, Yangpu Waterfront
Creative Industries Park）
Construction purposes：Industry
Location：2866 Yangshupu Road

01 隆昌路公寓住宅（上海市优秀历史建筑）
这处花园里弄式住宅由日本恒产公司建造。12 幢两层公寓成锯齿状连成一排。建筑外墙均为清水红砖，并开设老虎窗，屋顶为青瓦四坡攒尖顶，高出屋顶的砖砌烟囱排成直线。室内则按照日本人生活方式设计，装修较考究。

02 群裕设计办公楼
属于旧工业厂房建筑再利用的作品。设计既不将旧厂房全盘改造，也不全部运用新材料。设计者有意识的给不同时期的空间使用者留下他们的足迹，引起人们怀旧以及溯忆既往历史记忆的感觉。比如找来一些上海老房子拆除时废弃的枕木、青砖、铁窗等，加上玻璃、水泥、钢材等新材料，让新、老空间呈现有机的接续。

02 群裕设计办公楼
建筑用途：办公建筑
地理位置：杨树浦路 2218 号
电话：021-58872932
公共交通：公交 28、813 路
停车场：杨浦滨江创意产业园区停车场
设计：潘冀联合建筑师事务所
建成时间：2005 年（改造）
建筑面积：700 平方米
建筑层数：2 层
建筑结构：桁架结构
Office building of Qunyu Design
Construction purposes：Office
Location：2218 Yangshupu Road

03 裕丰纺织株式会社（上海第 17 棉纺织总厂、杨浦滨江创意产业园区，上海市优秀历史建筑）
厂区规模较大，今存近代建筑五处，主要为单层，建筑风格比较统一。其中办公楼为清水红砖墙面，窗间墙设有壁柱，坡屋顶，并设老虎窗。南厂和北厂厂房多为钢筋混凝土框架结构和钢架结构，形式简洁。锅炉房也为单层，屋顶为"人"字形，山墙面设有弧形券窗。高级职员住宅为两层，砖木结构，坡顶并设有阁楼。原为民国 10 年（1921 年）所建的日本大阪东洋纺织株式会社上海工场，民国 25 年（1936 年）改称为裕丰株式会社，民国 35 年（1946 年）改名中国纺织建设有限公司第十七棉纺织厂，1949 年更今名。现为在建杨浦滨江创意产业园区。

06 新江湾城文化中心地块图

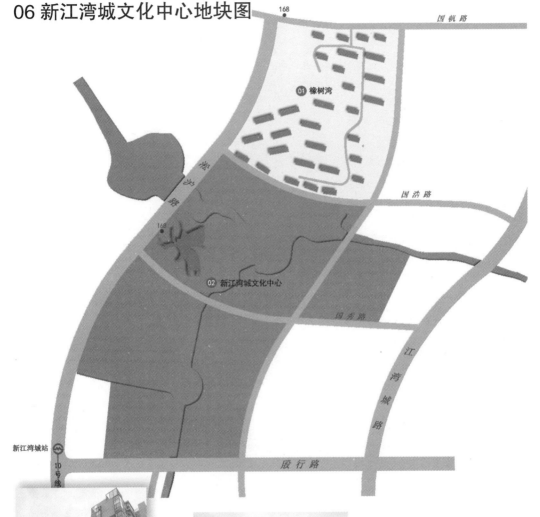

01 橡树湾

建筑用途：居住建筑

地理位置：政和路 1088 号

公共交通：公交 168 路

停车场：橡树湾停车场

设计：上海天华建筑设计有限公司

建成时间：2008 年

建筑面积：310000 平方米

建筑层数：小高层 11 ～ 13 层、联庭

别墅 5 层、均有地下室

建筑结构：框剪结构

Oak Bay

Construction purposes：Residence

Location：1088 Zhenghe Road

02 新江湾城文化中心

建筑用途：展览建筑

地理位置：国秀路 700 号

开放时间及电话：尚未开放，

021-65907171

公共交通：公交 168 路

停车场：新江湾城文化中心停车场

设计：美国 RTKL 设计事务所 + 上海建

筑设计研究院

建成时间：2006 年

建筑面积：8500 平方米

建筑层数：2 层

建筑结构：框架结构

New Jiangwan Cultural Center

Construction purposes：Exhibition

Location：700 Guoxiu Road

01 橡树湾

橡树湾小区以庭院为核心主题，创造了极其丰富的室内外空间。设计强调人文精神，设置了诸多交往空间、情趣空间，并使用了"小区防撞隔护"等方法，保证居住的安全、舒适。着重强调居住的舒适度及人与自然的关系，使用了多项生态技术，如自平衡风系统、渗水路面、保温外墙、太阳能路灯等。

02 新江湾城文化中心

文化中心位于新江湾城公园西南角，占地面积 12000 平方米。东面是江湾城公园内自然形态的人工湖面，具有新江湾城特有的自然与人文相交融的环境特征。文化中心设有文化、艺术、教育、交往等功能空间，分为展览区、影院、会议室及学习区。设计采取以人为本、以自然为核心、以生态为主题的设计指导原则，大量使用木材和石材，采用灵活多变的建筑体型，创造了一个既有独特的标志性，又与周边自然生态环镜完美融合，并具有积极地社会效益的文化中心。

07 新江湾城生态展示馆地块图

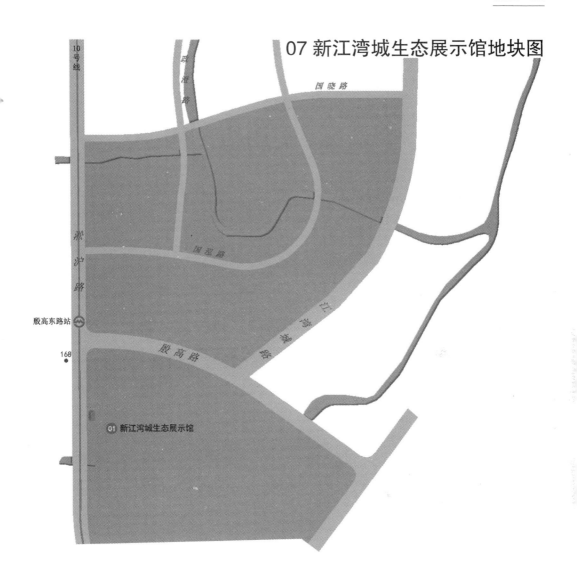

01 新江湾城生态展示馆
建筑用途：展览建筑
地理位置：淞沪路 1000 号
开放时间及电话：尚未开放，
021–65907171
公共交通：轨道交通 10 号线，公交
168 路
停车场：新江湾城生态展示馆停车场
设计：上海市园林设计院
建成时间：2004 年
建筑面积：405 平方米
建筑层数：地上 2 层、地下 1 层
建筑结构：钢结构
The Exhibition Hall of Shanghai New
Jiangwan Ecological City
Construction purposes：Exhibition
Location：1000 Songhu Road

01 新江湾城生态展示馆
借鉴中国传统园林中的步移景异、逐步
显现的设计手法，采用逐步揭示的参观
路线，加强了展示的神秘感和层次感。
打破室内外空间的界限，让室外景观也
成为主要展品，将两者结合起来为展示
服务。使用现代的技术，让展示馆的每
个细节都透露出自然生态的气息。尽量
缩小建筑的体量，将建筑主体的西面埋
在覆土下，上面种植植被，使展示馆掩
映在绿化之中，建筑本身即是对生态的
最好阐释。

宝山区

宝山区区域图

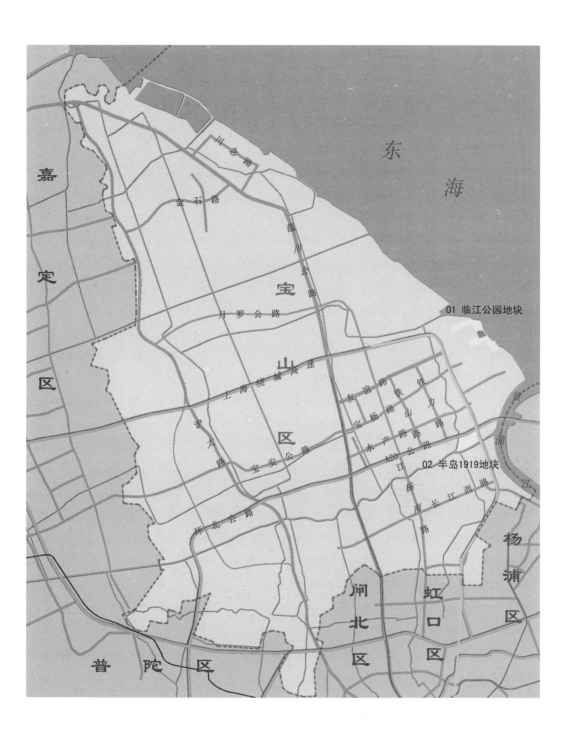

东海

嘉定区

川德路

金石路

蕰川公路

宝山区

月罗公路

上海绕城高速

友谊路

铁路

宝杨路

山力路

水产路路

沪太路

宝安公路

A20公路

01 临江公园地块

02 半岛1919地块

黄浦江

江南长江西路

杨南路

环北公路

闸北区

虹口区

杨浦区

普陀区

01 临江公园地块图

01 陈化成纪念馆（孔庙大成殿，上海市文物保护单位）

建筑用途：文化建筑
地理位置：友谊路1号
开放时间及电话：8：30 ～ 16：00
（周一休馆），021-56115728
公共交通：轨道交通3号线，公交711、728路
停车场：临江公园停车场
设计：不详
建成时间：1747年（清乾隆十二年始建）、1790年（清乾隆五十五年重建）
建筑面积：372平方米
建筑层数：2层
建筑结构：木结构
Chen Huacheng Memorial（Dacheng Hall of Confucius Temple）
Construction purposes：Culture
Location：1 Youyi Road

02 淞沪抗战纪念馆

建筑用途：文化建筑
地理位置：友谊路1号
开放时间及电话：8：30 ～ 16：00
（周一休馆），021-66786377
公共交通：轨道交通3号线，公交711、728路
停车场：临江公园停车场
设计：同济大学建筑设计研究院
建成时间：2000年
建筑面积：3650平方米
建筑层数：主体3层、塔12层
建筑结构：塔钢筋混凝土核心筒、钢框架、主体钢筋混凝土框架结构
Songhu Resistance Memorial
Construction purposes：Culture
Location：1 Youyi Road

01 陈化成纪念馆（孔庙大成殿，上海市文物保护单位）

孔庙大成殿为重檐歇山顶，抬梁式结构。单体平面面阔、进深各3间，周围廊。殿前筑有月台，属等级较高的建筑形式。1992年辟为陈化成纪念馆。纪念馆突破传统的陈列格局，利用古建筑高度和深度，设计为两层展厅，增加了陈列面积，运用喷绘、影视、多媒体、大型场景等现代科技手段，使展示更加生动、有趣。

02 淞沪抗战纪念馆

该建筑设计立意是取中国传统建筑的环境空间构成意象，将环境、建筑与事件充分融合在一起，以使建成环境的品味得以升华。纪念馆主体呈"L"形，其外观造型运用了中国传统塔的建筑语言，体现了传统建筑美。建筑总体布局向长江入海口开放，主体三层设置展厅及办公，交通流线立体组织，主入口位于二层坡地草坪之上。作为标志的塔采用铝合金、钢材、玻璃百叶等现代材料组合而成。

02 半岛 1919 地块图

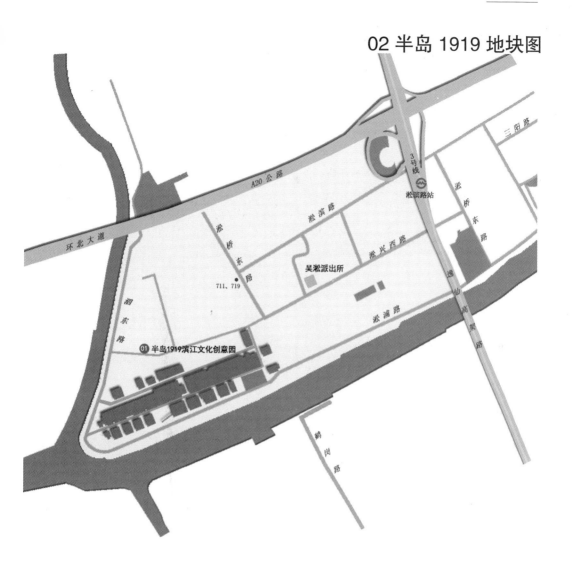

01 半岛 1919 滨江文化创意园
建筑用途：办公建筑
地理位置：淞兴西路 258 号
开放时间及电话：021–56846258
公共交通：轨道交通 3 号线，公交
711、719 路
停车场：半岛 1919 滨江文化创意园停
车场
设计：上海纺织控股（集团）＋上海红
坊文化发展有限公司
建成时间：2007 年
建筑面积：73000 平方米
建筑层数：1 ～ 2 层
建筑结构：砖混结构
Bund 1919
Construction purposes：Office
Location：258 Songxing Road（W）

01 半岛 1919 滨江文化创意园
半岛 1919 原为上海第八棉纺织厂，目
前仍完好地保存有原厂不同历史时期的
各式建筑，包括部分优秀历史建筑。整
个改造设计既保留了一些棉纺织厂的原
有元素，包括纺织机、传送轨道和钟楼
等，同时又体现出现代的朝气蓬勃之气，
成为上海具有时尚元素的国际创意园。

闵行区

闵行区区域图

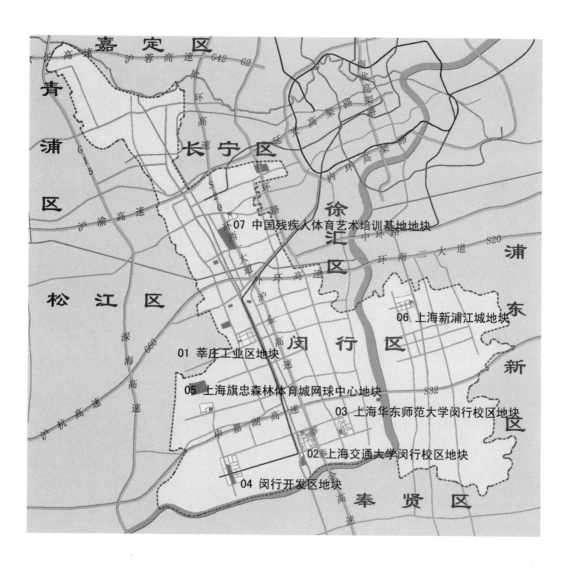

01 莘庄工业区地块图

申北路

● 747、闵行6路

银都路

沪闵路

莘春线

申旺路

春东路

春光路

中春路

春中路

申富路

02 建科院莘庄综合楼

01 建科院生态建筑示范楼

金都路

● 747路

01 建科院生态建筑示范楼
建筑用途：办公建筑
地理位置：申富路 568 号
电话：021-54428584
公共交通：轨道交通 5 号线，公交 747
路，莘春线
停车场：建科院生态建筑示范楼停车场
设计：上海市建筑科学研究院
建成时间：2005 年
建筑面积：1994 平方米
建筑层数：3 层
建筑结构：钢筋混凝土框架结构
Ecological Demonstration Building of
China Academy of Building Research
in Shanghai
Construction purposes：Office
Location：568 Shenfu Road

01 建科院生态建筑示范楼
建科院生态示范楼占地面积 905 平方
米，高度为 17 米。一层为展厅，二三
层为上海建科院科研示范基地办公场
所，是上海市科委重大科技攻关项目"生
态建筑关键技术研究与系统集成"的示
范工程。该建筑的基本理念是"节约能
源、节省资源、保护环境、以人为本"。
具有自然通风、超低能耗、天然采光、
健康空调、再生能源、绿色建材、智能
控制、资源回用、生态绿化、舒适环境
等特点。

02 建科院莘庄综合楼
办公主楼建筑面积为 4573 平方米、科
研附楼为 2402 平方米、地下车库及其
配套用房为 3017 平方米，包括节能、
声学等专业研究室。莘庄综合楼作为夏
热冬冷地区的绿色办公建筑，内部大量
运用了生态建筑的设计手法。与以往的
生态建筑偏重技术而忽略形态不同，整
个建筑形态层层错开，具有强烈的视觉
冲击力。材料上不仅达到了生态的技术
要求，更增强了形态上的美感。

02 建科院莘庄综合楼
建筑用途：办公建筑
地理位置：申富路 568 号
电话：021-54428584
公共交通：轨道交通 5 号线，公交 747
路，莘春线
停车场：建科院莘庄综合楼停车场
设计：上海市建筑科学研究院
建成时间：2009 年
建筑面积：9992 平方米
建筑层数：主楼地上 7 层、附楼 4 层、
地下 1 层
建筑结构：钢筋混凝土框架结构
Xinzhuang Building of China Academy
of Building Research
Construction purposes：Office
Location：568 Shenfu Road

02 上海交通大学闵行校区地块图

剑川路

闵吴线、南闵专线

南麒线、宝钱专线、莲庄专线

东坪专线
剑川路站

816、宝钱专线、徐闵线、松闵线、
莘海专线、莘荷线、闵吴线、闵莘线、
虹桥枢纽4、虹桥枢纽5、闵行16路

沪闵路

01 上海交通大学体育馆

经三路

南洋北路

第四餐饮大楼

纬六路

莘奉金高路

沧源路

包玉刚图书馆

经三路

第一餐饮大楼

纬二路

南洋南路

东川路站

菁菁堂

留园

东川路

永平路

联三路

01 上海交通大学体育馆
建筑用途：体育建筑
地理位置：东川路 800 号
开放时间及电话：周一～周五
16：00～22：00，周六至周日
9：00～22：00，021-54745794
公共交通：轨道交通 5 号线，公交 816
路，宝钱专线，莲庄专线，南闵线，徐
闵线，松闵线，莘海专线，莘荷线，闵
吴线，闵莘线，南嘉线，虹桥枢纽4、5路，
闵行 16 路
停车场：上海交通大学体育馆停车场
设计：上海建筑设计研究院
建成时间：2007 年
建筑面积：19950 平方米
建筑层数：1 层
建筑结构：钢筋混凝土框架结构、大跨
度钢结构顶棚覆膜
Gymnasium of Shanghai Jiaotong
University
Construction purposes：Sport
Location：800 Dongchuan Road

01 上海交通大学体育馆
比赛馆设置座位 7210 座，建筑高度
29.34 米，用地面积 57000 平方米，可
举办各类大中型比赛和文娱活动。具有
宏伟的建筑规模、新颖独特、轻盈剔透
的建筑造型，是交大的标志性建筑物。
建筑主体是由一个椭圆体和一个斜置圆
台构成，分别容纳比赛场地和训练场地。
体育比赛时可满足篮球、手球、体操等
多种国际体育比赛的要求，可布置篮球、
羽毛球、排球等多种场地组合以及承担
各种类形的国内国际活动。体育馆内的
比赛馆和训练馆（学生比赛用）并列整
合在一个卵形的平面轮廓中，比赛场地
尺寸为 60 米×40 米，训练场地尺寸
为 59 米×35 米。

03 上海华东师范大学闵行校区地块图

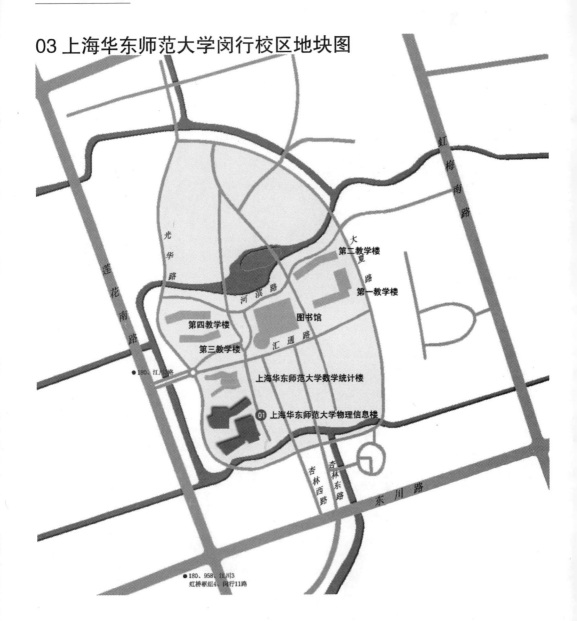

第二教学楼

第一教学楼

第四教学楼

图书馆

第三教学楼

汇通路

上海华东师范大学数学统计楼

01 上海华东师范大学物理信息楼

光华路

河滨路

大夏路

莲花南路

虹梅南路

杏林西路

杏林东路

东川路

●180、江川路

●180、958、江川3
虹桥枢纽4、闵行11路

01 华东师范大学物理信息楼
建筑用途：文化建筑
地理位置：东川路 500 号
电话：021-54344870
公共交通：公交 180、958 路，江川 3 路，
虹桥枢纽 4 路，闵行 11 路
停车场：华东师范大学物理信息楼停车场
设计：同济大学建筑设计研究院
建成时间：2007 年
建筑面积：33000 平方米
建筑层数：4～6 层
建筑结构：钢筋混凝土框架结构
Department of Physics and School
of Information Science & Technology
Building, East China Normal University
Construction purposes：Culture
Location：500 Dongchuan Road

01 华东师范大学物理信息楼
建筑体块始于简单的长方体，一分为二
后以类似却不完全相同的方式扭曲，
形成了既统一又富于变化的形体关系。
这两条狭长的体量源自同一个实体，在
外力切割下分开。

04 闵行开发区地块图

01 闵行生态园接待中心
建筑用途：办公建筑
地理位置：闵行经济技术开发区东川路
（昆阳路口）
电话：021-64622368
公共交通：轨道交通 5 号线，马桥 1 路，
江川 1 路
停车场：闵行生态园停车场
设计：缪朴
建成时间：2004 年
建筑面积：4400 平方米
建筑层数：2 层
建筑结构：钢筋混凝土框架和砖承重墙
混合结构
Reception Center of Minhang
Ecological Garden
Construction purposes：Office
Location：Dongchuan Road, Kunyang
Road

01 闵行生态园接待中心
建筑群全部被墙包围，虽然位于公共绿
地之中，但使用者仍可享受到极强的私
密性。与此同时，多条各种各样的视觉
通道穿越建筑群，如小河及墙上的豁口，
使人们同时又能感受到外面公园及城市
的生活脉搏。中心的每个房间都与一个
室外空间相对，使生活能在人工与自然
的环境中同时展开。室外空间的设计还
借鉴了上海的乡土风景，采用了传统概
念，在建筑上则充分利用我国现代建筑
工业中常用的材料和技术。

05 上海旗忠森林体育城网球中心地块图

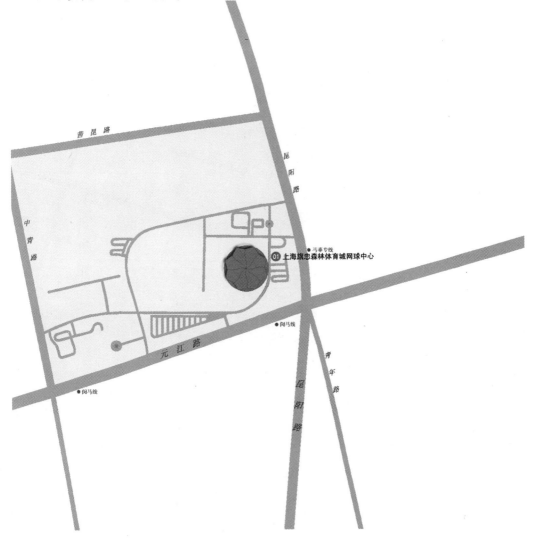

01 上海旗忠森林体育城网球中心
建筑用途：体育建筑
地理位置：元江路 5500 号
电话：021-54981888、54980056
公共交通：闵马线，马莘线，闵行 14 路，
马桥 1 路
停车场：上海旗忠森林体育城网球中心
停车场
设计：日本环境设计研究所＋上海建
筑设计研究院
建成时间：2005 年
建筑面积：26500 平方米
建筑层数：地上 4 层
建筑结构：预应力钢筋混凝土、钢结构
Shanghai Qizhong Forest Sport City
Tennis Center
Construction purposes：Sport
Location：5500 Yuanjiang Road

01 上海旗忠森林体育城网球中心
网球中心用地面积约为 508 亩。主赛场
建筑面积 30649 平方米，建筑物高度
约 40 米。顶棚为钢结构，为了应对上
海多雨和夏季日照强烈的气候特点，采
用可开启式屋盖，开启方式仿佛上海市
市花白玉兰的开花过程。主赛场可容
纳 15000 人，除设有一般观众席外，还
设有贵宾席、记者席（约 150 个，其
中 60 个席位有工作台），残疾人席位
20～30 席。可举办世界最高级别的网
球比赛，还可用于篮球、排球、乒乓球、
体操等比赛。

06 上海新浦江城地块图

01 上海浦江中意文化广场

闵行12路

163、986、闵行20路、南华专线

浦江镇站

01 上海浦江中意文化广场
建筑用途：办公建筑（商业建筑）
地理位置：浦星路 800 号
开放时间及电话：9：30～22：00，
021-54334008
公共交通：轨道交通 8 号线，公交
163、986 路，闵行 12 路，闵行 20 路，
南华专线
停车场：上海浦江中意文化广场停车场
设计：意大利格里高蒂建筑师事务所 +
上海天华建筑设计有限公司
建成时间：2004 年
建筑面积：不详
建筑层数：2 层
建筑结构：钢筋混凝土框架结构
Shanghai–Pujiang Sino–Italian Center
Construction purposes：Office
（Commerce）
Location：800 Puxing Road

01 上海浦江中意文化广场
中意文化广场整幢建筑坐落在 1 米高的
平台上，并且将 9 米作为建筑顶部的统
一高度，瞭望塔的部分高度上升到 30
米，整个建筑长 150 米。形象纯净且厚
重，极具体量感，拔地而起的瞭望塔可
纵观新城的风貌。整个广场及建筑外观
的整体性反映未来整个新城规划的条理
性、完整性。以内部空间复杂性反映新
城规划思想的丰富性、多元化，创造与
城市的亲和空间，力求表现意大利文化
的中国现代建筑。

07 中国残疾人体育艺术培训基地地块图

01 中国残疾人体育艺术培训基地（诺宝中心）

建筑用途：城市综合体
地理位置：漕宝路 1688 号
开放时间及电话：全天，021-64191688
公共交通：轨道交通 9 号线，公交 92 路 B 线、92、735、739、763、953 路，上佘定班线，上佘线，南佘专线
停车场：诺宝中心停车场
设计：同济大学高新建筑技术设计研究所
建成时间：2000 年
建筑面积：23378 平方米
建筑层数：地上 7 层，地下 1 层
建筑结构：混合结构
The Athletic Art Training Base for Disabled People（Nobel Center）
Construction purposes：Urban Complex
Location：1688 Caobao Road

01 中国残疾人体育艺术培训基地（诺宝中心）

占地面积为 39906 平方米，包括室内游泳池、体育场馆、文艺演出场馆和公寓楼四个内容，建筑形态各自表达了因功能需要而形成的空间形态特色，外观由白色金属墙面和无色透明玻璃幕墙及窗组成，是漕宝路上一颗明珠，放射出强列的生命之光，向残疾人和健康人张开欢迎的臂膀。

嘉定区

嘉定区区域图

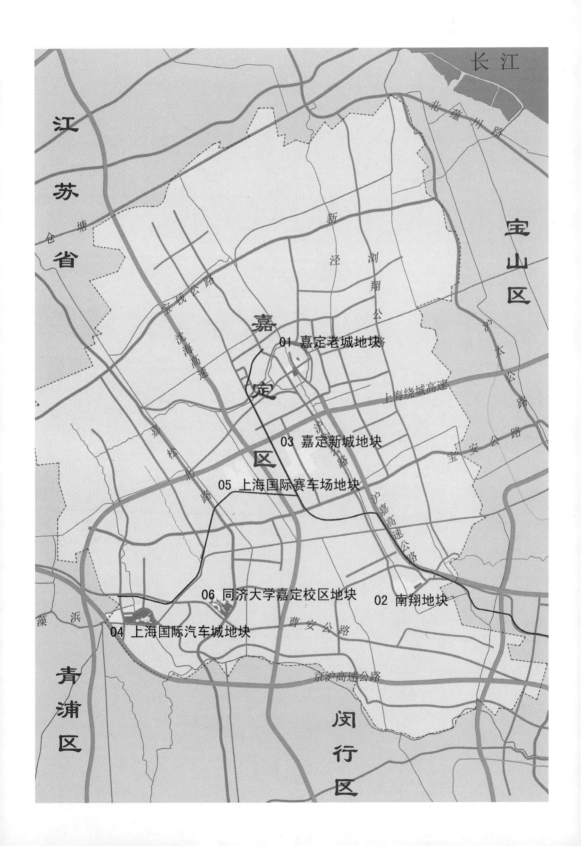

01 嘉定老城地块图

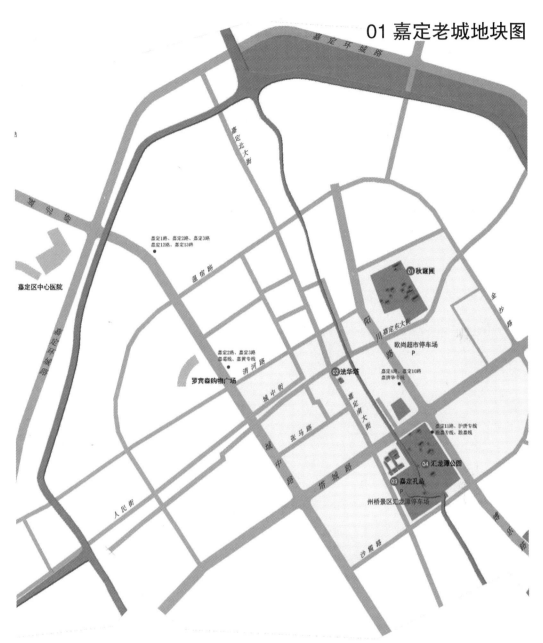

01 秋霞圃（上海市文物保护单位）
建筑用途：园林建筑
地理位置：东大街 314 号
开放时间及电话：5:00 ～ 17:00
（5/1 ～ 9/30）、6:00 ～ 17:00
（10/1 ～ 4/30），021-59531949
公共交通：轨道交通 11 号线，公交嘉
定 4、10 路，嘉唐华专线
停车场：欧尚超市停车场
设计：未知
建成时间：1502 年（明弘治十五年始建）
建筑面积：未知
建筑层数：1 ～ 2 层
建筑结构：砖木结构
Qiuxia Garden
Construction purposes：Garden
Location：314 Dongda Street

01 秋霞圃（上海市文物保护单位）
秋霞圃是上海五大古典园林之一，占地
45.36 亩，是历史最悠久、保存最完整
的一座园林。秋霞圃是由三座私家园林
（明代龚氏园、沈氏园、金氏园）和邑
庙（城隍庙）合并而成。全园布局精致、
环境幽雅，园内茂林修竹、奇花异树，
亭台楼阁、曲径通幽，堪称园中有园，
景中有景。

03 嘉定孔庙（上海市文物保护单位）

建筑用途：纪念建筑
地理位置：南大街 183 号
开放时间及电话：8：00 ～ 16：00，
021-59533789
公共交通：轨道交通 11 号线，公交嘉
定 4、10、11 路，沪唐专线，淞嘉专线，
淞嘉线，嘉唐华专线
停车场：州桥景区汇龙潭停车场
设计：未知
建成时间：1219 年（南宋嘉定十二年
始建）
建筑面积：未知
建筑层数：1 层
建筑结构：砖木结构
Jiading Confucius Temple
Construction purposes：Monument
Location：183 Nanda Street

02 法华塔（金沙塔，上海市文物保护单位）

建筑用途：宗教建筑
地理位置：南大街 394 号
开放时间及电话：8：00 ～ 16：30，
021-59919581
公共交通：轨道交通 11 号线，公交嘉
定 4、10 路，嘉唐华专线
停车场：欧尚超市停车场
设计：未知
建成时间：1205 ～ 1207 年（南宋开
禧年间始建）
建筑面积：未知
建筑层数：7 层
建筑结构：砖木结构
Fahua Pagoda（Jinsha Pagoda）
Construction purposes：Religion
Location：394 Nanda Street

02 法华塔（金沙塔，上海市文物保护单位）

嘉定法华塔又名金沙塔。位于东、南、西、北四条大街交叉处，是嘉定古城的中心。塔高 40.83 米，是当时古城的最高点，在塔顶可俯视全城景色。各层都有平座、栏杆和腰檐，层间飞檐翘角。法华塔经过几次大修，规模比较大的如大元年（1308 年）、万历三十六年（1608 年）、民国十三年（1924 年）的重修，特别是 1996 年底完成的大修，使得这一古典建筑中的魁宝得以保存，并焕发出新的光彩。

03 嘉定孔庙（上海市文物保护单位）

嘉定孔庙是嘉定第一任知县高衍孙创建。内有兴贤坊、育才坊、仰高坊三座石柱牌楼，中轴线上依次有棂星门、泮池桥、大成门、大成殿。门前为甬道。大成殿是孔庙的主体建筑，重檐歇山顶，面阔及进深均为 5 间，崇基石栏，檩、枋上施木纹彩绘，现为中国科举博物馆。

04 汇龙潭公园

汇龙潭由五条河流汇集而成，应奎山坐落潭中，被绿水怀抱，犹如一颗明珠，中国自古有五龙抢珠之称，汇龙潭因此而得名。汇龙潭公园风景如画，园内有四宜亭、魁星阁、怡安堂、缀华堂、万佛宝塔、畅观楼、集乐亭等诸多建筑。整个园区布局错落有致，精巧异常，是上海五大古典园林之一。

04 汇龙潭公园

建筑用途：园林建筑
地理位置：塔城路 299 号
开放时间及电话：8：00 ～ 16：30，
021-59532604
公共交通：轨道交通 11 号线，公交嘉
定 4、10、11 路，沪唐专线，淞嘉专线，
淞嘉线，嘉唐华专线
停车场：州桥景区汇龙潭停车场
设计：未知
建成时间：1588 年（明万历十六年始建）
建筑面积：未知
建筑层数：1 ～ 2 层
建筑结构：砖木结构
Huilongtan Park
Construction purposes：Garden
Location：299 Tacheng Road

01 云翔寺

云翔寺初名"白鹤南翔寺"，后康熙赐额"云翔寺"。现在的云翔寺为 2004 年重建，仅有一对南翔双塔。古猗园内的唐石经幢和宋普同塔为古寺遗迹。以唐风复建的云翔寺规模宏大，布局严谨合理，分三进院落，沿中轴线依次为山门、观音殿、大雄宝殿和藏经楼，左右对称布置有伽蓝殿、大势至殿、钟楼、鼓楼、文殊殿、普贤殿、上客堂、僧寮等建筑，并有迴廊围绕。地下还建有功德堂、万佛堂。其中大雄宝殿为 7 开间，重檐庑殿顶。

02 南翔地块图

11 号线　沪嘉高速

南翔2路、南翔3路、嘉翔线

南翔站

民主东街

古猗园路

南翔1路、南翔2路、
南翔3路、嘉翔线

德园路

03 古猗园

真南路

南翔3路

南翔1路、南翔2路、
南翔3路、嘉翔线

562路、南翔1路、
南翔2路、嘉翔线

南翔汽车站

562路、822路、南翔1路、
南翔2路、嘉定52路、嘉翔线、
北嘉线、虎南线、罗南线

劳动街

沪宜公路

03 古猗园

建筑用途：园林建筑
地理位置：沪宜公路 218 号
开放时间及电话：7：00 ～ 18：00，
021-59127883
公共交通：轨道交通 11 号线，公交
562、822 路，南翔 1、2、3 路、嘉定
52 路，嘉翔线，北嘉线，虎南线，罗
南线
停车场：古猗园停车场
设计：朱三松
建成时间：1522 ～ 1566 年（明代嘉
靖年间始建）
建筑面积：占地 146 亩
建筑层数：1 ～ 2 层
建筑结构：砖木结构
Guyi Garden
Construction purposes：Garden
Location：218 Huyi Road

02 南翔双塔（上海市文物保护单位）

南翔双塔原建在白鹤南翔寺山门内两
侧，是我国目前仅存的历史最悠久的仿
木结构楼阁式砖塔。塔身七级八面，高
11 米，采用砖structure结构构件。塔上为火焰
形壶门，直棂窗，精巧的小斗栱和栏杆，
塔刹秀挺，显现出唐宋风格，具有极高
的历史艺术价值。

03 古猗园

朱三松为明代嘉定竹刻家。古猗园是上
海五大古典园林中规模最大的一座，原
名猗园，取"绿古猗园竹猗猗"之意而
名。建筑景观布局精致，逸野堂、梅花
厅、春藻堂、翠霭楼、柳带轩等亭台楼
阁。平面形式多种多样，立体造型变化
多端，充分体现了江南园林建筑活泼精
巧的特点。建筑与景观有机结合，体现
出"亭台到处皆临水，屋宇虽多不碍山"
的意境。

01 云翔寺

建筑用途：宗教建筑
地理位置：南翔镇人民街 100 号
开放时间及电话：7：30 ～ 16：30，
初一、十五香期时间 5：30 ～ 16：30，
021-59123333
公共交通：轨道交通 11 号线，公交嘉
定 52 路，南翔 3 路，北嘉线
停车场：老街停车场
设计：中国建筑上海设计研究院（重建）
建成时间：505 年（梁天监四年始建）、
2004 年（重建）
建筑面积：10000 平方米
建筑层数：地上 1 ～ 2 层，地下 1 层
建筑结构：钢筋水泥混凝土结构
Yunxiang Temple
Construction purposes：Religion
Location：100 Renmin Street, Nanxiang

02 南翔双塔（上海市文物保护单位）

建筑用途：宗教建筑
地理位置：南翔镇安仁街 132 号
公共交通：轨道交通 11 号线，公交嘉
定 52 路，南翔 3 路，北嘉线
停车场：老街停车场
设计：不详
建成时间：五代至北宋初年（始建）
建筑面积：不详
建筑层数：7 级
建筑结构：砖木结构
Nanxiang Double Pagoda
Construction purposes：Religion
Location：132 Anren Street, Nanxiang

03 嘉定新域地块图

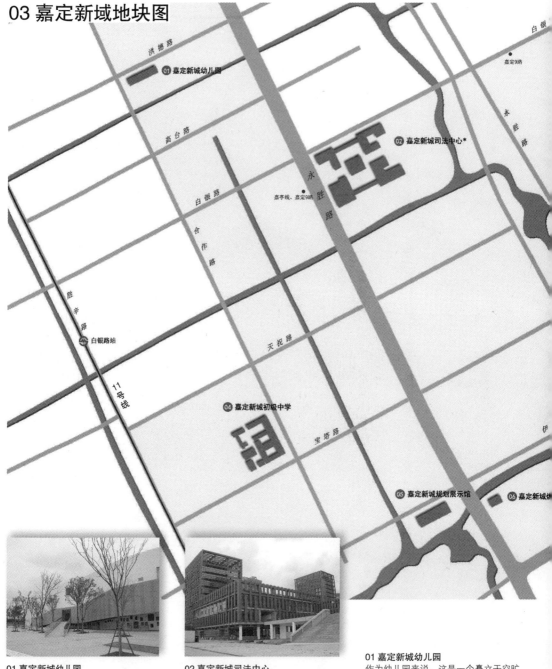

01 嘉定新城幼儿园
建筑用途：文化建筑
地理位置：新城中心区 A10-2 地块
开放时间及电话：不开放，暂无
公共交通：轨道交通 11 号线
停车场：嘉定新城幼儿园停车场
设计：大舍建筑设计事务所
建成时间：2010 年
建筑面积：6600 平方米
建筑层数：3 层
建筑结构：框架结构
Kindergarten In Jiading New Town
Construction purposes：Culture
Location：A10-12 Block in New Town

02 嘉定新城司法中心
建筑用途：办公建筑
地理位置：新城中心区 D01-1 地块
开放时间及电话：暂无
公共交通：轨道交通 11 号线，公交嘉
亭线，嘉定 9 路
停车场：嘉定新城司法中心停车场
设计：同济大学建筑设计研究院
建成时间：在建
建筑面积：100000 平方米
建筑层数：4 ～ 18 层
建筑结构：框架结构
Justice Centre In Jiading New Town
Construction purposes：Office
Location：D01-1 Block in New Town

01 嘉定新城幼儿园
作为幼儿园来说，这是一个矗立于空旷
的环境中的非常完整有力的体量。建筑
分南北两个部分，北侧体块是主要的
交通空间，由许多连接不同高度的坡
道组成的中庭；南侧体块则是主要的
教学用房，15 个班级的活动室和卧室，
还有一些合班使用的大教室。建筑在
空间处理、立面开洞、材料运用及色
彩搭配上都进行了有益的尝试，给人
一种清新的感觉，"一"字形排开的体
量并不显得单调。景观设计中采用了
集中绿化最大化的布置方式，场地布
置中除了建筑、道路广场及幼儿活动用
地外，全部为绿地。

03 嘉定保利大剧院
建筑用途：观演建筑
地理位置：嘉定新城中心区 D10-15 地块
开放时间及电话：暂无
公共交通：轨道交通 11 号线，公交嘉定 9 路
停车场：嘉定保利大剧院停车场
设计：安藤忠雄（日）
建成时间：2013 年（预计）
建筑面积：50000 平方米
建筑层数：2 层
建筑结构：框架结构
Jiading Poly Theatre
Construction purposes：Performance
Location：D10-15 Block Jiading New Town

05 嘉定新城规划展示馆
建筑用途：展览建筑
地理位置：伊宁路 999 号
开放时间及电话：8：30 ～ 17：00，021-69521596
公共交通：轨道交通 11 号线，公交嘉定 9 路
停车场：嘉定新城规划展示馆停车场
设计：大舍建筑设计事务所
建成时间：2009 年
建筑面积：6750 平方米
建筑层数：3 层
建筑结构：框架结构
Urban Planning Exhibition Hall In Jiading New Town
Construction purposes：Exhibition
Location：999 Yining Road

02 嘉定新城司法中心
嘉定新城司法中心由区公安分局、区法院、区检察院办公大楼等组成。外幕墙采用纵横交错的"嘉定草编"形象，材料选用节能型复合保温铝板和双层中空玻璃，这两种材料可有效保持室内温度，达到节能效果。建筑群体以大台阶通往中心大厅，四周通过裙房连接三栋塔楼，显得气派、雄壮。

03 嘉定保利大剧院
安藤忠雄的这一新作被称为"水景剧院"。建筑沿用他一贯擅用的混凝土外观，形态为两个长方形盒状，内部空间颇具层次感。其圆筒式的入口、休息厅和交通走廊等空间设计，打破了传统意义上的剧院概念，依傍水景的全新理念使建筑元素与人文元素相得益彰。建筑周围被一片葡萄种植园环绕，建筑前还有一条小河穿越而过。安藤忠雄在设计方案中表示："基地周围草木茂盛，一条小河缓缓流过，美丽的乡村风景在眼前慢慢铺开。"

04 嘉定新城初级中学
新城初级中学建筑风格体现了现代语言和历史文化的融合。按照校园功能分为教学区、运动区和生活区。主教学楼中一至三层为学生教室、实验室、教师办公室、行政办公室等，第四层为学生宿舍。在空间构成处理上，教学楼底层采用架空形式，保证了学生即使在下雨的情况下，也有空旷的活动场地；同时也让学生有比较开阔的视野。结构设计采用现浇钢筋混凝土空心楼板的新工艺，一方面提升了建筑的空间尺度，提高了建筑本身的保温隔音效果；另一方面也使室内和走廊显得整洁美观。在二层以上外围设计采用聚碳酸酯板作围护，使整个学校仿佛是一个轻盈纯净的盒子漂浮在庭院的绿化之上。

04 嘉定新城初级中学
建筑用途：文化建筑
地理位置：新城中心区 B19-2 地块
开放时间及电话：暂无
公共交通：轨道交通 11 号线，公交嘉亭线，嘉定 9 路
停车场：嘉定新城初级中学停车场
设计：法国雅克·费尔叶建筑事务所
建成时间：2010 年
建筑面积：19533 平方米
建筑层数：4 层
建筑结构：框架结构
Junior High School In Jiading New Town
Construction purposes：Culture
Location：B19-2 Block in New Town

06 嘉定新城燃气门站办公楼
建筑用途：办公建筑
地理位置：永胜路 800 号
开放时间及电话：
周一～周五 8：00～16：00，电话暂无
公共交通：轨道交通 11 号线，公交嘉定 9 路
停车场：嘉定新城燃气门站停车场
设计：大舍建筑设计事务所
建成时间：2009 年
建筑面积：2250 平方米
建筑层数：3 层
建筑结构：框架结构
Gas Management Centre in Jiading New Town
Construction purposes：Office
Location：800 Yongsheng Road

05 嘉定新城规划展示馆
建筑设计将大空间厂房改造成集展示、办公一体化的建筑，建筑整体姿态构思为"眺望风景"，加建体块采用金属扩张网板外包，体现现代感和新颖感，追求金属与混凝土的和谐对比。新体块的南面全为透明玻璃幕墙，拥有良好景观。改造加建的建筑形态既挺伸向绿竹优美的林木水面，仿佛在与自然环境进行对话。

06 嘉定新城燃气门站办公楼
基地北面临河，西临嘉定新城区最主要的一条南北干道，南侧和东侧是两块尚未建设的荒地。建筑北立面外形犹如几块漂移而出的"盒子"，呼之欲出，采用了预锈锈钢板作为建筑表面，凝重而干练。由于这些房间的游离，形成了小小的内庭院，建筑内部空间由此产生节奏感，并加强了建筑的采光效果。庭院空间通过使用竹胶板以及白色砾石的地面材料，与游离出来的盒子形成鲜明对比，让人眼前一亮。

04 上海国际汽车城地块图

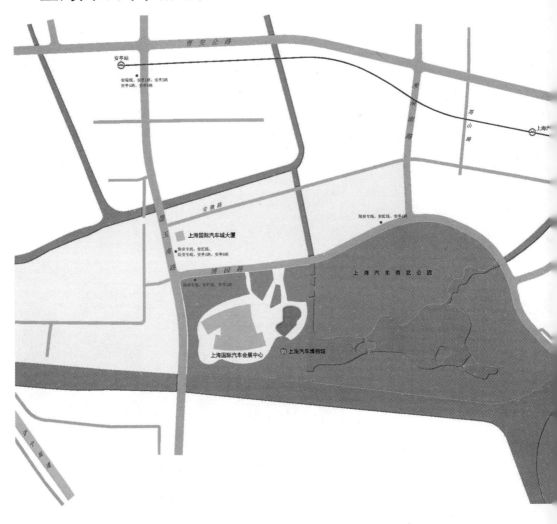

01 上海汽车博物馆
建筑用途：展览建筑
地理位置：安亭镇博园路 7565 号
开放时间及电话：9：30～16：00，
周一闭馆，021-69550055
公共交通：轨道交通 11 号线，翔安专线，
安虹线，陆安专线，安亭 4、6 路
停车场：上海汽车博物馆停车场
设计：德国 IFB 建筑设计公司＋同济
大学建筑设计研究院
建成时间：2006 年
建筑面积：27985 平方米
建筑层数：5 层
建筑结构：钢框架 – 混凝土筒体混合
结构
Shanghai Auto Museum
Construction purposes：Exhibition
Location：7565 Boyuan Road, in
Anting

01 上海汽车博物馆
上海汽车博物馆是国内首个专业汽车博
物馆。建筑设计以"空间的沟通与融会，
视觉的穿透与交流"为理念。建筑内部
两个中庭贯穿 3 层展览空间，中部设置
有 3 座透明电梯，采用弧形坡道联系上
下层空间，层次丰富，凸显动感，4 个
混凝土筒体分布其中，与通透的大厅和
玻璃电梯形成强烈的虚实对比。建筑外
部形态采用流动曲线，体块交错，动感
十足。设置大片玻璃幕墙，在建筑内部
空间形成丰富的光影效果，材料的搭配，
色彩的运用，凸显出强烈的现代感和运
动感主题。

05 上海国际赛车场地块图

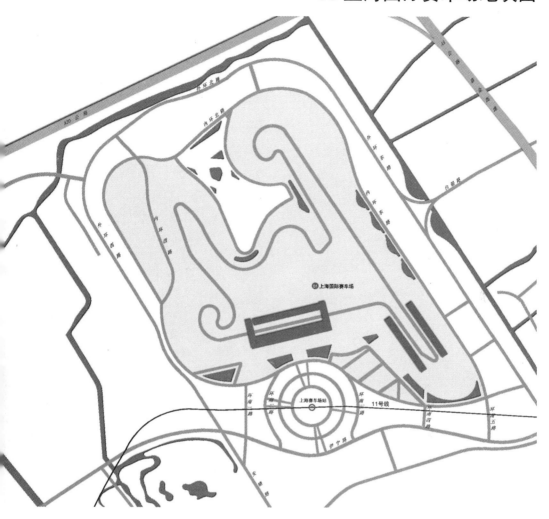

01 上海国际赛车场
建筑用途：体育建筑
地理位置：伊宁路 2000 号
开放时间及电话：周一至周日
9：30～15：30，021-69569999
公共交通：轨道交通 11 号线
停车场：上海国际赛车场停车场
设计：德国惕克公司＋上海建筑设计
研究院＋上海市政设计研究院
建成时间：2004 年
建筑面积：165000 平方米
建筑层数：地上 9 层、地下 1 层
建筑结构：钢筋混凝土框架体系、钢
筋混凝土框架－剪力墙体系、钢结构、
钢索膜、预应力结构等
Shanghai International Circuit
Construction purposes：Sport
Location：2000 Yining Road

01 上海国际赛车场
上海国际赛车场是一个功能齐全、规模
庞大、技术先进的国际化赛车场，用地
面积为 53000 平方米，建筑高度为 45
米。由赛车场区、商业博览区、文化娱
乐区和发展预留区等组成，总平面结合
绿化设计，呈园林布局形式。主看台长
400 米、宽 40.6 米，呈阶梯形由南向北
递高，高达 40.42 米，屋顶采用悬挑钢
结构，出挑达 40 米。副看台采用膜结
构，造型犹如亭亭而立的伞。设计融现
代建筑艺术造型与中国传统文化理念于
一体，通过形态、色泽和材料，表达创
新和传承文脉的完美结合。

06 同济大学嘉定校区地块图

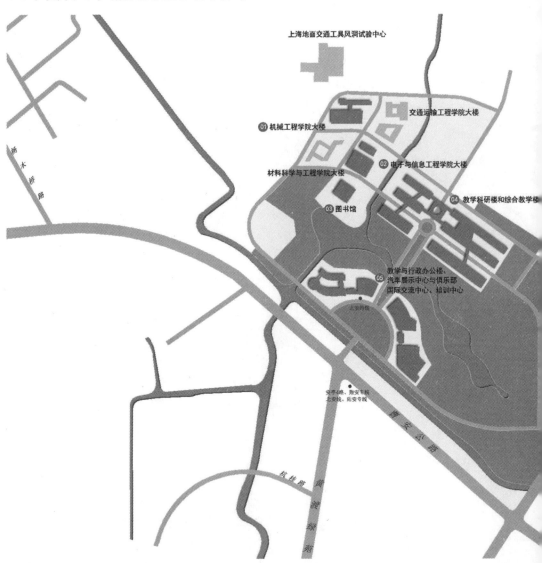

上海地面交通工具风洞试验中心

交通运输工程学院大楼

01 机械工程学院大楼

02 电子与信息工程学院大楼

材料科学与工程学院大楼

04 教学科研楼和综合教学楼

09 图书馆

05 教学与行政办公楼、
汽车展示中心与俱乐部
国际交流中心、培训中心

北安约桥

安亭4路、翔安专线
北安线、陆安专线

曹安公路

杭挂胶黄
港绞苑

01 机械工程学院大楼
建筑用途：文化建筑
地理位置：曹安路 4800 号
开放时间及电话：7：00 ～ 22：00，
021-69589712
公共交通：轨道交通 11 号线，公交安
亭 4 路，翔安专线，北安线，北安跨线，
陆安专线
停车场：同济大学嘉定校区停车场
设计：同济大学建筑设计研究院
建成时间：2007 年
建筑面积：20620 平方米
建筑层数：4 层
建筑结构：框架结构
College of Mechanical Engineering
Building
Construction purposes：Culture
Location：4800 Caoan Road

01 机械工程学院大楼
机械工程学院大楼设计强调表现建筑的
整体性、前瞻性、功能性及生态创新性
等原则。强调建筑群体内部交通组织的
动静结合，通过开放的水平走廊联通建
筑群体，形成"点、线、面"相互结合
的空间组织形式，建筑外部横竖线条和
建筑体块对比强烈，体现出机械工程刚
劲有力的特点。

02 电子与信息工程学院大楼
电子与信息学院大楼采用围合式建筑布
局，并在东南侧留出广场空间，西北侧
放置实验楼，顶部出挑的建筑体块自然
形成下部入口大厅的挑檐。整个建筑形
体简洁、有力，并形成丰富的立面效果。

04 教学科研楼和综合教学楼
建筑用途：文化建筑
地理位置：曹安路 4800 号
开放时间及电话：7：00 ～ 22：00，
021-69589712
公共交通：轨道交通 11 号线，公交安
亭 4 路，翔安专线，北安线，北安跨线，
陆安专线
停车场：同济大学嘉定校区停车场
设计：同济大学建筑设计研究院
建成时间：2005 年
建筑面积：96095 平方米
建筑层数：4 层
建筑结构：框架结构
Teaching and Studing Building
Construction purposes：Culture
Location：4800 Caoan Road

03 图书馆
建筑用途：文化建筑
地埋位置：曹安路 4800 号
开放时间及电话：7：00 ～ 22：00，
021-69589712
公共交通：轨道交通 11 号线，公交安
亭 4 路，翔安专线，北安线，北安跨线，
陆安专线
停车场：同济大学嘉定校区停车场
设计：同济大学建筑设计研究院
建成时间：2006 年
建筑面积：34620 平方米
建筑层数：14 层
建筑结构：框筒结构
Library
Construction purposes：Culture
Location：4800 Caoan Road

03 图书馆
同济大学嘉定校区图书馆处在校区三条校园主轴线的交汇点，南面临湖，绿荫环绕，景色优美，是校园的制高点和标志性建筑。图书馆建筑外观为一个简洁现代的方盒子，外墙采用花岗岩和镀膜钢化玻璃。平面呈正方形，约 52 米见方，内部空间丰富，并设有多处共享中庭和绿化景观中庭，同时还营造出多处交谈空间、学习空间、休息空间、个人研究空间等个性化空间。

04 教学科研楼和综合教学楼
教学科研楼和综合教学楼位于校园中心位置，其中教学科研楼建筑面积为 55047 平方米，综合教学楼建筑面积为 41048 平方米。虽然整个建筑群体量庞大，但建筑布置井然有序，各楼形体相互统一又各具特点，楼宇之间通过空中步道相连，主干道中心处为大跨度空中连接体。建筑立面以混凝土、玻璃和钢材为主，现代感十足。

02 电子与信息工程学院大楼
建筑用途：文化建筑
地理位置：曹安路 4800 号
开放时间及电话：7：00 ～ 22：00，
021-69589712
公共交通：轨道交通 11 号线，公交安
亭 4 路，翔安专线，北安线，北安跨线，
陆安专线
停车场：同济大学嘉定校区停车场
设计：同济大学建筑设计研究院
建成时间：2007 年
建筑面积：29936 平方米
建筑层数：7 层
建筑结构：框架结构
School of Electronics and Information
Engineering Building
Construction purposes：Culture
Location：4800 Caoan Road

**05 教学与行政办公楼、汽车展示中心
与俱乐部、国际交流中心、培训中心**
建筑用途：文化建筑
地理位置：曹安路 4800 号
开放时间及电话：7：00 ～ 22：00，
021-69589712
公共交通：轨道交通 11 号线，公交安
亭 4 路，翔安专线，北安线，北安跨线，
陆安专线
停车场：同济大学嘉定校区停车场
设计：同济大学建筑设计研究院
建成时间：2004 年
建筑面积：66692 平方米
建筑层数：5 层
建筑结构：框架结构
Teaching and Administration Building,
Automobile Exhibition Center and
Club, International Exchange Center,
Training Center
Construction purposes：Culture
Location：4800 Caoan Road

**05 教学与行政办公楼、汽车展示中心与
俱乐部、国际交流中心、培训中心**
这几栋建筑组成校园前区的主要景观，几乎对称的半围合分布，共同勾勒出校前区空间。建筑形体以矩形、弧形体块为主，东西两部分建筑各有一座高 29 米的大门架。教学与行政办公楼建筑面积为 20100 平方米、汽车展示中心与俱乐部建筑面积为 7530 平方米、培训中心建筑面积为 20580 平方米、行政中心建筑面积为 18482 平方米。

金山区

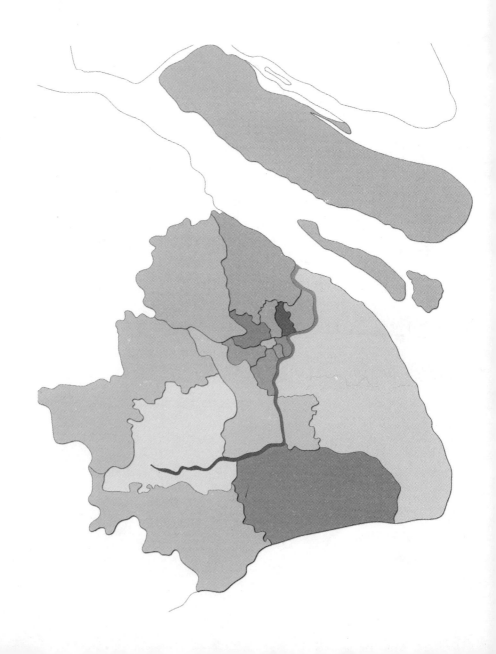

金山区区域图

01 金山区公共服务中心地块图

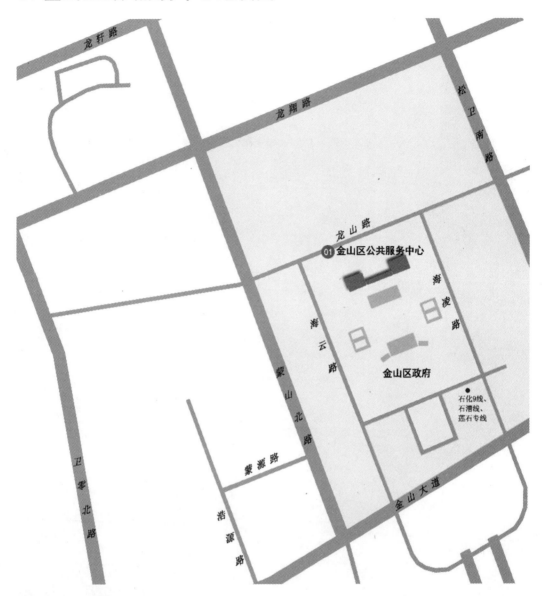

01 金山区公共服务中心
建筑用途：办公建筑
地理位置：龙山路 555 号
开放时间及电话：周一～周五
9：00 ～ 16：30，021-57922287
公共交通：石化 9 线，石漕线，莲石
专线
停车场：金山区公共服务中心停车库
设计：现代都市建筑设计院
建成时间：2008 年
建筑面积：26100 平方米
建筑层数：地上 15 层、地下 2 层
建筑结构：框架结构
Public Service Center of Jinshan
District
Construction purposes：Office
Location：555 Longshan Road

01 金山区公共服务中心
建筑位于区政府办公楼北侧，由办公主
楼和服务裙房组成。采用对称造型，严
肃庄重。主楼立面呈门状，裙房采用多
个长方体组合而成，取渐变方式形成弧
形环抱态势。外立面采用石材、玻璃和
铝板材料，形成色质对比。

松江区

松江区区域图

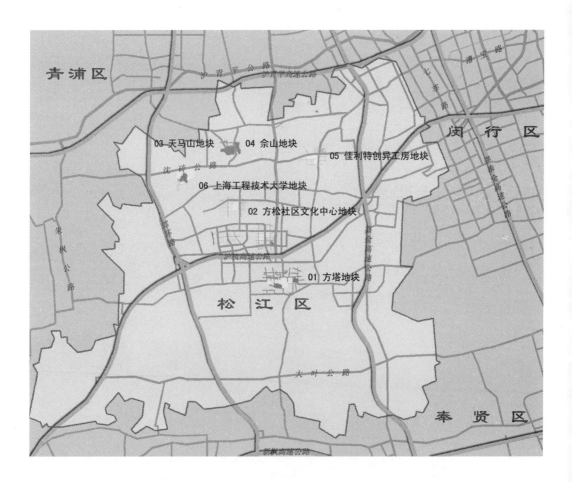

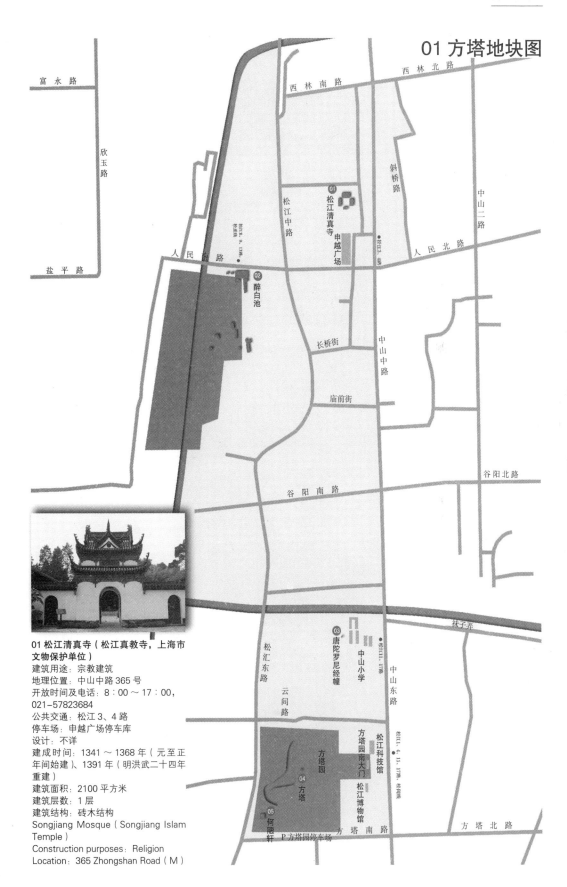

01 方塔地块图

01 松江清真寺（松江真教寺，上海市文物保护单位）

建筑用途：宗教建筑
地理位置：中山中路365号
开放时间及电话：8:00～17:00，
021-57823684
公共交通：松江3、4路
停车场：申越广场停车库
设计：不详
建成时间：1341～1368年（元至正
年间始建）、1391年（明洪武二十四年
重建）
建筑面积：2100平方米
建筑层数：1层
建筑结构：砖木结构
Songjiang Mosque（Songjiang Islam
Temple）
Construction purposes：Religion
Location：365 Zhongshan Road（M）

01 松江清真寺（松江真教寺，上海市文物保护单位）

该寺布局保持了元、明时期伊斯兰教寺与墓合一的传统风格。占地面积 4800 平方米。建筑群包括邦克楼、浴室、教长室和窑殿等建筑，其风格保持了阿拉伯圆柱拱顶式同中国宫殿式建筑相结合的特点。邦克楼和窑殿为砖结构，重檐十字脊，室内为叠涩穹窿圆顶，阿拉伯"拱拜尔"式建筑。礼拜殿面阔 3 间，明代厅堂类型建筑，柱础及月梁均有明代特征。为上海地区最早的一座清真寺。

02 醉白池（松江区文物保护单位）

松江醉白池是上海五大古典园林中最古老的园林，面积 7560 平方米。现存园林部分为清顺治七年工部主事顾大申在明代旧园遗址上所建。现仍保持着明清江南园林风貌，有四面厅、乐天轩、疑舫、雪海堂、宝成楼、池上草堂等亭台楼阁。园林布局以池水为中心，环池三面布置曲廊亭榭，可凭栏赏景。

03 唐陀罗尼经幢（全国重点文物保护单位）

唐陀罗尼经幢是国内现存最古老的石经幢，共 21 级，高 9.3 米，幢身八角形，刻有《佛顶尊胜陀罗尼经》全文及题记。托座、东腰、华盖等部均有精美雕刻纹样，雕刻内容为泳龙、卷云、蹲狮宝相莲花、玉珠、力士、天王、菩萨和供养人等。

04 方塔（兴圣教寺塔、吉云塔，全国重点文物保护单位）

松江方塔，原名兴圣教寺塔，又因塔呈四方形，俗称方塔。通高 42.65 米。沿袭唐代砖塔风格，砖身每层四面开门，门内通道上施叠涩藻井，内室用券门。斗拱大部分保留宋代原物，是江南古塔中保存原始构件较多的一座。

05 何陋轩

何陋轩位于方塔园之东南角的竹林深处、古河道畔的小岛上。茅草覆盖的大屋顶造型仿上海市郊农舍四坡顶弯屋脊形式，毛竹梁架，方砖铺地。建筑四面环水，青砖围砌院墙，古朴自然，与四周竹景相互交融，浑然一体。

02 醉白池（松江区文物保护单位）
建筑用途：园林建筑
地理位置：人民南路 64 号
开放时间及电话：8：00～17：00，
021-57814763
公共交通：松江 8、9、13 路，松重线
停车场：申越广场停车库
设计：顾大申
建成时间：1650 年（清顺治七年始建）、1959 年（修缮扩建并开放）
建筑面积：不详
建筑层数：1 层
建筑结构：砖木结构
Zuibai Garden
Construction purposes：Garden
Location：64 Renmin Road（S）

03 唐陀罗尼经幢（全国重点文物保护单位）
建筑用途：宗教建筑
地理位置：西司弄 43 号
公共交通：松江 4、7、11、22 路，松闵线
停车场：方塔园停车场
设计：不详
建成时间：859 年（唐大中十三年）
建筑面积：5 平方米
建筑层数：21 级
建筑结构：石结构
Tang Dharani Pillar Column
Construction purposes：Religion
Location：43 Xisi Lane

04 方塔（兴圣教寺塔、吉云塔，全国重点文物保护单位）
建筑用途：宗教建筑
地理位置：中山东路 235 号
开放时间及电话：6：00～17：00，
021-57832621
公共交通：松江 4、7、11、22 路，松闵线
停车场：方塔园停车场
设计：不详
建成时间：1068～1094 年（北宋熙宁、元祐年间始建），1975～1977 年（重修）
建筑面积：不详
建筑层数：9 层
建筑结构：砖木结构
Fangta（Pagoda in Xingshengjiao Temple, Jiyun Tower）
Construction purposes：Religion
Location：235 Zhongshan Road（E）

05 何陋轩
建筑用途：园林建筑
地理位置：中山东路 235 号
公共交通：松江 4、7、11、22 路，松闵线
停车场：方塔园停车场
设计：冯纪忠
建成时间：1981 年
建筑面积：510 平方米
建筑层数：1 层
建筑结构：抬梁式竹结构
He Lou Xuan
Construction purposes：Garden
Location：235 Zhongshan Road（E）

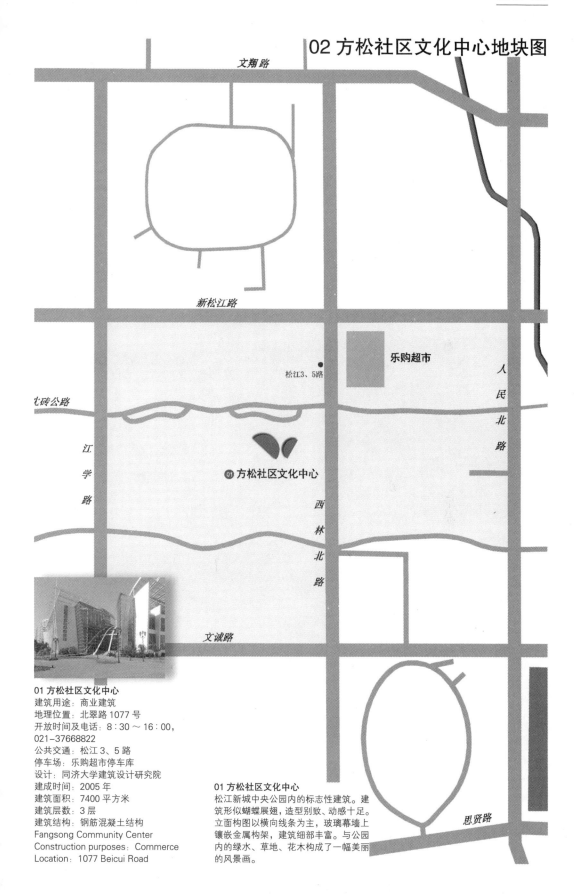

02 方松社区文化中心地块图

文翔路

新松江路

松江3、5路

乐购超市

人民北路

屯砖公路

江学路

⓪ 方松社区文化中心

西林北路

文诚路

思贤路

01 方松社区文化中心
建筑用途：商业建筑
地理位置：北翠路 1077 号
开放时间及电话：8：30 ～ 16：00，
021-37668822
公共交通：松江 3、5 路
停车场：乐购超市停车库
设计：同济大学建筑设计研究院
建成时间：2005 年
建筑面积：7400 平方米
建筑层数：3 层
建筑结构：钢筋混凝土结构
Fangsong Community Center
Construction purposes：Commerce
Location：1077 Beicui Road

01 方松社区文化中心
松江新城中央公园内的标志性建筑。建筑形似蝴蝶展翅，造型别致、动感十足。立面构图以横向线条为主，玻璃幕墙上镶嵌金属构架，建筑细部丰富。与公园内的绿水、草地、花木构成了一幅美丽的风景画。

03 天马山地块图

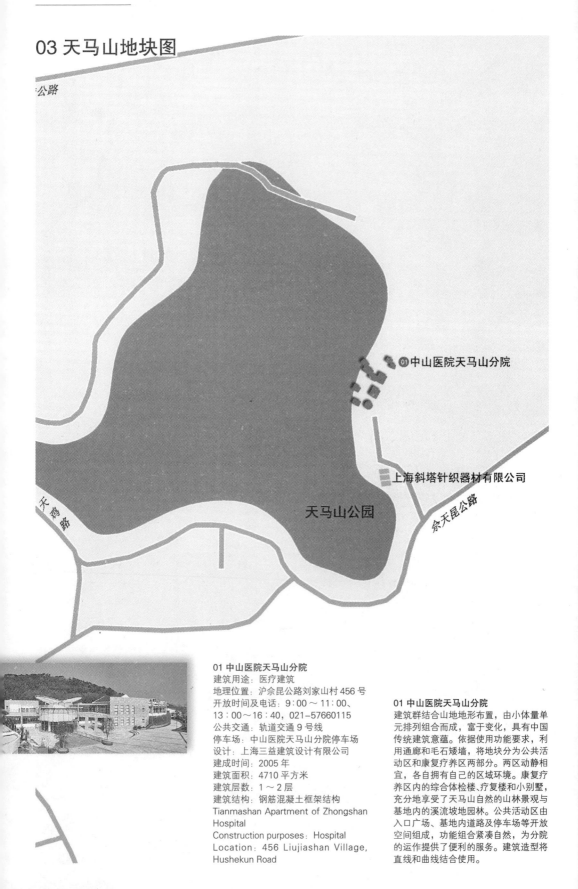

沪金公路

①中山医院天马山分院

上海斜塔针织器材有限公司

天马山公园

天鸡路

佘天昆公路

01 中山医院天马山分院
建筑用途：医疗建筑
地理位置：沪佘昆公路刘家山村 456 号
开放时间及电话：9：00 ～ 11：00、
13：00 ～ 16：40，021-57660115
公共交通：轨道交通 9 号线
停车场：中山医院天马山分院停车场
设计：上海三益建筑设计有限公司
建成时间：2005 年
建筑面积：4710 平方米
建筑层数：1 ～ 2 层
建筑结构：钢筋混凝土框架结构
Tianmashan Apartment of Zhongshan
Hospital
Construction purposes: Hospital
Location：456 Liujiashan Village,
Hushekun Road

01 中山医院天马山分院
建筑群结合山地地形布置，由小体量单
元排列组合而成，富于变化，具有中国
传统建筑意蕴。依据使用功能要求，利
用通廊和毛石矮墙，将地块分为公共活
动区和康复疗养区两部分。两区动静相
宜，各自拥有自己的区域环境。康复疗
养区内的综合体检楼、疗复楼和小别墅，
充分地享受了天马山自然的山林景观与
基地内的溪流坡地园林。公共活动区由
入口广场、基地内道路及停车场等开放
空间组成，功能组合紧凑自然，为分院
的运作提供了便利的服务。建筑造型将
直线和曲线结合使用。

04 佘山地块图

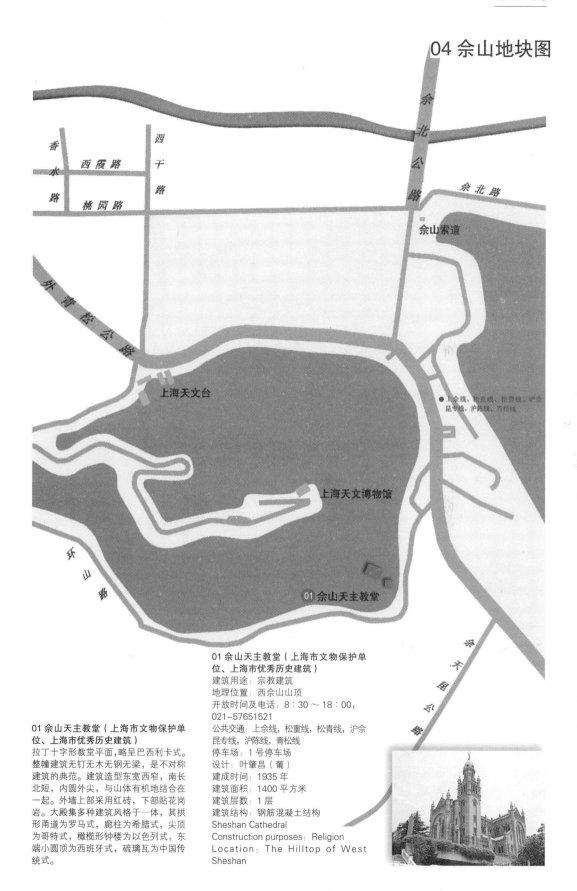

香水路
西霞路
西干路
桃园路
佘北公路
佘北路
佘山索道
外青松公路
上海天文台
● 上佘线、松重线、松青线、沪佘昆专线、沪陈线、青松线
上海天文博物馆
环山路
01 佘山天主教堂
佘天昆公路

01 佘山天主教堂（上海市文物保护单位、上海市优秀历史建筑）
建筑用途：宗教建筑
地理位置：西佘山山顶
开放时间及电话：8：30～18：00，
021-57651521
公共交通：上佘线，松重线，松青线，沪佘昆专线，沪陈线，青松线
停车场：1 号停车场
设计：叶肇昌（葡）
建成时间：1935 年
建筑面积：1400 平方米
建筑层数：1 层
建筑结构：钢筋混凝土结构
Sheshan Cathedral
Construction purposes: Religion
Location: The Hilltop of West Sheshan

01 佘山天主教堂（上海市文物保护单位、上海市优秀历史建筑）
拉丁十字形教堂平面，略呈巴西利卡式。整幢建筑无钉无木无钢无梁，是不对称建筑的典范。建筑造型东宽西窄，南长北短，内圆外尖，与山体有机地结合在一起。外墙上部采用红砖，下部贴花岗岩。大殿集多种建筑风格于一体，其拱形甬道为罗马式，廊柱为希腊式，尖顶为哥特式，椭圆形钟楼为以色列式，东端小圆顶为西班牙式，硫璃瓦为中国传统式。

05 佳利特创异工房地块图

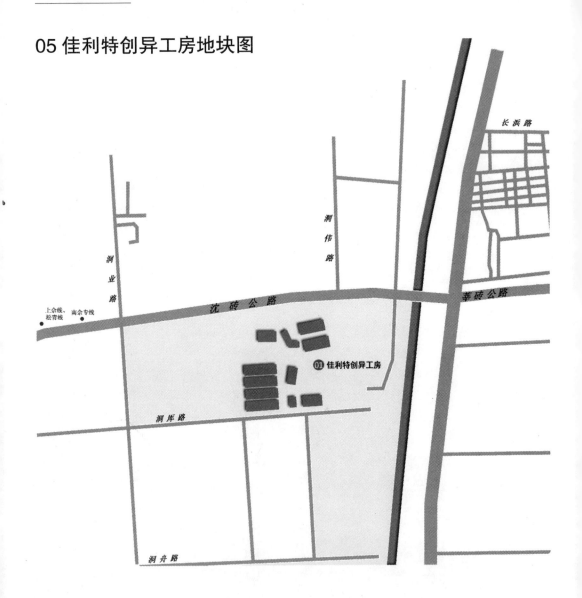

01 佳利特创异工房
建筑用途：工业建筑（展览建筑）
地理位置：沈砖公路 6000 弄
公共交通：松江 55、56 路，上佘线，
南佘线，沪佘昆线
停车场：佳利特创异工房停车场
设计：偏建设计公司
建成时间：2010 年
建筑面积：4000 平方米
建筑层数：4 层
建筑结构：钢筋混凝土框架结构
Jia Little Exhibition Gallery & Ateliers
Construction purposes: Industry
(Exhibition)
Location：Lane 6000 Shenzhuan Road

01 佳利特创异工房
建筑群由 3 个制造厂房和 1 个展览厅
组成，把工业功能和文化展览联系在一
起。展览厅不仅仅是一个静态的展示空
间，而是和观众的动线相连，展览和工
业空间交织，给参观者提供对于建筑全
方位的体验与了解。制造厂房采用灰色
调，竖向线条构图。展览空间采用木材
格栅装饰外立面，两者相互交织。

06 上海工程技术大学地块图

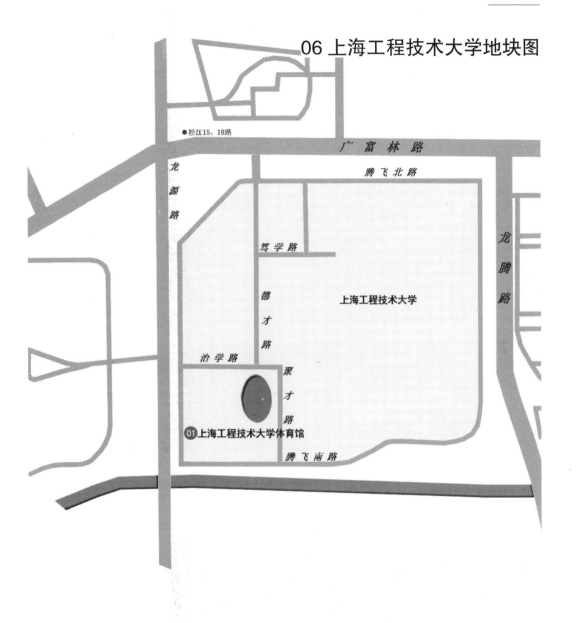

松江15、18路

广富林路

腾飞北路

龙源路

笃学路

德才路

治学路

上海工程技术大学

龙腾路

聚才路

01 上海工程技术大学体育馆

腾飞南路

01 上海工程技术大学体育馆
建筑用途：体育建筑
地理位置：龙腾路 333 号
开放时间及电话：9：00 ~ 17：00，
021-67791000
公共交通：松江 15、18 路
停车场：上海工程技术大学停车场
设计：上海华谏建筑设计研究有限公司
建成时间：2004 年
建筑面积：7980 平方米
建筑层数：2 层
建筑结构：框架结构
Shanghai Engineering Technology
University Stadium
Construction purposes：Sport
Location： 333 Longteng Road

01 上海工程技术大学体育馆
上海工程技术大学体育馆采用拱架，断面为倒三角形的空间钢管桁架结构，外部造型像一个竹篮子。屋顶采用曲线构图，并划分为若干层，逐层抬升、渐变，富有韵律感。侧立面结构构件有装饰作用，造型新颖，现代感强。

青浦区

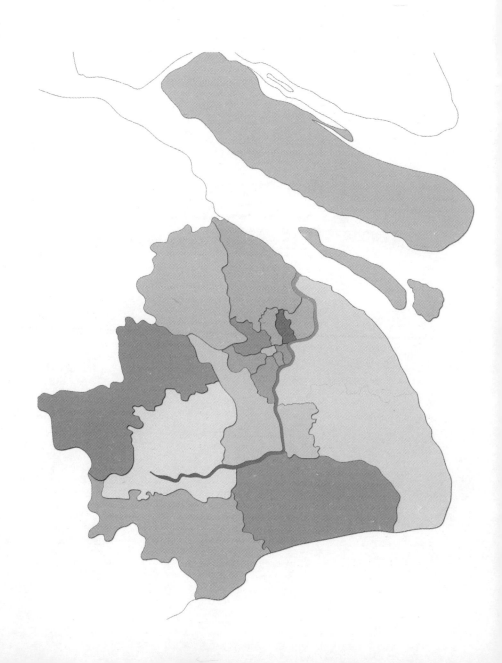

青浦区区域图

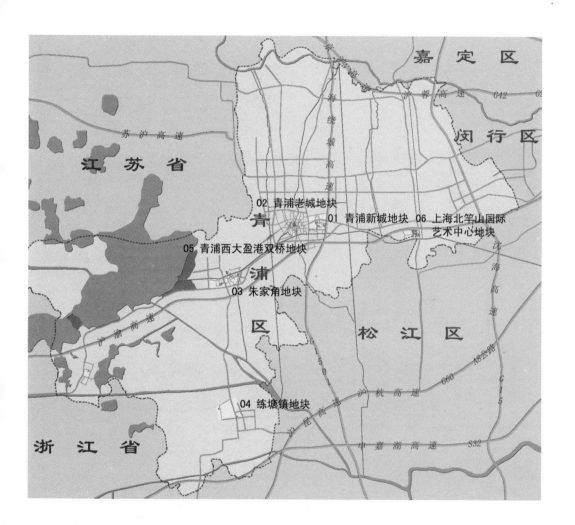

01 青浦新城地块图

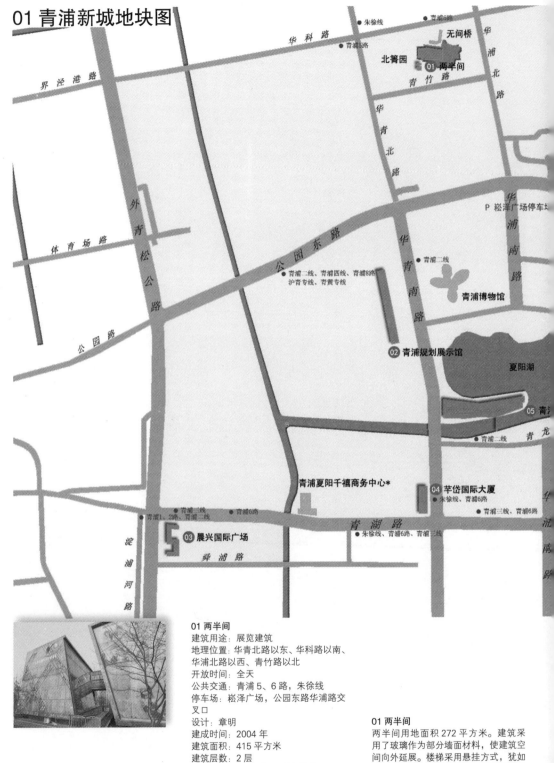

华科路
朱徐线
青浦6路
无间桥
北箐园
01 两半间
华青北路
华浦北路
青竹路
界泾港路

外青松公路
体育场路
公园东路
华青北路

P 崧泽广场停车场
华浦南路

青浦二线
青浦二线、青浦四线、青浦8路
沪青专线、青黄专线
华青南路
青浦二线
青浦博物馆

公园路
夏阳湖
02 青浦规划展示馆

05 青
青龙
青浦二线

青浦夏阳千禧商务中心*
04 芊岱国际大厦
朱徐线、青浦6路
华沈南路
青浦三线、青浦6路

淀浦河路
青浦三线
青浦6路
青浦1、2路、青浦一线
青湖路
03 晨兴国际广场
朱徐线、青浦6路、青浦三线
舜浦路

01 两半间
建筑用途：展览建筑
地理位置：华青北路以东、华科路以南、
华浦北路以西、青竹路以北
开放时间：全天
公共交通：青浦5、6路，朱徐线
停车场：崧泽广场，公园东路华浦路交
叉口
设计：章明
建成时间：2004 年
建筑面积：415 平方米
建筑层数：2 层
建筑结构：钢筋混凝土框架结构
Split Cube
Construction purposes：Exhibition
Location：East of Huaqing Road（N），
South of Huake Road, West of Huapu
Road（N），North of Qingzhu Road

01 两半间
两半间用地面积 272 平方米。建筑采
用了玻璃作为部分墙面材料，使建筑空
间向外延展。楼梯采用悬挂方式，犹如
漂浮在整个大的空间当中，边上竖着的
吊竿产生韵律和节奏感，并起到扶手的
作用。混凝土墙体除本身的肌理特征，
还作了一些装饰性处理，比如斜拉的条
纹，顶上还有很多小的玻璃窗来进行对
比衬托，以形成粗犷的效果。

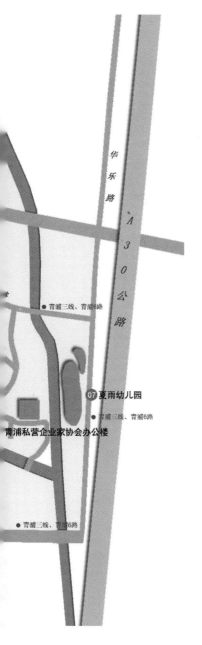

07 夏雨幼儿园

青浦私营企业家协会办公楼

02 青浦规划展示馆（淀山湖新城开发有限公司、青浦规划与土地管理局）
建筑用途：展览建筑
地理位置：华青南路 757 号
开放时间及电话：
周三、周六下午 1:30～3:30，
021-33861961
公共交通：青浦二、四线，青浦 8 路，沪青专线，青黄专线
停车场：青浦规划展示馆停车场
设计：家珉建筑设计事务所
建成时间：2003 年
建筑面积：10155 平方米
建筑层数：3 层
建筑结构：框架结构
Qingpu Planning Exhibition Hall
Construction purposes：Exhibition
Location：757 Huaqing Road（S）

04 芊岱国际大厦
建筑用途：办公建筑
地理位置：华青路 481 号
开放时间及电话：9:00～17:00，
021-33862111
公共交通：公交朱徐线、青浦三线、青浦 6 路
停车场：芊岱国际大厦停车库
设计：张雷联合建筑事务所
建成时间：2007 年
建筑面积：20914 平方米
建筑层数：16 层
建筑结构：钢筋混凝土框架结构
Shanghai Qiandai Building
Construction purposes：Office
Location：481 Huaqing Road

03 晨兴国际广场
建筑用途：办公建筑
地理位置：外青松公路 4601 号
开放时间：9:00～17:00
公共交通：公交青浦 1、2、6 路，青浦二、三线
停车场：晨兴国际广场商务办公楼停车库
设计：山水秀建筑事务所 + 上海沛骊建筑设计有限公司
建成时间：2008 年
建筑面积：18803 万平方米
建筑层数：地上 7 层，地下 1 层
建筑结构：钢筋混凝土框架结构
Chenxing International Plaza
Construction purposes：Office
Location：4601 Waiqingsong Road

03 晨兴国际广场
"S" 状形体形成了两个外部空间：东侧的入口广场和西侧的空中花园。单走廊的室内办公单元均围绕着这两个外部庭院来布置，使公共空间共享良好的景观视野。外墙使用了石材饰面和玻璃幕墙，随形体变化交替出现，有效地削弱了建筑体量，与周边多层住宅区的尺度相平衡，同时呈现了一座办公建筑应有的整体形象。通过对江南传统窗纹样的抽象，形成了大小交叉的孔纹，幕墙外侧橙色穿孔铝板过滤了东西向灼热的日光。

04 芊岱国际大厦
用地面积 7410 平方米，地处青浦区商务办公及中高档住宅区中心。大楼实现 5A 智能化设计，即办公智能化、楼宇自动化、通讯传输智能化、消防智能化和安保智能化。地下车库可停车 87 辆，地面停车 25 辆。建筑形体相互交接，注重肌理变化，立体感较强。

02 青浦规划展示馆（淀山湖新城开发有限公司、青浦规划与土地管理局）
青浦规划展示馆是集会议、展示、办公为一体的综合性建筑，一层为展示厅，二三层为办公区域。建筑以简洁的体量，超长的水平线型强化了基地特点，并形成与空旷的广场、湖面、道路及电视塔相匹配的尺度。建筑三面水池环绕，入口道路跨水面而过，营造出"水乡"的氛围。建筑东侧设置阶梯状绿化、庭院及休息平台。二层平台正对夏阳湖，拥有良好的景观。办公用房门厅处的天井上下贯通，形成健康自然的门厅室内景观。传统的深灰色石材与玻璃幕墙的灵活运用，形成了独特的建筑形态。

05 青浦图书馆（浦阳阁、澳门豆捞）
建筑用途：文化建筑
地理位置：青龙路 60 号
开放时间及电话：周一 13：00 ～ 20：30、
周二至周日 9：00 ～ 20：30、国定假日
9：00 ～ 17：00，021-33860430
公共交通：青浦二、三线，青浦 6 路
停车场：青浦规划展示馆停车场
设计：马达思班建筑设计事务所
建成时间：2004 年
建筑面积：16603 平方米
建筑层数：3 层
建筑结构：框架结构
Qingpu Library（Puyang Pavilion）
Construction purposes：Culture
Location：60 Qinglong Road

06 青浦私营企业家协会办公楼
建筑用途：办公建筑
地理位置：青龙路 185 号
开放时间及电话：不对外开放
公共交通：青浦二、三线，青浦 6 路
停车场：青浦区私营企业协会办公楼停
车场
设计：大舍建筑设计事务所
建成时间：2005 年
建筑面积：6000 平方米
建筑层数：3 层
建筑结构：框架结构
Office Building for Qingpu Business
Association
Construction purposes：Office
Location：185 Qinglong Road

05 青浦图书馆（浦阳阁、澳门豆捞）
青浦图书馆占地面积为 8968 平方米，
其中 8000 多平方米作为青浦图书馆，
剩余部分作为基于公共文化的商业中
心。该建筑仿佛是两条波浪由湖岸向湖
心延伸，在湖中央标高加大，而且起伏
变化，从而形成不同高度建筑空间，成
为湖四周的视觉中心。这种连续地景的
思路体现在建筑内部流线的布置上，它
贯穿了所有的功能，并在不同的高度提
供进入不同空间的可能。在开放式的屋
顶花园与夏阳湖水景、环湖园林的交相
映衬下，这座"水上图书馆"成为了一
个绿色的半岛。

06 青浦私营企业家协会办公楼
办公楼整体被设计成玻璃幕墙的形式，
并在外围又增加了一道 60 米见方的玻
璃围墙。这道玻璃墙也使办公楼在开放
的环境中有内外的隔离，并且利用它简
洁单纯的体量使玻璃的建筑在空旷的环
境中不至失去力度。建筑主体采用了底
层架空布置，二层朝向主要景观的部分
设置了观景平台，使玻璃围墙内庭院的
环境绿化与外部环境的绿化、景观相互
渗透。建筑物的外围墙玻璃被一片片悬
挂在其上方的不锈钢方形锁板上，每片
的左右及下方锁扣起到玻璃定位作用，
玻璃块与块之间留缝。内部主体部分整
体采用了丝网印刷的玻璃幕墙，使建筑
体量在视觉上有完整感，并对内部起到
一定的遮阳作用。玻璃图案选用冰裂纹
与网纹，进行两次印刷，并且整体都做
了单元图案的无缝连接设计。

07 夏雨幼儿园
建筑用途：文化建筑
地理位置：华乐路 301 号
开放时间及电话：不对外开放，
021-69719881
公共交通：青浦三线，青浦 6 路
停车场：崧泽广场，公园东路华浦路交
叉口
设计：大舍建筑设计事务所
建成时间：2004 年
建筑面积：6834 平方米
建筑层数：2 层
建筑结构：框架结构
Xiayu Kindergarten
Construction purposes：Culture
Location：301 Huale Road

07 夏雨幼儿园
整个建筑分为两大曲线围合的组团，分
别围以一实一虚的不同介质。班级教室
部分的曲线体是落地的实体涂料围墙，
办公和专用教室部分是有意抬高并周边
出挑的"U"形玻璃围墙。在班级单元
的设计上，活动室因为需要和户外活动
院落相连而全部设于首层，卧室则被覆
以鲜亮的色彩置于二层，卧室间相互独
立并在结构上令其楼面和首层的屋面相
脱离，强调其漂浮感和不定性，这种不
定性以及恰当尺度的相互分离导致一种
看似随意的集聚状态，空间产生张力。

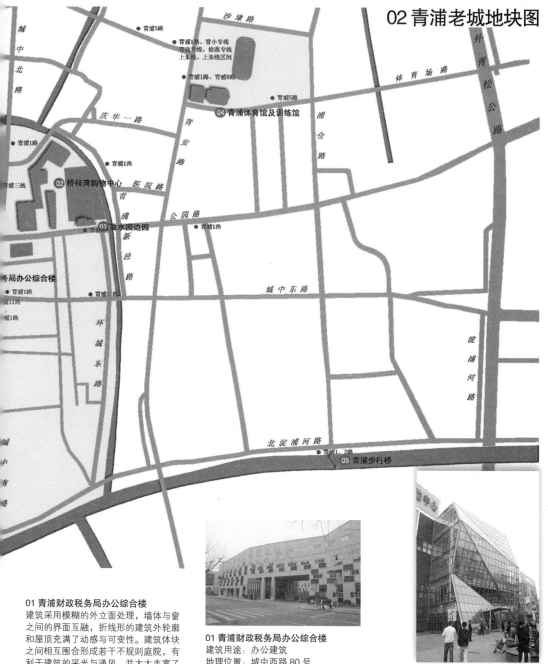

02 青浦老城地块图

01 青浦财政税务局办公综合楼

建筑采用模糊的外立面处理，墙体与窗之间的界面互融，折线形的建筑外轮廓和屋顶充满了动感与可变性。建筑体块之间相互围合形成若干不规则庭院，有利于建筑的采光与通风，并大大丰富了建筑空间。

02 桥梓湾购物中心

桥梓湾购物中心一期占地面积为 23450 平方米，地上建筑面积 4.6 万平方米，地下建筑面积 1.6 万平方米，由五个单顶裙楼组成，为 1、2 层及 3 层，局部 5 层。二期工程占地面积为 2 万平方米，总建筑面积 8.2 万平方米。整体的设计理念借鉴传统江南里弄建筑的廊、院形式，形成了多庭院、多褶皱的空间，把二层建设成广场化的大空间，重现一层临街商场感觉，扩大了商业与人流的接触面，提供了多变复杂的多功能体验空间。

01 青浦财政税务局办公综合楼
建筑用途：办公建筑
地理位置：城中西路 80 号
开放时间及电话：9：00～17：00，
021-59719030
公共交通：青浦 1、11 路，青浦三线
停车场：青浦财政税务局办公综合楼停车场
设计：张雷联合建筑事务所
建成时间：2006 年
建筑面积：21000 平方米
建筑层数：4 层
建筑结构：框架结构
Qingpu Fiscal and Taxation Bureau Building
Construction purposes：Office
Location：80 Chengzhong Road（W）

02 桥梓湾购物中心
建筑用途：商业建筑
地理位置：公园路 666 弄
电话：021-59722239
公共交通：公交青浦 1、9 路，青浦三线
停车场：桥梓湾购物中心地下停车库
设计：马达思班建筑设计事务所
建成时间：2005 年
建筑面积：62000 平方米
建筑层数：地上 1～5 层、地下 2 层
建筑结构：框架结构
Qiao Zi Wan Shopping Center
Construction purposes：Commerce
Location：Lane 666 Gongyuan Road

03 曲水园边园
建筑用途：园林建筑
地理位置：公园路 612 号
开放时间及电话：全天，021-59717213
公共交通：青浦 1、9 路，青浦三线
停车场：桥梓湾购物中心地下停车库
设计：马达思班建筑设计事务所 + 苏州园林设计院
建成时间：2004 年
建筑面积：3650 平方米
建筑层数：1 层
建筑结构：木构架
Edge Side Park of Qushui Yuan
Construction purposes：Garden
Location：612 Gongyuan Road

05 青浦步行桥
建筑用途：桥梁
地理位置：浦仓路、北淀浦河路
开放时间：全天
公共交通：青浦 1、2 路
停车场：桥梓湾购物中心地下停车库
设计：白德龙（西）+ 上海文筑建筑咨询有限公司
建成时间：2008 年
建筑层数：1 层
建筑结构：空间桁架结构
Qingpu Footbridge
Construction purposes：Bridge
Location：Pucang Road, Beidiangpuhe Road

03 曲水园边园
改造前的公园路北侧是由一道封闭的曲水园围墙及墙外十几米绿化带组成，既没能表达古典园林的幽深意境及体验的可能，又不可容纳和激发任何公共活动，再加上公园路跨越护城河的起坡机动车路桥，这段沿道路的场所急躁不安，是典型的过路式氛围。曲水园边园通过"四合结构"，赋予绕场地的 4 条道路以不同职能，塑造出廊与墙的丰富关系，再使用桥、踏步、坡道、台阶等将 4 条道路连成了一个整体。从而解决了园林的私密性与廊的公共性之间关系。

04 青浦体育馆及训练馆
上海青浦体育馆及训练馆是 20 世纪 80 年代初兴建和加建的建筑，存在造型上缺乏时代感、室内设施较陈旧等问题。改建重点确定在建筑造型、立面、外部环境及内部设施方面，尽量减少对原建筑主体结构的影响。改建运用了聚碳酸脂板编制外墙，保证了建筑内部的自然采光效果，同时创造出了别具一格的建筑形象。利用金属格栅和穿孔铝板将原建筑在造型上存在缺陷的室外楼梯、入口雨篷、空调外机和旧墙面包裹起来，使建筑在保留原有外墙和建筑构件的同时焕然一新。

05 青浦步行桥
曲折、扭转的桥身设计来源于青浦古镇朱家角及苏州园林的"曲径"方式。北端以简支的方式轻盈地安放在与之垂直布置的引桥上，南端是固接方式，稳稳地朝向广场的引桥联成一体，通过"曲径"的方式连接河两岸，轴线的转折关系，对应了两岸不同的场地情况。结构上采用金属桁架筒来支撑整座桥体，以对应桥体不对称形态带来的巨大扭力。包裹桥面和桥顶的木板是经过炭化处理的南方松。

04 青浦体育馆及训练馆
建筑用途：体育建筑
地理位置：体育场路 388 号
开放时间及电话：8：30 ～ 21：00（随季节调整），021-59208341
公共交通：青浦 1、5、8 路，青小专线，青商专线，徐燕专线，上朱线，上朱线区间
停车场：青浦体育馆及训练馆停车场
设计：北京市建筑设计研究院
建成时间：2008 年（改建）
建筑面积：8300 平方米
建筑层数：4 ～ 7 层
建筑结构：钢桁架结构
Qingpu Stadium and Training Hall
Construction purposes：Sport
Location：388 Tiyuchang Road

03 朱家角地块图

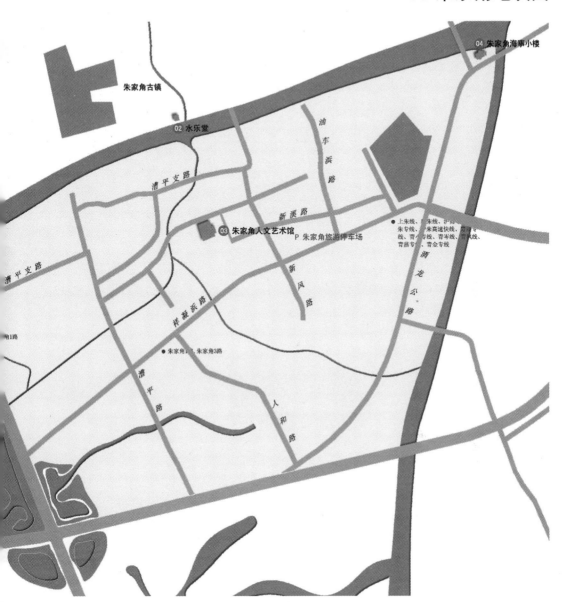

04 朱家角海事小楼

朱家角古镇

02 水乐堂

油车浜路

清平支路

新溪路

03 朱家角人文艺术馆

P 朱家角旅游停车场

清平支路

新风路

上朱线、朱宋线、沪商
朱专线、朱高速快线、青商专
线、青岑专线、青岑线、青岑线、
青燕专线、青金专线

祥凝浜路

洞龙公路

青1路

● 朱家角1路、朱家角3路

清平路

人和路

01 朱家角行政中心
建筑用途：办公建筑
地理位置：沙家埭路 18 号
开放时间及电话：周一至周五
8：30～11：00，13：00～16：30，
021-59240485
公共交通：朱家角 1 路
停车场：朱家角行政中心停车场
设计：马达思班建筑设计事务所
建成时间：2006 年
建筑面积：20000 平方米
建筑层数：3 层
建筑结构：框架结构
Zhujiajiao Administration Center
Construction purposes：Office
Location：18 Shajiadai Road

01 朱家角行政中心
朱家角行政中心用地面积为 39000 平
方米。平面布局紧凑而有序，精致的庭
院，良好的采光通风，构思精巧，错落
有致。既有江南水乡园林的传统特色，
又融入了现代的建筑理念。外形上采用
外挂青砖、青砖混凝土、花格砖墙等朴
素的材料，并以砖模数来界定外墙的竖
向模数，形成立面上的韵律感和空间上
的亲和、庄重感。立面上的模数贯穿延
伸至屋面的采光顶，结合花格砖墙和玻
璃窗的运用，带来丰富的室内空间体验。

02 水乐堂

建筑用途：观演建筑
地理位置：朱家角西井街漕港滩 3 号
开放时间及电话：据演出时间而定
公共交通：公交朱家角 1、3 路，上朱线，
松朱线，沪商专线，沪朱专线，沪朱高
速快线，青商专线，青小专线，青岑线，
青枫线，青蒸专线，青金专线
停车场：朱家角旅游停车场
设计：日本矶崎新事务所 + 谭盾
建成时间：2010 年
建筑面积：不详
建筑层数：2 层
建筑结构：混合结构
Water Music Hall
Construction purposes：Performance
Location：3 Caogangtan, Xijing Street
at Zhujiajiao

02 水乐堂

设计灵感源自设计者对音乐空间的一个
梦想——把古镇衰败的老宅改造成一个
21 世纪多功能艺术空间，对古镇进行
保护的同时，让古镇获得新貌。将水乐
堂的老房子整体抬高，下层用工业钢材，
上层将破旧的老房子修旧如旧，并在中
庭上加顶，形成一个整体的视听空间。
并将河水引入室内，再流出去，让观众
在水上观演，让演员在水中表演。同时
流水把室内空间和室外空间连起来，形
成了内是外、外是内的全新体验。

03 朱家角人文艺术馆

朱家角人文艺术馆用地面积约 1448 平
方米。位于古镇入口处，东邻两棵 400
年树龄的古银杏。4 栋单体建筑由廊道
连接，中央的室内庭院作为核心，所有
展厅围绕着庭院展开。透明的玻璃廊道、
长窗使院内外的风景彼此因借，互为景
观，体现了江南传统园林的景观处理手
法。地下室和一层是中型尺度的集中
展室，二层的小展室则分散在几间小屋
中，室内外院落空间参照了古镇的空间
肌理，使参观者游走于艺术作品和古镇
的真实风景之间。二楼东侧的小院，老
银杏和水中倒影相映成趣。

03 朱家角人文艺术馆

建筑用途：展览建筑
地理位置：美周弄 36 号
开放时间及电话：8：30 ～ 16：30，
021-59246650、59246652
公共交通：公交朱家角 1、3 路，上朱线，
松朱线，沪商专线，沪朱专线，沪朱高
速快线，青商专线，青小专线，青岑线，
青枫线，青蒸专线，青金专线
停车场：朱家角旅游停车场
设计：山水秀建筑事务所
建成时间：2010 年
建筑面积：2330 平方米
建筑层数：地上 2 层、地下 1 层
建筑结构：框架结构
Zhujiajiao Museum of Art
Construction purposes：Exhibition
Location：36 Meizhou long

04 朱家角海事小楼

建筑用途：办公建筑
地理位置：酒龙路 168 号
电话：021-59244446
公共交通：公交上朱线，松朱线，沪商
专线，沪朱专线，沪朱高速快线，青商
专线，青小专线，青岑线，青枫线，青
蒸专线，金专线
停车场：朱家角旅游停车场
设计：大舍建筑设计事务所
建成时间：2005 年
建筑面积：355 平方米
建筑层数：1 层
建筑结构：框架结构
Zhujiajiao Maritime Building
Construction purposes：Office
Location：168 Jiulong Road

04 朱家角海事小楼

用地面积 2600 平方米，位于朱家角漕
港河和朱泖河交汇口西南角，南港大桥
和朱泖河大桥两条道路相夹的东北角。
基地标高低于道路 3 ～ 4 米。散落的
建筑形体以某种方式集聚，联结为一个
网状的整体，从两个大桥的较高视点和
从水路的较低视点都形成具有传统地方
特征的建筑意象。不同功能的房间以不
同的建筑实体组合，相互之间的三角形
玻璃中庭为公共休息或交通空间，人们
在室内穿行，将获得内外不断交替的空
间感受，如同在园林或院落中行进。

01 陈云故居暨青浦革命历史纪念馆（上海市文物保护单位）

建筑用途：纪念建筑
地理位置：练塘镇朱枫公路 3516 号
开放时间及电话：周二至周五
9：00 ～ 16：00，021-59257123
公共交通：练塘 1、2、3 路
停车场：陈云故居暨青浦革命历史纪念
馆停车场
设计：邢同和建筑创作研究室
建成时间：2000 年
建筑面积：5500 平方米
建筑层数：地上 2 层、地下 1 层
建筑结构：钢筋混凝土框架结构
The Former Residence of Chenyun
and Qingpu Revolutionary History
Memorial Hall
Construction purposes：Monument
Location：3516 Zhufeng Road at
Liantang Town

04 练塘镇地块图

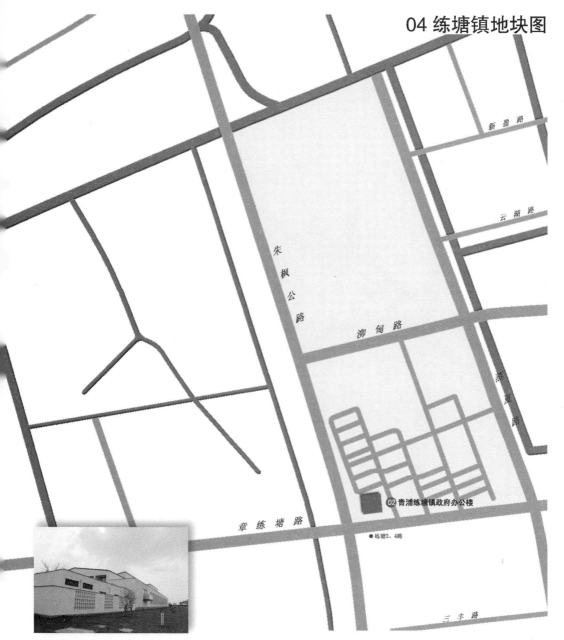

新盈路

云湖路

朱枫公路

泖甸路

蒸夏路

章练塘路

练塘2、4路

02 青浦练塘镇政府办公楼

三丰路

02 青浦练塘镇政府办公楼
建筑用途：办公建筑
地理位置：练塘镇章练塘路 900 号
开放时间及电话：8：30～11：30、
13：30～16：30，021-59257300
公共交通：练塘2、4路
停车场：青浦练塘镇政府办公楼停车场
设计：同济大学建筑设计研究院＋致
正建筑工作室
建成时间：2010 年
建筑面积：8350 平方米
建筑层数：3 层
建筑结构：钢筋混凝土框架结构
Liantang Town Hall in Qingpu
Construction purposes：Office
Location：900 Zhangliantang Road at
Liantang Town

01 陈云故居暨青浦革命历史纪念馆（上海市文物保护单位）
由主馆、陈云故居和附属设施3部分组成。主馆高14米，建筑设计既体现江南特色，又与陈云故居及周边民间建筑尽量保持风格一致与和谐，同时兼顾现代化纪念馆的大体量特点，朴素而庄重。一楼、二楼4个展厅展示陈云光辉一生的图片、文献、实物等史料。地下一层为青浦革命历史陈列厅，陈列布展充分运用多媒体，声、光、电等高科技展示手段，力求达到内容与形式的完美统一。陈云故居位于主馆的北侧，是一座砖木结构的老式江南民居。

02 青浦练塘镇政府办公楼
该政府办公楼是一个四面围合的多重院落结构，行政主楼和会议辅楼分居南北，东西两厢分别是社区服务中心和政府直属业务部门。它们都围绕着内向的大尺度主庭院铺展，在其周围分布一系列大小不一、分属不同功能的独立庭院。这些独立庭院由于分布的位置不同，从而营造出不同的空间性格，层层相应，左右逢源，形成宜人的工作环境。

05 青浦西大盈港双桥地块图

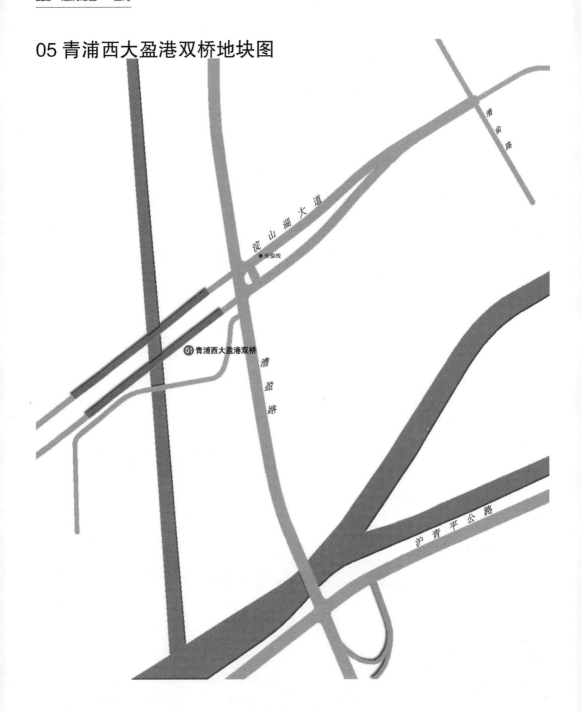

浦仓路

淀山湖大道

● 朱徐线

01 青浦西大盈港双桥

漕盈路

沪青平公路

01 青浦西大盈港双桥
建筑用途：桥梁
地理位置：淀山湖大道、西大盈港
公共交通：朱徐线
停车场：青浦西大盈港双桥
设计：白德龙（西）+ 上海文筑建筑咨
询有限公司
建成时间：2010 年
建筑结构：钢拱结构
Xidayinggang Twin Bridge in Qingpu
Construction purposes: Bridge
Location：Dianshanhu Avenue,
Xidayinggang

01 青浦西大盈港双桥
青浦西大盈港双桥是青浦城中西路延伸
段上的一个重要节点，是跨越西大盈港
沟通青浦城区和朱家角的重要通道。双
桥分为南桥和北桥，两桥平行，相距
50 米。单座钢拱桥为 3 跨，单线总长
度 201.96 米，面宽 26 米，通行双向 6
车道及两侧的非机动车道和人行道，是
国内首座采用交叉拱桥技术的桥梁。双
桥似两道连绵起伏的山脉，连接两拱之
间的风撑形成螺旋双曲面。该桥获得
2009 中国钢结构金刚奖。

06 上海北竿山国际艺术中心地块图

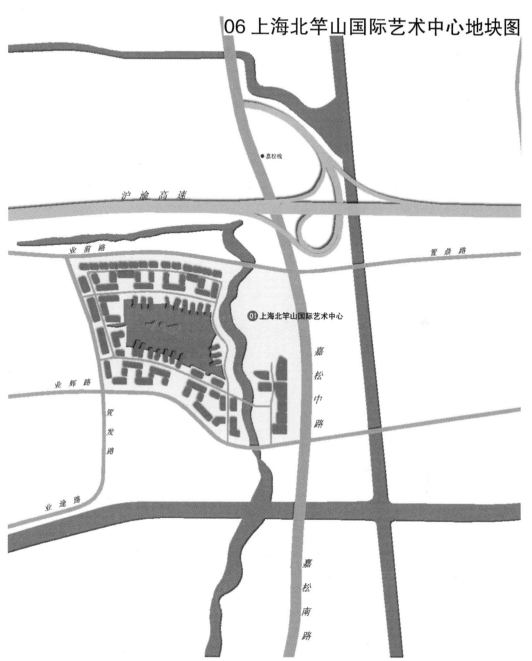

01 上海北竿山国际艺术中心
建筑用途：城市综合体
地理位置：业辉路 222 弄
电话：021-69756298
公共交通：嘉松线
停车场：上海北竿山国际艺术中心停
车场
设计：加拿大 AAI 国际建筑师事务所
建成时间：2008 年
建筑面积：12.55 万平方米
建筑层数：4 层
建筑结构：混凝土结构
International Art Center, Shanghai
Construction purposes：Urban Complex
Location：lane 222 Yehui Road

01 上海北竿山国际艺术中心
上海北竿山国际艺术中心是采用清水混
凝土外墙建设的超大规模现代化建筑群
落，也是一个集创作、展示、商业和生
活休闲于一体的综合空间，为艺术家和
喜欢艺术、欣赏艺术的人群量身定做。
规划依循地形现状，以崧塘河为界规划
出空间形态不同的东西二区。以 45300
平方米人工湖为核心，环湖布置 "Z"
字形商业组团，自然地围合出多个半开
放半私密的院落，对艺术与商业的关联
做出完美的诠释。建筑的内部空间设计
注重共享空间和局部挑高空间的氛围营
造，大空间设计为使用者提供更多、更
灵活的展示空间。

奉贤区

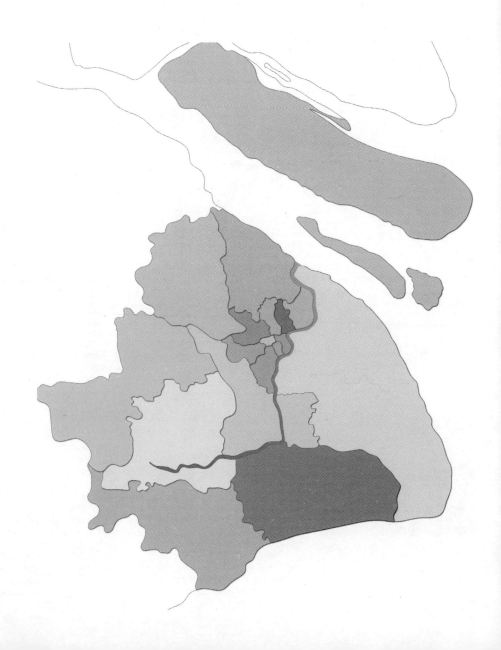

奉贤区区域图

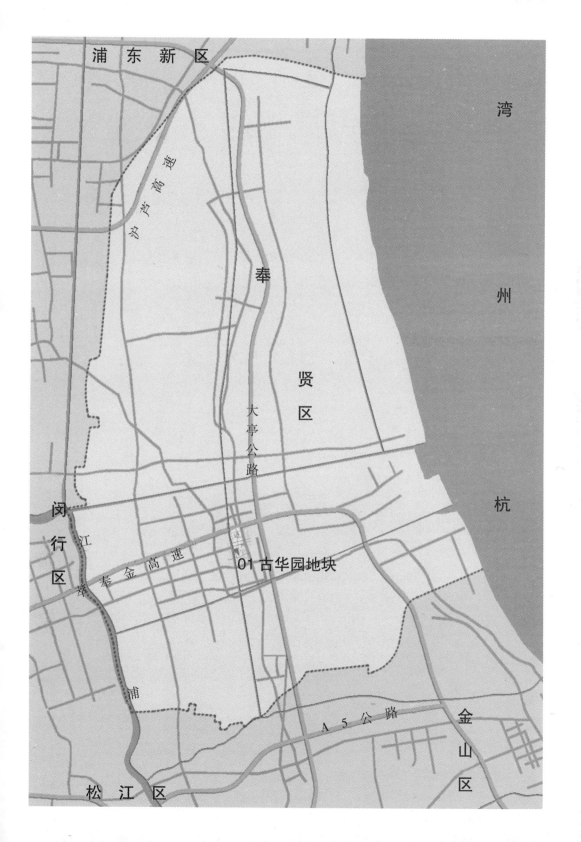

01 古华园地块图

01 古华园
建筑用途：园林建筑
地理位置：南桥镇解放东路 220 号
开放时间及电话：5：00 ～ 18：00
（4/1～6/30）,5：00～19：00(7/1～9/30),
6：00 ～ 18：00（10/1 ～ 3/31）,
021–57429424、57420947、57426291
公共交通：公交南桥 2 路
停车场：古华园停车场
设计：陈从周
建成时间：1984 年
建筑面积：5600 平方米
建筑层数：1 ～ 2 层
建筑结构：砖木结构
Guhua Garden
Construction purposes: Garden
Location: 220 Jiefang Road（E）,
Nanqiao

02 奉贤区图书馆新馆
建筑用途：文化建筑
地理位置：南桥镇解放东路 889 号
开放时间及电话：9：00 ～ 20：00,
021–33610900
公共交通：公交南桥 2 路
停车场：奉贤区图书馆停车场
设计：邢同和建筑创作研究室
建成时间：2008 年
建筑面积：17146 平方米
建筑层数：4 层
建筑结构：框架结构
Fengxian New Library
Construction purposes: Culture
Location: 889 Jiefang Road（E）,
Nanqiao

01 古华园
古华园是一座仿古园林的大型综合性公园。始建于 1984 年，1986 年 10 月正式对外开放。公园历经多次改造、扩建，在构筑上采集了奉贤历史上众多典故，迁入和再造了大批历史建筑，使公园具有了浓郁的历史文化气韵和江南水乡景象。整个公园的绿地占有量为 63%，水体面积为 22%。园内花木品种繁多、五彩缤纷，春夏秋冬季节分明。园中有东西两湖，周围有环河围绕。公园有 22 座形态各异、大小不等的桥梁，亭台楼阁轩榭廊宇建筑量达 5600 平方米。

02 奉贤区图书馆新馆
奉贤区图书馆新馆是上海的区级公共图书馆，是奉贤区文献信息资源的收藏中心、交流中心、服务中心和协作中心。图书馆主体高 24 米，中庭高 25.5 米，东侧附楼高 17.1 米。建筑中部是一个贯穿 4 层的中庭，各种建筑功能布置在中庭四周。中庭顶棚由玻璃覆盖，可以给内部提供自然采光。建筑造型犹如一本巨大的被翻开的书本，寓意出图书馆的内部充满丰富的知识。两边实体墙面的处理具有不对称的形式，体现了一定的灵活性和自由性。

崇明县

崇明县区域图

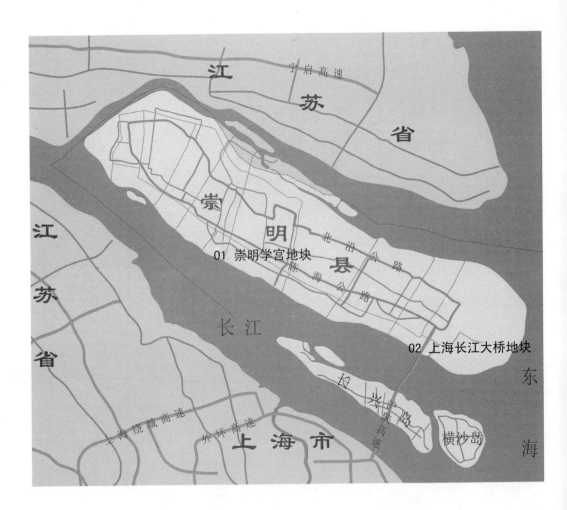

01 崇明学宫地块图

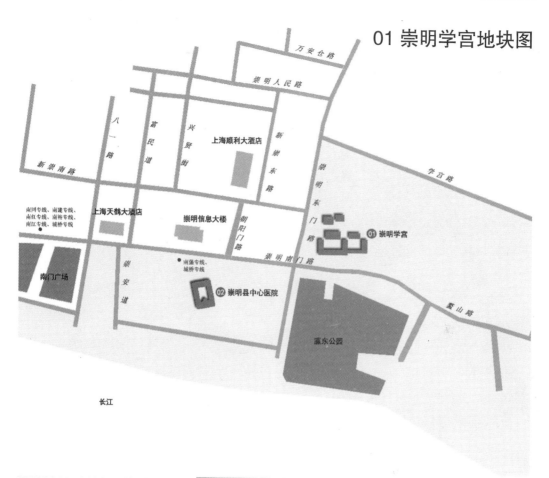

01 崇明学宫（崇明博物馆、上海市文物保护单位）

建筑用途：文化建筑（展览建筑）
地理位置：崇明鳌山路 696 号
开放时间及电话：8∶30 ～ 16∶00、周一闭馆，021-59623827
公共交通：南堡专线、城桥专线、东海绿洲高速轮（宝杨码头—崇明南门码头）
停车场：崇明学宫停车场
设计：不详
建成时间：1237 ～ 1240 年（宋嘉熙年间）
建筑面积：1024 平方米
建筑层数：1 ～ 2 层
建筑结构：木结构
Chongming Educational Institution（Chongming Museum）
Construction purposes：Culture（Exhibition）
Location：696 Aoshan Road Chongming

02 崇明县中心医院（黄家花园、上海市优秀历史建筑）

建筑用途：医院建筑（居住建筑）
地理位置：崇明南门路 25 号
开放时间及电话：全天，021-59612701
公共交通：南堡专线、城桥专线、南同专线、南建专线、南红专线、南裕专线、南江专线、东海绿洲高速轮（宝杨码头—崇明南门码头）
停车场：崇明县中心医院停车场
设计：不详
建成时间：1932 年
建筑面积：1124 平方米
建筑层数：1 层
建筑结构：砖木结构
Central Hospital Of Chongming County（Huang Garden）
Construction purposes：Hospital（Residence）
Location：25 Nanmen Road Chongming

01 崇明学宫（崇明博物馆、上海市文物保护单位）

崇明学宫是上海仅存的 3 座学宫之一。学宫内大成殿是最大建筑，是祭祀孔子的地方。如今大成殿作为古船陈列室，东庑陈列了崇明知名人士的照片和事迹及古代器物。西庑作为黄丕漠艺术馆。大成殿后是崇明民俗陈列室。学宫还建有万仞宫墙、棂星门、登云桥、戟门、名宦祠、崇圣祠、尊经阁等建筑，皆为上海地区保存完好的明代建筑。清、民国多次重修。

02 崇明县中心医院（黄家花园、上海市优秀历史建筑）

为崇明籍富商黄稚卿所建。抗战时期为日寇占据，1949 年为中共崇明县委办公地点。后来县中心医院迁入至今，成为医院的办公区。中西合璧式花园别墅，前院后园，前部建筑为西欧风格，建筑平面呈"凹"形，占地面积 3375 平方米，现存建筑 29 间。建筑立面清水砖外墙，屋顶平瓦双坡顶。平房正屋前筑有大平台，四周环绕有花式水泥宝瓶栏杆。在立面外廊入口处还设有一对塔司干柱式。

02 上海长江大桥地块图

上海长江大桥

长江

01 上海长江大桥
建筑用途：桥梁
地理位置：连接长兴岛和崇明岛
公共交通：附近无
停车场：无
设计：上海市政工程设计研究总院
建成时间：2009 年
建筑结构：双塔单索面结合箱梁斜拉桥
Shanghai Yangtze River Bridge
Construction purposes：Bridge
Location：Connecting Changxing
Island and Chongming Island

01 上海长江大桥
上海长江大桥连接崇明岛和长兴岛，是
上海到崇明越江通道南隧北桥的重要组
成部分之一。大桥全长 16.5 公里，其
中跨江段达 10 公里，采用斜拉桥桥型，
跨度达 730 米，为国内第三，世界第五。
主塔造型如"人"字，桥面双向 6 车道，
并预留了轨道空间，是世界上最大的公
轨合建斜拉桥。

世博园区

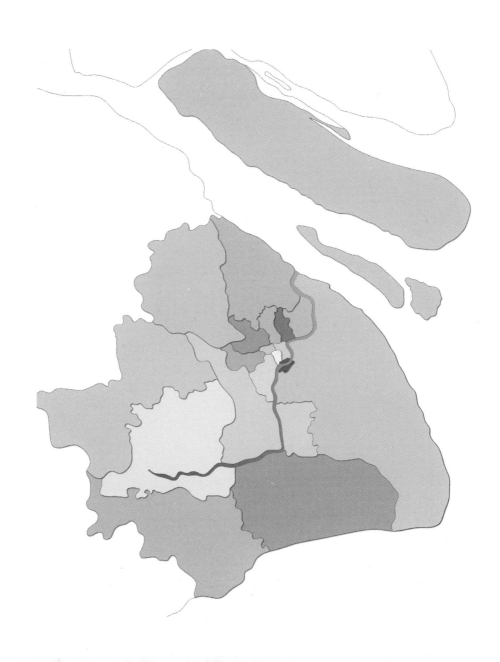

世博园区区域图

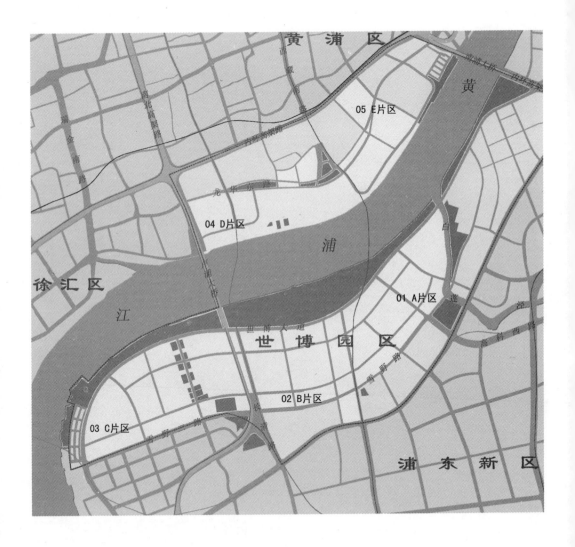

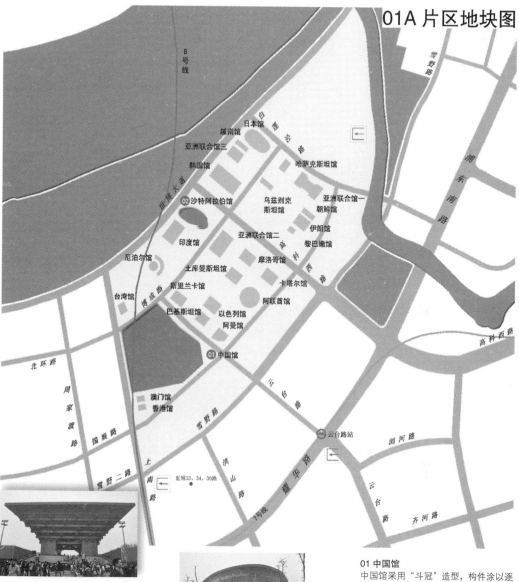

01A 片区地块图

8号线

雪野路

日本馆

越南馆

亚洲联合馆三

韩国馆

哈萨克斯坦馆

世博大道

02 沙特阿拉伯馆

乌兹别克斯坦馆

亚洲联合馆一

朝鲜馆

伊朗馆

亚洲联合馆二

黎巴嫩馆

印度馆

尼泊尔馆

摩洛哥馆

土库曼斯坦馆

卡塔尔馆

博成路

斯里兰卡馆

台湾馆

阿联酋馆

巴基斯坦馆

以色列馆

阿曼馆

01 中国馆

北环路

澳门馆

香港馆

周家渡路

国展路

雪野路

云台路站

高科西路

浏河路

上南路

雪野二路

距博33、34、36路

洪山路

耀华路

云台路

齐河路

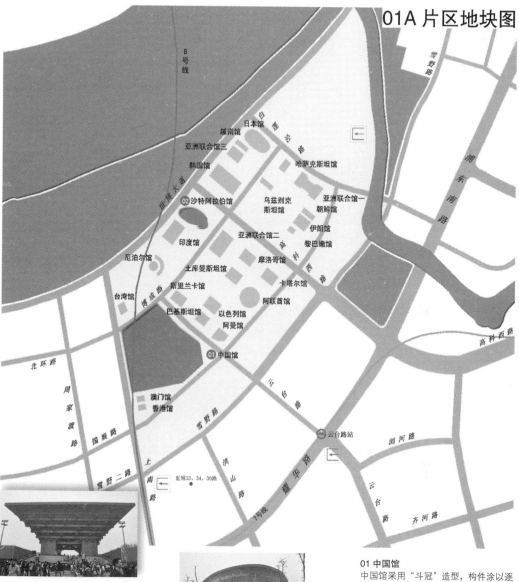

平

01 中国馆

建筑用途: 展览建筑

地理位置: 世博园 A 片区上南路

开放时间及电话: 世博期间

9:30 ~ 22:30, 21-962010

公共交通: 轨道交通 7、8 号线, 世博 1、4、5、11、12、13、14、15、16、33、34、36 路

停车场: 世博园区周边专用停车场 P16、上海南顺物业管理服务部停车场

设计: 华南理工大学建筑设计研究院 + 清华大学建筑学院 + 北京清华安地建筑设计顾问有限公司 + 上海建筑设计研究院

建成时间: 2009 年

建筑面积: 160126 平方米

建筑层数: 国家馆部分 7 层、地区馆部分 2 层

建筑结构: 钢筋混凝土筒体、钢筋混凝土斜撑框架

China Pavilion

Construction purposes: Exhibition

Location: Shangnan Road, Zone A

02 沙特阿拉伯馆

建筑用途: 展览建筑

地理位置: 世博园 A 片区高科西路

开放时间及电话: 不详

公共交通: 轨道交通 7、8 号线

停车场: 世博园区周边专用停车场 P16、上海南顺物业管理服务部停车场

设计: 中国电子工程设计院王振军工作室 + 北京时空筑诚建筑设计有限公司

建成时间: 2010 年

建筑面积: 6126 平方米

建筑层数: 地上 3 层, 地下 1 层

建筑结构: 钢结构

Saudi Arabia Pavilion

Construction purposes: Exhibition

Location: Gaoke Road (W), Zone A

01 中国馆

中国馆采用"斗冠"造型, 构件涂以逐层退晕的大红色, 并覆以"叠篆文字", 以此表现中国传统文化特征。中国馆由国家馆和地区馆两部分组成, 其空间位置一高一低, 分别暗喻"天"与"地"。国家馆为"天", 居中升起, 形如冠盖, 层叠出挑, 表达传统建筑中斗拱榫卯穿插, 层层出挑的构造方式, 富有雕塑感。地区馆为"地", 如同基座般衬托于国家馆之下, 形成浑厚依托之态, 四面或以台阶步道, 或以园林小品与周围环境巧妙衔接。世博会后国家馆作为专题博物馆使用, 地区馆则用来举办各种展览活动。

02 沙特阿拉伯馆

上海世博会外国自建馆中惟一由中国设计团队承接设计的场馆。架空的双曲面船形建筑, 可为下部灰空间提供遮掩、挡雨功能。地面和屋顶有以种植枣椰树为主的花园。内部通过垂直电梯联系起各层展厅, 并有一个上下贯通的螺旋形中庭。

02 B 片区地块图

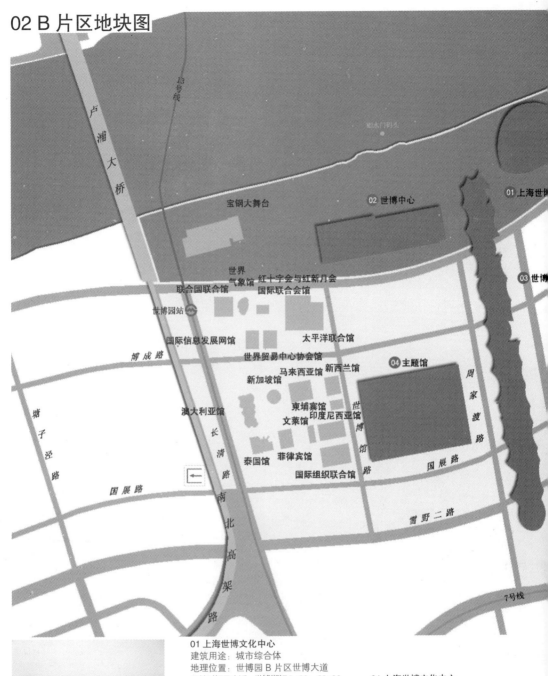

01 上海世博文化中心
建筑用途：城市综合体
地理位置：世博园 B 片区世博大道
开放时间及电话：世博期间9：30～22：30、
世博会后全天开放，021-22062010
公共交通：轨道交通 8 号线，世博 1、4、
5、33、34、36 路
停车场：世博园区周边专用停车场
P10、上海南顺物业管理服务部停车场
设计：华东建筑设计研究院
建成时间：2009 年
建筑面积：125945 平方米
建筑层数：8 层
建筑结构：钢框架长悬臂桁架结构
Expo Performance Arts Center
Construction purposes：Urban Complex
Location：Expo Boulevard, Zone B

01 上海世博文化中心
该建筑是世博会期间各类综艺表演、庆典集会、艺术交流、学术研究、休闲娱乐、旅游观赏的多功能演艺场所。整体造型呈飞碟状，随角度和时间的不同而呈现出不同形态。建筑"漂浮"在基地上，留出草坡平台以满足各种交通空间的转换以及人流的疏散。设计运用了许多环保节能技术，如光电幕墙系统、江水源冷却系统、气动垃圾回收系统、空调凝结水与屋面雨水收集系统、程控绿地水灌溉系统等，注重可再生材料的使用。世博会后将成为上海国际文化交流中心。

02 世博中心
建筑用途：展览建筑
地理位置：世博园 B 片区世博大道
开放时间及电话：世博期间
9：30 ～ 22：30，21-962010
公共交通：轨道交通 13 号线，世博 1、4、5、33、34、36 路
停车场：世博园区周边专用停车场 P10、上海南顺物业管理服务部停车场
设计：美国 D+P 事务所 + 华东建筑设计研究院
建成时间：2009 年
建筑面积：142000 平方米
建筑层数：7 层
建筑结构：钢框架支撑结构
World Expo Center
Construction purposes：Exhibition
Location：Expo Boulevard, Zone B

04 主题馆
建筑用途：展览建筑
地理位置：世博园 B 片区博成路
开放时间及电话：世博期间
9：00 ～ 22：30，021-962010
公共交通：轨道交通 7、8、13 号线，世博 1、4、5、33、34、36 路
停车场：世博园区周边专用停车场 P13、上海南顺物业管理服务部停车场
设计：同济大学建筑设计研究院
建成时间：2009 年
建筑面积：152318 平方米
建筑层数：2 层
建筑结构：钢结构
Expo Theme Pavilion
Construction purposes：Exhibition
Location：Bocheng Road, Zone B

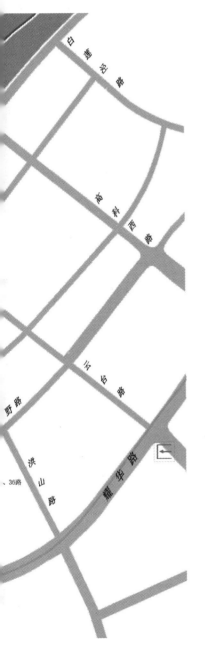

36路

03 世博轴
世博轴是世博会的主入口和主轴线，地下地上各两层，为半敞开式建筑。它是一个集商业、餐饮、娱乐、会展等服务于一体的大型商业、交通综合体，也是世博园区最大的单体项目，南北长1045 米，东西宽为地下 99.5 ～ 110.5 米，地上 80 米，基地面积 13.6 万平方米。"阳光谷"是世博轴最重要的形象标志，采用钢结构网壳形式，网壳里镶嵌玻璃。世博轴共有 6 个独立的单体"阳光谷"，由近 2 万块不同规则的三角形夹胶玻璃组成。世博会后将作为商业休闲综合体使用。

03 世博轴
建筑用途：交通建筑
地理位置：世博园 B 片区上南路
开放时间及电话：世博期间
9：30 ～ 22：30，021-962010
公共交通：轨道交通 7、8 号线，世博 1、4、5、33、34、36 路
停车场：世博园区周边专用停车场 P13、上海南顺物业管理服务部停车场
设计：德国 SBA 公司 + 华东建筑设计研究院
建成时间：2010 年
建筑面积：250000 平方米
建筑层数：地上 2 层、地下 2 层
建筑结构：超大张拉膜结构，单层复杂网壳结构，钢混结构
EXPOAxis
Construction purposes：Transportation
Location：Shangnan Road, Zone B

04 主题馆
主题馆占地面积约 11.5 公顷，由城市人馆、城市生命馆、城市星球管组成。它的双向大跨度为亚洲最大，双弦张拉桁架结构跨度为国内最大。屋面大面积铺设太阳能板，太阳能总发电量2.57 兆瓦，为目前国内最大的单体面积太阳能屋面。东西立面设置垂直生态绿化墙面，面积达 5000 平方米，为目前世界最大的生态墙。建筑造型围绕"里弄"的构思，运用"折纸"手法，形成二维面到三维空间的立体建筑，而屋顶则模仿了"老虎窗"正面开、背面斜坡的特点，颇显上海传统石库门建筑的魅力。主题馆的建设也弥补了上海5 万～ 10 万平方米展馆的空白，有利于上海展览业的发展。世博会后继续作为展览场馆使用。

02 世博中心
世博中心位于世博园区 B 区滨江绿地内，东西长约 350 米，南北宽约 140 米。建筑群落由两个体块组成：东部为多功能区，西部为会议区。东西部之间为顶部相接的 2 层连廊，下部为挑空的视觉通廊。建筑布局充分利用沿江景致，使建筑的大部分功能空间能获得最佳的景观视野。建筑造型揉合了现代建筑设计理念，在排列方式上由西向东高低错落，形成统一中又不失变化的韵律美。该建筑同时体现节能和生态要求，世博会后作为上海国际会议中心使用。

03 C 片区地块图

M3水门码头

瑞士馆

02 法国馆

01

英国馆

波兰馆

03 意大利馆

德国馆

塘

荷兰馆

土耳其馆

希腊馆

非洲联合馆

上

卢森堡馆

爱尔兰馆

钢

罗马尼亚馆 奥地利馆

瑞典馆

路

立陶宛馆

乌克兰馆

利比亚馆

安哥拉馆

克罗地亚馆

挪威馆

冰岛馆

阿尔及利亚馆

04 俄罗斯馆

欧洲联合馆一

突尼斯馆

埃及馆

尼日利亚馆

加勒比共同体
联合馆

匈牙利馆

南非馆

斯洛文尼亚馆

加拿大馆

欧洲联合馆二

阿根廷馆

秘鲁馆

国展路

哥伦比亚馆

古巴馆

美国馆

巴西馆

委内瑞拉馆

后

智利馆

滩

墨西哥馆

路

中南美洲联合馆

雪野二路

世博35、32街

7号线

龙滨路

01 西班牙馆

建筑用途：展览建筑
地理位置：世博园 C 片区世博大道
公共交通：轨道交通 7 号线
停车场：西班牙馆停车场
设计：西班牙 Miralles Tagliabue EMBT
建筑事务所+同济大学建筑设计研究院 +
MC2 Engineering Consultant Office
建成时间：2010 年
建筑面积：8482 平方米
建筑层数：3 层
建筑结构：钢结构空间框架结构
Spanish Pavilion
Construction purposes：Exhibition
Location：Expo Boulevard, Zone C

01 西班牙馆

造型大胆奔放，藤条编制的三维曲面固
定在钢骨架上，形成流畅柔顺的半透明
表皮，并覆盖出一个个"篮子"的空间
形态。建筑空间流动性和开放性强，同
时功能划分明确。立面肌理和质感丰富，
整体效果和谐。

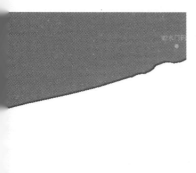

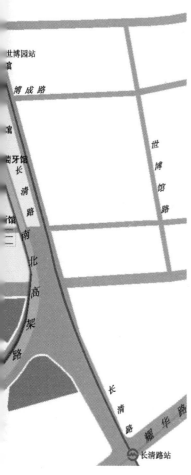

02 法国馆
建筑用途：展览建筑
地理位置：世博园 C 片区世博大道
公共交通：轨道交通 7 号线
停车场：法国馆停车场
设计：法国雅克·费尔叶建筑事务所 +
同济大学建筑设计研究院
建成时间：2010 年
建筑面积：7651 平方米
建筑层数：地上 4 层，局部 5 层，地下 1 层
建筑结构：钢框架结构
French Pavilion
Construction purposes：Exhibition
Location：Expo Boulevard, Zone C

04 俄罗斯馆
建筑用途：展览建筑
地理位置：世博园 C 片区上钢路
公共交通：轨道交通 7 号线
停车场：俄罗斯馆停车场
设计：俄罗斯 PAPER 设计团队 + 信息产业电子第十一设计研究院有限公司
建成时间：2010 年
建筑面积：6480 平方米
建筑层数：3 层
建筑结构：钢桁架结构
Russian Pavilion
Construction purposes：Exhibition
Location：Shanggang Road, Zone C

03 意大利馆
建筑用途：展览建筑
地理位置：世博园 C 片区世博大道
公共交通：轨道交通 7 号线
停车场：意大利馆停车场
设计：意大利 Giampaolo Imbrighi 设计团队 + 深圳市建筑设计研究总院有限公司
建成时间：2010 年
建筑面积：10506 平方米
建筑层数：主体 3 层、局部 5 层
建筑结构：钢筋混凝土框架结构
Italian Pavilion
Construction purposes：Exhibition
Location：Expo Boulevard, Zone C

02 法国馆
"回"字形平面，形态方正。底层架空，设镜面水池，建筑主体仿佛漂浮在水面上。外观覆盖的混凝土网架系统不仅是装饰构件，也有一定的结构作用。具有从内庭院到垂直绿化，再到屋顶花园的完整绿化景观体系。

03 意大利馆
整体造型方整，犹如一个长方体的盒子，被玻璃任意分割为 20 个功能模块，并通过楼梯、电梯、连廊等将其联系起来。外墙采用复合系统，外侧为"透明混凝土"，内侧为双层 ETFE 膜结构，视觉上有半透明效果。

04 俄罗斯馆
由主体部分和 12 座塔楼组成，塔楼底部空间和主体的大跨度空间相连通。主体部分外覆鳞片式幕墙；塔楼部分幕墙分为内外两层：外侧镂空铝板和内衬金属网，并在上部做出形态各异的镂空花纹装饰。建筑主色彩为白色，另有金色和红色点缀。

04 D 片区地块图

05 E 片区地块图

索引 I：建筑目录（按地块 · 中文）

15 汇中饭店（和平饭店南楼）

16 沙逊大厦（华懋饭店大厦、和平饭店北楼）

17 中国银行大楼（中国银行上海分行）

18 横滨正金银行上海分行大楼（中国工商银行上海分行）

19 扬子大楼（中国农业银行上海分行大楼）

20 怡和洋行新大楼（外贸大楼）

21 格林邮船大楼（美国新闻署大楼、上海人民广播电台大楼）

22 东方汇理银行上海分行大楼（东方大楼、上海市公安局交通厅、中国光大银行）

23 外白渡桥

02 外滩源地块

01 上海半岛酒店

02 英国驻沪领事馆及领事官邸（上海市机管局）

03 安培洋行大楼（上海广告公司）

04 中华基督教女青年会全国协会大楼（市政设计院）

05 兰心大楼（渣打银行上海分行）

06 真光大楼

07 亚洲文会北中国支会大楼（外滩美术馆、博物院大楼、青岛工行）

08 广学会大楼（市文体进出口公司）

09 青年协会大楼（虎丘公寓）

10 光陆大楼（外贸会堂）

11 上海银行公会大楼（爱建公司）

12 仁记洋行大楼（海运局服务公司）

13 业广地产公司大楼（电视杂志社）

03 南京东路（北京东路-延安东路）地块

01 国华银行（黄浦税务局）

02 盐业大楼（盐业银行、上海长江电气集团）

03 四明银行大楼（上海建筑材料集团）

04 浙江兴业银行（上海市建工集团、上海市物资局、北京东路铁路售票处等）

05 沙美大楼（沙美银行大楼、信托大楼）

06 上海铁道宾馆（中国饭店）

07 新光大戏院（新光影艺苑）

08 南京饭店

09 大新公司大楼（上海第一百货商店）

10 百联世贸国际广场

11 新新公司大楼（上海第一食品商店）

12 先施大楼（上海时装公司、东亚饭店）

13 永安公司大楼（华联商厦）

14 新永安大楼（华侨商店、七重天宾馆等）

15 大陆商场（慈淑大楼、东海商都、353广场）

16 宏伊国际广场

17 上海电力公司大楼（华东电力管理局大楼）

18 迦陵大楼（嘉陵大楼）

19 圣三一基督教堂（大礼拜堂、圣书公会堂、红礼拜堂、黄浦区府礼堂、办公楼）

20 大陆大楼（大陆银行、上投大厦）

21 德华银行上海分行大楼（江川大楼、物资供应站、市医药供应公司）

22 三井银行大楼（上海公库、建设银行分行）

23 中华邮政储金汇业局（外滩邮电支局）

24 扬子饭店（长江饭店、申江饭店）

25 申报馆（三环房产公司）

26 公共租界工部局大楼（上海市市政工程局等单位）

27 中南大楼（爱建金融大楼）

28 美国总会（旅沪美侨俱乐部、花旗总会、高级法院）

29 正广和汽水有限公司新办公楼（上海市机要局）

30 永年大楼（永年人寿保险公司、轻工业局老干部大学、上海巴黎国际银行）

31 三菱洋行大楼（兰会所、懿德大楼）

32 中汇大厦

33 上海华商纱布交易所大楼（上海自然博物馆）

34 惠德丰大楼（德士古大楼、四川大楼、上海黄浦房地产股份有限公司）

35 大北电报公司大楼（上海长途电信科技发展公司、上海市城市交通管理局）

04 四川中路地块

01 基督教青年会大楼（浦光中学、浦光大楼）

02 慈安里

03 东亚大楼（东亚银行）

04 四行储蓄会大楼（联合大楼、化轻公司、广东发展银行）

05 日本三井物产公司上海支店（毛表七厂办公室）

06 卜内门大楼（储运大楼、上海时运物业集团、上海市新华书店）

07 普益大楼（上海电器集团总公司等）

08 美孚洋行大楼（黄浦区中心医院急诊部大楼）

09 中国企业银行大楼（轻工业局）

10 圣约瑟教堂

11 礼和洋行大楼（黄埔旅社、鲤鱼门酒家）

12 浙江第一商业银行大楼（华东建筑设计研究院）

13 金城银行大楼（金城、交通银行）

14 建设大楼（冶金工业局）

15 新城饭店（都城饭店）

16 汉弥登大楼（福州大楼、中国冶金进出口上海公司等）

17 恒利银行（南京东路幼儿园、永利大楼）

18 外滩中心

05 人民广场地块

01 金门大酒店（华安合群人寿保险公司、华侨饭店）

02 上海市体育俱乐部（西桥俱乐部、上海体育总会、市体委）

03 国际饭店（四行储蓄总会）

04 大光明电影院（大光明大戏院）

05 仙乐斯广场

06 上海美术馆（上海跑马总会）

07 明天广场

08 上海大剧院

09 上海城市规划展示馆

10 上海博物馆

11 上海音乐厅（南京大戏院）

12 宁寿大楼（中国人寿大厦）

13 青年会宾馆（淮海饭店、八仙桥基督教青年会）

14 大世界游乐中心（人民游乐场）

15 港陆广场

16 上海市工人文化宫（东方饭店）

17 海通证券大厦

18 来福士广场

19 沐恩堂（上海市宗教局）

06 老城厢地块

01 豫园

02 沉香阁（慈云禅寺）

03 城隍庙

04 小桃园清真寺

05 上海文庙

07 中山南路地块

01 久事大厦

02 交通银行大厦

03 新源广场

04 董家渡天主堂（天主堂上海教区）

08 三山会馆地块

01 三山会馆

02 黄浦区工人体育馆

卢湾区

01 茂名南路、皋兰路地块

01 中德医院（妇婴保健院）

02 上海兰心大戏院

03 花园饭店（法国总会、锦江俱乐部裙房部分）

04 华懋公寓（锦江饭店北楼）

05 峻岭公寓（格罗斯凡纳公寓、格林文纳公寓、高纳公寓、锦江饭店贵宾楼）

06 新锦江大酒店

07 锦江饭店锦楠楼

08 国泰电影院（国泰大戏院）

09 爱司公寓（瑞金大楼）

10 培文公寓（培恩公寓、皮恩公寓）

11 法国总会俱乐部（上海科技发展展示馆、卢湾区业余体育学校）

Index Ⅰ: Construction Contents (By Blocks · English)

16 Hamilton House（Fuzhou Building, China Metallurgical Import & Export Shanghai Company, etc.）
17 Shanghai Mercantile Bank（Nanjing Road(E) Kindergarten, Wynn House）
18 Bund Center
05 People's Square Block
01 Pacific Hotel（Huaan Life Insurance Company, Overseas Chinese Hotel）
02 Shanghai Sport Club（Xiqiao Club, Shanghai Sport FEderation, Shanghai Sport Commission）
03 International Hotel（Joint Savings Society）
04 Grand Theatre
05 Ciros Plaza
06 Shanghai Art Museum（Shanghai Race Club Building）
07 Tomorrow Square
08 Shanghai Grand Theatre
09 Shanghai Urban Planning Exhibition Center
10 Shanghai Museum
11 Shanghai Concert Hall（Nanjing Grand Theater）
12 Ningshou Building（China Life Tower）
13 YMCA Hotel Shanghai（Huaihai Hotel, BaXian Bridge Young Men's Christian Association）
14 World of Entertainment（People's Playground）
15 Harbor Ring Plaza
16 Shanghai Workers' Cultural Palace（Oriental Hotel）
17 Haitong Securities Building
18 Raffles City
19 Shanghai Moore Memorial Church（Shanghai Bureau of Religious Affairs）
06 Shanghai Old Town Block
01 Yu Garden
02 Chenxiang Pavilion（Ciyun Temple）
03 City God Temple
04 Xiaotaoyuan Mosque
05 Shanghai Temple of Literature
07 Zhongshan Road(S) Block
01 Jiushi Tower
02 Bank of Communications Building
03 Resource Plaza
04 Dongjiadu Catholic Church（Catholic Diocese of Shanghai）
08 Sanshan Club Block
01 Sanshan Club
02 Workers Stadium of Huangpu District

Luwan District
01 Maoming Road(S),Gaolan Road Block
01 Chinese German Hospital（Women and Infant Health Hospital）
02 Shanghai Lyceum Theatre
03 Garden Hotel（French Club, JinJiang Club Main Podiums）
04 Cathay Mansions (Jin Jiang Hotel Bei Building)
05 Junling Apartment（Grosvenor House,Jin Jiang Hotel VIP Building）
06 New Jin Jiang Hotel
07 Jin Nan Building of Jin Jiang Hotel
08 Cathay Theatre（Cathay Cinema）
09 Estrella Apartments（Ruijin Building）
10 Peiwen Apartments（Beard Apartments）
11 French Federation of Clubs（Shanghai Exhibition for Science and Technology, Luwan District Amateur Sport School）
12 Zhang Xueliang Residence on Gaolan Road
13 St. Nicholas Russian Orthodox Church（Orthodox Church, Lucky City Hotel）
14 Nanchang Building（Astrid Apartments）
15 Huaihai Square（Xiafei Square）
02 Xintiandi Block
01 Lippo Plaza

02 Shanghai Hong Kong New World Plaza（Shanghai Hong Kong New World Tower）
03 Shangxian Square
04 Shanghai Central Plaza（New Office Building of the Municipal Council of the French Concession, Podiums）
05 The Langham Xintiandi, Shanghai
06 Corporate Avenue
07 Xintiandi Shanghai
08 Platinum（Platinum Tower）
09 The Site of the First National Congress of the Chinese Communist Party（Shu De Square）
10 Site of the Former Provitionary Goverment of Korea
11 Saints Church
03 Ruijin Hotel Block
01 Shanghai Civil Defense Building
02 Ruijin Hotel（Maris Garden）
03 Shanghai Culture Square
04 Luwan District Library（Chinese Science Society, Ming Fu Library）
05 Building 8 of Ruijin Hospital（Shanghai Guangci Memorial Hospital）
06 Bridge 8
07 YI Shanghai Art Museum
08 Tianzi Fang
09 Pullman Skyway Shanghai

Xuhui District
01 Shanghai South Railway Station Block
01 Shanghai South Railway Station
02 Shanghai South Long-distance Bus Station
02 Shanghai Indoor Stadium,Longhua Block
01 Huating Sheraton Hotel
02 Shanghai Movie Museum
03 Shanghai Indoor Stadium
04 Shanghai Stadium
05 No.2577 Creative Garden
06 Longhua Temple
07 Longhua Pagoda
03 Xujiahui Block
01 Engineering Building（Gongchuo Building，Xuhui Campus of Shanghai Jiao Tong University）
02 New Upper Building（Xuhui Campus of Shanghai Jiao Tong University）
03 Chief Office（Rong Hong Hall, Xuhui Campus of Shanghai Jiao Tong University）
04 Stadium（Xuhui Campus of Shanghai Jiao Tong University）
05 C. Y. Tung Maritime Museum（New Intermediate, Xuhui Campus of Shanghai Jiao Tong University）
06 Intermediate Building（Xuhui Campus of Shanghai Jiao Tong University）
07 Old Library（Universitie's History Exhibition Hall, Xuhui Campus of Shanghai Jiao Tong University）
08 School Gate（Xuhui Campus of Shanghai Jiao Tong University）
09 Shanghai International Tennis Center
10 Hengshan Hotel（Picaidie Apartments）
11 Jiya Apartments（Western Apartments, George Apartments）
12 Hengyang Apartments（Cavendish Court）
13 Red House（Pathé-phono-cinema Co.,China, Office Building of Record Plant In China, La Villa Rouge）
14 Grand Gateway
15 Chong-si Building（New Building in Ignatius School）
16 Zi-Ka-wei Bibliotheca（Bibliotheca of Catholic Church, Stone Room of Zi-Ka-wei）
17 YE OLDE Station Restaurant（Holy Mother's Garden, Convent）
18 St.Ignatius Cathedral of Zi-Ka-wei
19 South Chunhua Hall（Yude Hall, Xu Guangqi Memorial Hall）

Region Limited)
22 Sun Apartment
23 Yan Tongchun Residence (Shanghai Instrument Bureau)
24 Ping-an Building
25 Cosmpoliton Apartment (Huaye Apartment)
26 Shanghai Exhibition Center (The Sino-Soviet Friendship Mansion)
27 Moller's Villa (Hengshan Moller Villa Hotel, Shanghai Municipal Communist Youth League)
28 Mo-Fan Cun
29 Si-Ming Cun
30 Eros Garden (Shanghai Writers Association)
31 Pu Yuan
03 Jing'an Temple Block
01 New En Church (Shanghai International Church, New Christianity Church, National TSPM in Shanghai)
02 Jing'an Temple Hub
03 Changde Apartments (Eddington House)
04 Sogo (City Plaza)
05 Jing'an Temple
06 Paramount Hall (Paramount Theater)
07 Yu-gu Cun
08 Bubbling Well Lane
09 Wheelock Square
10 Kadoorie Residence (Marble House, Children's Place of China Welfare Institute)
11 Da Sheng Alley
12 Haig Court (Jing An Hotel)
13 Yu-huashan Apartment
14 Country Hospital (Building 10 of East China Hospital)
15 Xiong-fo West Building (Xiong-fo West Building of Shanghai Theatre Academy)
16 Yu hua Village
17 Garden House in Julu Road
18 Changle Road and Fumin Road Residence
19 Shanghai Opera House (Central Reserve Bank)
20 French Club (Building 5 of Huashan Hospital)
21 Brookside Apartment

Putuo District
01 Yufo Temple Block
01 Yufo Temple
02 Channel One
02 Zhenru Temple Block
01 Zhenru Temple
03 ChangFeng Ecology Commerce District Block
01 Huiyin Financial Business Center (MIENZONE)

Zhabei District
01 Shanghai Circle World Block
01 Baohua International Plaza

Hongkou District
01 Hotel Lansheng Block
01 Fucheng International
02 Hongkou Football Stadium Block
01 Former Residence of Kong Xiangxi (Naval Hospital 411)
02 Sun Press (Fengle District)
03 Hong De Tang
04 The Publishing Division
03 Sichuan Road(N),Suzhou Road(N) block
01 Avision Theatre (Guangdong Theatre, Public Theater)
02 Hongkou Fire Squadron (Hongkou Fire Station Building)
03 Shanghai 1933 (Shanghai Municipal Committee Butcher's Plant)
04 Benyuan Temple West (Dream and Tenderness Ballroom)
05 Haining Building (Hongkou Branch of Bank of China

Building, Industrial and Commerce Bank)
06 Lester Institute of Technology (Shanghai Seaman Hospital)
07 Riverside Apartment
08 Shanghai Post Office Building (Procedures of Shanghai Municipality on the Administration of Telecommunications Services)
09 New Asia Hotel
10 Shanghai Mansion (Broadway Mansion)
11 Pujiang Hotel (Astor Hotel)
12 Russian Federation Consulate General in Shanghai
13 Shanghai Port International Cruise Terminal
04 Gang Yun Building Block
01 JDC Site

Yangpu District
01 Fudan University Handan Campus Block
01 School History Room (Yizhu Auditorium)
02 Old School Gate
03 Center for American Studies (CAS)
04 CP GROUP Indoor Stadium
05 The Huge Egg
02 Tongji University Siping Road Campus Block
01 Shanghai International Design Center
02 Mingcheng Building (Building B Of Architecture and Urban Planning College)
03 Building C of Architecture and Urban Planning College
04 Wenyuan Building (Building A of Architecture and Urban Planning College)
05 Teaching-Research Complex of Tongji University
06 Tongji Auditorium
07 Southwest Building 1
08 Badminton Hall (A Japanese High School Auditorium)
09 Building 12·9 (A Japanese High School Teaching Building)
10 Sino-French Center of Tongji University
11 Building of Civil Engineering School
12 The Sino-Germany College Building of Tongji University
13 The Natatorium of Tongji University
03 Yangpu Bridge Block
01 Old Office Building of Maling Aquarius Co.LTD.(Aquarius Company)
02 Fangsan Residence Quarter (Former Headquarter and Military Camp of Japan Army)
03 Engine Workshop 3 in Yangpu Waterworks of Shanghai Waterworks Co.Ltd.
04 Building 9 of Yangpu Geriatrics Hospital (Sacred Heart Church)
04 Jiangwan Stadium Block
01 Teaching Building of Institute of Physical Education (Special City Government of Old Shanghai)
02 Photo Offset Process Building of Changhai Hospital (Old City Museum)
03 The Aircraft Floor in Changhai Hospital (Old China Air Transport Association and Exhibition Building)
04 Tongji Middle School (Old City Library)
05 Jiangwan Stadium (Shanghai Stadium)
05 Yangshupu Block
01 Longchang Road Apartments
02 Office building of Qunyu Design
03 Yufeng Textile Co. Ltd. (Shanghai No.17 Cotton Mill, Yangpu Waterfront Creative Industries Park)
06 New Jiangwan Cultural Centre Block
01 Oak Bay
02 New Jiangwan Cultural Center
07 New Jiangwan Ecological Hall Block
01 The Exhibition Hall of Shanghai New Jiangwan Ecological City

索引Ⅱ：建筑目录（按年代）

索引 III：建筑目录（按功能）

索引Ⅳ：建筑目录（按设计）

校门（上海交通大学徐汇校区）
新恩堂（上海公共礼拜堂、基督教新教堂、上海基督教三自爱国运动委员会）

集合设计
浙大网新科技园

加拿大 AAI 国际建筑师事务所
上海北竿山国际艺术中心

加拿大 B+H 建筑事务所
宝钢大厦（合作：江苏省建筑设计研究院）
浦东民航大厦（合作：浙江省建筑设计研究院）
上海香港新世界广场（香港新世界大厦）
新上海国际大厦香港冯庆延建筑师事务所有限公司
力宝广场（合作：华东建筑设计研究院）

加拿大 CPC 建筑设计顾问有限公司
宝华国际广场
证大立方大厦（合作：上海交通大学安地建筑设计有限责任公司）

加拿大 KFS 建筑设计事务所
华辰金融大厦

加拿大 PPA 设计事务所
生命人寿大厦（银峰大厦，合作：浙江省建筑设计研究院）

加拿大 WZMH 建筑设计事务所
浦东发展银行（合作：华东建筑设计研究院）
上海证券大厦（合作：上海建筑设计研究院）
中国保险大厦（合作：华东建筑设计研究院）

家琨建筑设计事务所
青浦规划展示馆（淀山湖新城开发有限公司、青浦规划与土地管理局）

建安测绘厅
东湖宾馆（杜月笙公馆）

建安公司
纪氏住宅（静安区文化局）

K
KOHO–SUHR（德）
康定花园（曹公馆、曹家花园、上海申康医院发展中心）

凯泰建筑师事务所
皇家公寓（恩派亚大楼、淮海大楼、美美百货）

L
李幡
扬子饭店（长江饭店、申江饭店）

李锦沛
华业公寓（华业大楼）
青年会宾馆（淮海饭店、八仙桥基督教青年会，合作：范文照＋赵深）
中华基督教女青年会全国协会大楼（市政设计院）

林瑞骥
严同春住宅（上海仪表局）

林元培
南浦大桥

刘敦桢
卢湾区图书馆（中国科学社、明复图书馆）

六合贸易工程公司
花园住宅（上海电气进出口公司、波斯经典地毯旗舰店）

卢镛标
四明银行大楼（上海建筑材料集团）

陆谦受
同孚大楼（中国银行、中国工商银行，合作：吴景奇）
海宁大楼（中国银行虹口分行大楼、工商银行，合作：吴景奇）

罗礼思（葡）
圣约瑟教堂

M
马达思班建筑设计事务所
青浦图书馆（浦阳阁、澳门豆捞）
桥梓湾购物中心
曲水园边园（合作：苏州园林设计院）
朱家角行政中心

马内奥（意大利）
紫金山大酒店

麦甘霖（美）
诸圣堂

美国 ARQUITECTONICA 建筑设计事务所
浦江双辉大厦（合作：华东建筑设计研究院）

美国 JY 建筑规划设计事务所
SOHO 东海广场
上海民防大厦（合作：上海市地下建筑设计研究院）
上海期货大厦（合作：上海建筑设计研究院）

美国 ARQUITECTONICA 设计事务所
东方希望大厦
龙之梦购物中心
陆家嘴中央公寓（合作：上海现代建筑设计（集团）有限公司）

美国 BBB 建筑师事务所
上海文化广场（合作：上海现代建筑设计集团有限公司）

美国 D+P 事务所
世博中心（合作：华东建筑设计研究院）

美国 FFGL 建筑师事务所
世纪金融大厦（巨金大厦、中国工商银行上海市分行，合作：华东建筑设计研究院）

美国 Francis Repas 建筑师事务所
上海港国际客运中心（合作：上海建筑设计研究院）

美国 Gensler 建筑设计事务所
城建国际中心（合作：现代都市建筑设计研究院）
上海中心（合作：同济大学建筑设计研究院）

美国 GS&P 建筑工程设计有限公司
中融碧玉蓝天（合作：上海江欢成建筑设计有限公司）

美国 HPA 建筑设计事务所
海通证券大厦

美国 JMGR 建筑工程设计公司
上海东方医院（合作：浙江省建筑设计研究院）

美国 JWDA 建筑事务所
上海国际网球中心（合作：上海建筑设计研究院）

美国 KPF 建筑师事务所
环球金融中心（合作：日本株式会社入江三宅设计事务所＋华东建筑设计研究院）
汇亚大厦（新资大厦）
会德丰国际广场

浦东嘉里中心（合作：凯达柏涛建筑师有限公司）
上海新天地朗廷酒店（合作：同济大学建筑设计研究院）
未来资产大厦（合生国际大厦）
中建大厦（合作：中国建筑设计研究院）

美国 Murphy/Jahn 设计事务所
上海新国际博览中心（合作：上海建筑设计研究院）

美国 NADEL 设计事务所
中达广场（合作：华东建筑设计研究院）

美国 NBBJ 建筑事务所
新源广场

美国 RHM 国际设计集团
上海财富金融广场（合作：上海建筑设计研究院）

美国 RTKL 建筑设计事务所
上海科技馆（合作：上海建筑设计研究院）
新江湾城文化中心（合作：上海建筑设计研究院）

美国 SOM 建筑设计事务所
金茂大厦（合作：上海建筑设计研究院）
盛大国际金融中心

美国贝聿铭建筑设计事务所
浦项广场
中欧国际工商学院（合作：现代都市建筑设计院）

美国本杰明·伍德建筑设计事务所
上海新天地（合作：新加坡日建设计 + 日本日建设计株式会社 + 同济大学建筑设计研究院）

美国波特曼建筑设计事务所
外滩中心
明天广场（合作：上海建筑设计研究院）
交通银行大厦（合作：上海建筑设计研究院）
壹号美术馆

美国恒隆威成建筑设计事务所
仙乐斯广场（合作：上海建筑设计研究院）

美国捷得建筑师事务所
久光百货（九百城市广场，合作：香港凯达柏涛有限公司 + 华东建筑设计研究院）

美国卡拉特莫尼工程顾问公司
太阳公寓

美国凯利森建筑设计事务所
宏伊国际广场
港汇广场（合作：香港冯庆延建筑师事务所有限公司 + 华东建筑设计研究院）

美国兰顿 – 威尔逊建筑事务所
世界广场（合作：上海建筑设计研究院）

美国帕金斯威尔建筑设计公司
上海自然博物馆（合作：同济大学建筑设计研究院）

美国普益房产公司
申康宾馆（美华新村、陈氏住宅）

美国司德尼斯建筑设计事务所
上海瑞吉红塔大酒店（合作：现代都市建筑设计研究院 + 浦东建筑设计研究院）

美国夏威夷事务所
美国研究中心（合作：上海建筑设计研究院）

美商哈沙德洋行
海格公寓（静安宾馆）
金门大酒店（华安合群人寿保险公司、华侨饭店）
上海电力公司大楼（华东电力管理局大楼）
上海市体育俱乐部（西桥俱乐部、上海体育总会、市体委）
新光大戏院（新光影艺苑）
新永安大楼（华侨商店、七重天宾馆等）
枕流公寓
中国企业银行大楼（轻工业局）

美商陶达洋行
大华公寓

缪朴
闵行生态园接待中心

P
潘冀联合建筑师事务所
群裕设计办公楼（改造）

偏建设计公司
佳利特创异工房

平野勇造（日）
日本三井物产公司上海支店（毛表七厂办公室）
裕丰纺织株式会社（上海第 17 棉纺织总厂、杨浦滨江创意产业园区）

Q
前川国男（日）
羽毛球馆（日本某中学礼堂）
乔治·吉尔伯特·司各脱（英）
圣三一基督教堂（大礼拜堂、圣书公会堂、红礼拜堂、黄浦区府礼堂、办公楼）

R
日本 HMA 建筑设计事务所
8 号桥（合作：香港时尚生活策划公司 + 深圳良图 + 航天院上海分院）

日本大林组株式会社东京本社
花园饭店（法国总会、锦江俱乐部（主要裙房），合作：华东建筑设计研究院）

日本丹下健三都市建筑设计研究所
上海银行大厦（合作：华东建筑设计有限公司）

日本环境设计研究所
上海旗忠森林体育城网球中心（合作：上海建筑设计研究院）

日本矶崎新事务所
九间堂十乐会所
上海交响乐团音乐厅（合作：同济大学建筑设计研究院）
水乐堂（合作：谭盾）
喜马拉雅中心（合作：现代都市建筑设计院）

日本青木建设株式会社
喜来登豪达太平洋大饭店（威斯汀太平洋大饭店，合作：日本设计事务所 + 上海市民用建筑设计院）

日本清水建设株式会社
上海第一八佰伴（新世纪商厦，合作：上海建筑设计研究院）

日本日建设计株式会社
时代金融中心
新茂大厦（白金大厦，合作：上海市建工设计研究院有限公司）
震旦国际大楼（合作：同济大学建筑设计研究院）
中国银行（浦东国际金融大厦，合作：上海现代华建建筑设计院）

日本森株式会社设计研究所
汇丰大厦（森茂大厦，合作：藤田株式会社＋大林组株式会社＋华东建筑设计研究院）

日本设计株式会社
浦东新区图书馆新馆（合作：华东建筑设计研究院）
上海国际贸易中心大楼（合作：上海市民用建筑设计院）

日本株式会社观光企画设计社
上海信息大楼（信息枢纽大楼，合作：上海建筑设计研究院）

日本株式会社藤田建筑设计中心
浦东新区人民政府

日兴设计 · 上海兴田建筑工程设计事务所
鄂尔多斯国际大厦（上海湾）

S
山水秀建筑事务所
晨兴国际广场（合作：上海沛骊建筑设计有限公司）
朱家角人文艺术馆
金泽耶稣堂

上海城市建筑设计研究院
浦东清真寺（浦东回教堂）

上海纺织控股（集团）
半岛 1919 滨江文化创意园（合作：上海红坊文化发展有限公司）

上海海波建筑设计事务所
上海电力大厦（合作：上海现代建筑设计（集团）有限公司）

上海华东发展城建设计（集团）有限公司
黄浦区工人体育馆
上海电影博物馆

上海华谦建筑设计研究有限公司
上海工程技术大学体育馆

章明
两半间

上海建筑设计研究院
花旗银行大厦
临港新城皇冠假日酒店
上海光源
上海交通大学体育馆
上海体育场
上海体育馆

上海经纬建筑规划设计研究院有限公司
锦江饭店锦楠楼

上海民用建筑设计院
新锦江大酒店（合作：新加坡赵子安联合建筑设计事务所）
众城大厦

上海日清建筑设计有限公司
日清设计办公楼

上海三益建筑设计有限公司
中山医院天马山分院

上海圣博华康投资管理有限公司
2577 创意大院

上海市建筑科学研究院
建科院生态建筑示范楼
建科院莘庄综合楼

上海市人民政府建筑工业设计室
新上院（上海交通大学徐汇校区）
上海市园林设计院
新江湾城生态展示馆

上海市政工程设计研究总院
上海长江大桥

上海市政委员会电力部
市政委员会电力部住宅（上海建筑装饰集团古典建筑工程公司）

上海特致建筑设计有限公司
第一中级人民法院

上海天华建筑设计有限公司
橡树湾
中国民生银行大厦

上海现代华建筑设计院
中环广场（法租界公董局新办公楼、裙房部分）

上海冶金设计研究院
上海国际体操中心

上海中房建筑设计有限公司
九间堂（合作：上海欧迅建筑设计事务所＋上海海潮建筑设计事务所＋香港许李严建筑师事务所＋日本矶崎新建筑事务所等）
湖南路别墅

上海中星志成建筑设计有限公司
复城国际银座

石本久治（日，原始设计）
一二 · 九礼堂（日本某中学教学楼，合作：吴杰＋王建强（改建设计））

水石国际
红坊（上海城市雕塑艺术中心，合作：BAU（詹姆士）＋青岛时代建筑设计有限公司＋上海大舍建筑设计事务所）

斯金生（英）
嘉道理住宅（大理石大厦、中国福利会少年宫）

T
特纳（英）
公共租界工部局大楼（上海市市政工程局等单位）

同济大学高新建筑技术设计研究所
中国残疾人体育艺术培训基地（诺宝中心）

同济大学建筑设计研究院
大礼堂
电子与信息工程学院大楼（同济大学嘉定校区）
方松社区文化中心
华东师范大学物理信息楼
机械工程学院大楼（同济大学嘉定校区）
嘉定新城司法中心
建筑城市规划学院 C 楼
教学科研楼和综合教学楼（同济大学嘉定校区）
教学与行政办公楼、汽车展示中心与俱乐部、国际交流中心、培训中心（同济大学嘉定校区）
宁寿大厦（中国人寿大厦）
青浦练塘镇政府办公楼（合作：致正建筑工作室）
上海音乐学院教学楼
淞沪抗战纪念馆
图书馆（同济大学嘉定校区）
土木工程学院大楼
新天国际大厦（中国高科大厦）

游泳馆
源深体育中心体育馆
正大集团体育馆（合作：理·像株综合建筑事务所）
中德学院
中法中心
主题馆

W
Wang Sin Tsa（沈祖荣）
老图书馆（校史展览馆，上海交通大学徐汇校区）

万茨（法）
法国总会俱乐部（上海科技发展展示馆、卢湾区业余体育学校，
合作：博尔舍伦）

威尔逊（英）
郭氏住宅（郭氏兄弟楼、上海市人民政府外事办公室）

隈延吾（日）
Z58（中泰照明办公楼）

乌鲁恩
上海市工人文化宫（东方饭店）

邬达克（匈）
真光大楼
广学会大楼（市文体进出口公司）
美国总会（旅沪美侨俱乐部、花旗总会、高级法院，合作：
美商克利洋行）
四行储蓄会大楼（联合大楼、化轻公司、广东发展银行）
国际饭店（四行储蓄总会）
大光明电影院（大光明大戏院）
沐恩堂（上海市宗教局）
爱司公寓（瑞金大楼）
工程馆（恭绰馆，上海交通大学徐汇校区）
复兴公寓（黑石公寓、花旗公寓）
上海工艺美术研究所/上海工艺美术博物馆（法国董事住宅、
法租界总董白宫）
武康大楼（诺曼底公寓、东美特公寓）
中西女中景莲堂（五四大楼、市三女中）
联华公寓（爱文公寓）
吴同文住宅（上海市城市规划设计院）
爱神花园（上海作家协会）
宏恩医院（华东医院10号楼）

吴景祥
西南一楼（合作：朱亚新）

吴梅森
田子坊（总策划，租户自行设计改造）

X
西班牙阿尔瓦多建筑师事务所
新天哈瓦那大酒店（合作：同济大学建筑设计研究院）

西班牙 EMBT（Miralles Tagliabue）建筑事务所
西班牙馆（合作：同济大学建筑设计研究院）

西萨·佩里（美）
上海国金中心

现代都市建筑设计院
水清木华会所
金山区公共服务中心
调频壹购物中心

香港许李严建筑师事务所（外立面设计）
胜康廖氏大厦

香港陈丙骅建筑师有限公司
董浩云航运博物馆（新中院，上海交通大学徐汇校区）
香港关善明建筑师事务所有限公司
上海招商局大厦（合作：上海建筑设计研究院）

香港利安建筑设计及工程开发顾问（中国）有限公司
世界金融大厦

协澄洋行
上海汾阳花园酒店（丁贵堂住宅、上海海关招待所）

协泰建筑师事务所
西郊宾馆4号楼（姚氏花园住宅）

邢同和建筑创作研究室
上海博物馆
陈云故居暨青浦革命历史纪念馆
奉贤区图书馆新馆

匈商鸿达洋行
交通银行大楼（上海市总工会大楼）
光陆大楼（外贸会堂）
新新公司大楼（上海第一食品商店）
东亚大楼（东亚银行）
国泰电影院（国泰大戏院）

徐敬直
裕华新村（合作：杨润均+李惠伯）

Y
杨润玉
愚谷邨（合作：杨元麟）
涌泉坊（合作：杨元麟+周济之）

杨锡镠
南京饭店
百乐门舞厅（百乐门影剧院）

耶稣会教士
徐家汇藏书楼（天主教藏书楼、汇堂石室）

叶柏风
刘海粟美术馆

叶肇昌（葡）
佘山天主教堂

怡合天盛建筑设计咨询有限公司
渣打银行

意大利 Giampaolo Imbrighi 设计团队
意大利馆（合作：深圳市建筑设计研究总院有限公司）

意大利格里高蒂建筑事务所
上海浦江中意文化广场（合作：上海天华建筑设计有限
公司）

英国克莱佛桥梁公司
外白渡桥

英国诺曼·福斯特建筑事务所
久事大厦（合作：华东建筑设计研究院）

英国特里·法雷尔建筑事务所
世纪商贸广场（合作：陈世民建筑师事务所）

英国业广地产公司
上海大厦（百老汇大厦）

英商爱尔德洋行
基督教青年会大楼（浦光中学、浦光大楼）
慈安里

英商爱立克洋行
马勒别墅（衡山马勒别墅饭店、共青团上海市委，合作：华盖建筑事务所）

英商安利洋行
华懋公寓（锦江饭店北楼）

英商道达洋行
徐家汇天主教堂

英商德和洋行
日清大楼（锦都大楼）
台湾银行上海分行大楼（招商银行大楼、工艺品进出口公司）
字林大楼（桂林大楼、丝绸进出口公司上海通联实业总公司）
先施大楼（上海时装公司、东亚饭店）
迦陵大楼（嘉陵大楼）
中华邮政储金汇业局（外滩邮电支局）
普益大楼（上海电器集团总公司等）
雷氏德医学研究院（上海医学工业研究院）
雷士德工学院（上海海员医院）

英商公和洋行
有利银行大楼（外滩3号、上海建筑设计院）
汇丰银行上海分行大楼（市政府）
上海海关大楼（江海关）
麦加利银行大楼（渣打银行大楼、春江大楼、上海家用纺织品进出总公司）
沙逊大厦（华懋饭店大厦、和平饭店北楼）
中国银行大楼（中国银行上海分行，合作：陆谦受）
横滨正金银行上海分行大楼（中国工商银行上海分行）
扬子大楼（中国农业银行上海分行大楼）
格林邮船大楼（美国新闻署大楼、上海人民广播电台大楼）
亚洲文会北中国支会大楼（外滩美术馆、博物院大楼、青岛工行）
永安公司大楼（华联商厦）
三井银行大楼（上海公库、建设银行分行）
正广和汽水有限公司新办公楼（上海市机要局）
新城饭店（都城饭店）
汉弥登大楼（福州大楼、中国冶金进出口上海公司等）
峻岭公寓（格罗斯凡纳公寓、格林文纳公寓、高纳公寓、锦江饭店贵宾楼）
衡阳公寓（凯文公寓、大凯文公寓）
沙逊别墅（罗别根花园、罗白康花园、龙柏饭店1号楼）
河滨公寓
梅林正广和集团有限公司老建筑办公楼（正广和汽水厂）
英商上海自来水公司——杨树浦水厂三号引擎车间

英商克明洋行
德义大楼（丹尼斯公寓）

英商马海洋行
亚细亚大楼（中国太平洋保险公司总部大楼、上海银行）
中南大楼（爱建金融大楼）
上海美术馆（上海跑马总会）

英商玛礼逊洋行
汇中饭店（和平饭店南楼）
瑞金宾馆（马立斯花园）
中国通商银行大楼（元芳大楼、长航上海分公司办公楼、华夏银行）

英商思九生洋行
龚氏住宅（上海宝钢集团老干部活动中心）
上海邮政大楼（上海市邮电管理局）

西摩路教会堂（上海市教育委员会教学研究室）
怡和洋行新大楼（外贸大楼）

英商泰晤士报
泰晤士报社别墅（龙柏饭店2号楼）
英商通和洋行
安培洋行大楼（上海广告公司）
大北电报公司老大楼（盘古银行上海分行大楼）
东方汇理银行上海分行大楼（东方大楼、上海市公安局交通厅、中国光大银行）
格致楼（格致楼、科学馆、办公楼、华东政法大学42号楼，合作：英商爱尔德公司）
国华银行（黄浦税务局）
怀施堂(韬奋楼、华东政法大学41号楼,合作:英商爱尔德公司)
兰心大楼（渣打银行上海分行）
旗昌洋行大楼（港监大楼、招商局办公楼）
仁记洋行大楼（海运局服务公司）
沙美大楼（沙美银行大楼、信托大楼）
上海华商纱布交易所大楼（上海自然博物馆）
思颜堂（华东政法大学40号楼，合作：英商爱尔德公司）
盐业大楼（盐业银行、上海长江电气集团）
业广地产公司大楼（电视社杂志社）
永年大楼（永年人寿保险公司、轻工业局老干部大学、上海巴黎国际银行）

英商五和洋行
新亚大酒店

英商新马海洋行
新康花园
上方花园（沙发花园）

英商新瑞和洋行
大北电报公司大楼（上海长途电信科技发展公司、上海市城市交通管理局）
建设大楼（冶金工业局）
上海兰心大戏院
泰兴大楼（麦特赫斯脱公寓）
浦江饭店（理查饭店）

Z
张雷联合建筑事务所
芊岱国际大厦
青浦财政税务局办公综合楼

张南阳
豫园

张玉泉
蒲园

浙江省建筑设计研究院
宝安大厦
上海国际会议中心

中都工程设计公司
贝宅（贝轩大公馆、中信公司）

中国电子工程设计院王振军工作室
沙特阿拉伯馆（合作：北京时空筑诚建筑设计有限公司）

中国建筑东北设计研究院
东旅大厦

中国建筑科学研究院
同润商务园

主要参考文献

1. 上海陆家嘴（集团）有限公司编著. 上海陆家嘴金融中心区规划与建筑——建筑博览卷. 北京：中国建筑工业出版社，2001.
2. 建设部勘察司·中国建筑工业出版社主编. 中国建筑设计精品集锦3. 北京：中国建筑工业出版社，1999.
3. ギャラリ—·間＝编. 建築MAP東京. 東京：TOTO出版，1998.
4. 徐汇区文物志编辑委员会编. 徐汇区文物志. 上海：上海辞书出版社，2009.
5. 上海市建筑学会编. 上海市建筑学会第一届建筑创作奖获奖作品集. 2007.
6. 上海市建筑学会编. 上海市建筑学会第二届建筑创作奖获奖作品集. 北京：中国电力出版社，2007.
7. 上海市建筑学会编. 上海市建筑学会第三届建筑创作奖获奖作品集. 上海：东方出版中心，2009.
8. 薛顺生. 回眸黄浦江畔建筑. 上海：同济大学出版社，2006.
9. 上海市徐汇区房屋土地管理局. 梧桐树后的老房子（第2集）上海徐汇历史建筑集锦（精）. 上海：上海画报出版社，2007.
10. 卢志刚. 米丈建筑地图. 上海：上海人民出版社，2007.
11. 薛顺生，娄承浩，张长根. 老上海名宅赏析. 上海：同济大学出版社，2007.
12. 上海市勘察设计行业协会编. 上海优秀勘察设计2007. 北京：中国建筑工业出版社，2007.
13. 徐洁，支文军. 建筑中国·当代中国建筑师事务所40强（2000～2005）. 沈阳：辽宁科学技术出版社，2006.
14. 陈海汶. 上海老房子. 上海：上海文化出版社，2009.
15. 上海唐马城邦咨询有限公司北京分公司. 上海自助游. 北京：人民邮电出版社，2009.
16. 宋照청，王娅. 城市的逐步更新——日清办公楼的改造实例. 时代建筑，2008：02.
17. 袁莉. 风景的引力——上海嘉定新城燃气门站办公楼的图纸阅读笔记. 时代建筑，2010：02.
18. 庄慎. 上海嘉定新城规划展示馆. 时代建筑. 2009年06期.
19. 上海矶崎新工作室. 上海交响乐团音乐厅. 时代建筑，2009：06.
20. 张丽萍. 运动的建筑形态. 上海国际汽车博物馆. 建筑创作，2006：01.
21. 薄宏涛. 上海国际汽车会展中心. 城市建筑. 2008年09期.
22. 郭世民. 上海优秀建筑鉴赏. 上海：上海远东出版社，2009.
23. 薛顺生，娄承浩. 老上海花园洋房. 上海：同济大学出版社，2002.
24. 娄承浩，薛顺生. 老上海经典建筑. 上海：同济大学出版社，2002.
25. 杨嘉佑. 上海老房子的故事. 上海：上海人民出版社，1999.
26. 丁洁民. 同济大学建筑设计研究院作品选2001-2003. 北京：中国建筑工业出版社，2003.
27. 陈从周，章明. 上海近代建筑史稿. 上海：上海三联书店，1988.
28. 黄国新，沈福煦. 老建筑的趣闻——上海近代公共建筑史话. 上海：同济大学出版社，2005.
29. 陈剑秋，高一鹏，张鸿武. 自然的灵感——上海自然博物馆的设计策略. 时代建筑，2009：06.
30. 刘家仁. 上海文化广场. 时代建筑，2009：06.
31. 司敏动. 剖切出来的房子——偏建设计的上海松江创异工房. 时代建筑，2010：02.
32. 支文军，徐洁. 2004-2008中国当代建筑，辽宁：辽宁科学技术出版社，2008.
33. 张宇. 北京市建筑设计研究院2000-2004，北京：清华大学出版社，2004.
34. 娄承浩，薛顺生编著. 老上海营造业及建筑师. 上海：同济大学出版社，2004.
35. 上海现代建筑设计集团. 2010上海世博会项目专辑.

主要参考网站

1. 上海市及各区县官方网站
2. 丁丁地图上海站
3. GOOGLE
4. 百度网站
5. 相关设计单位网站

附录：照片来源

浦东新区
上海国金中心
（http://www.ticwuxi.com/salesCenter/Notice/REPORT/520.
asp?id=6）
上海中心
（http://www.sxjx.org/aric.jsp?id=19238）
浦东机场 T1 航站楼
（http://baike.baidu.com/view/176714.htm）
浦东机场 T2 航站楼
（http://travel.hebei.com.cn/hbhsly/lyzx/lywx/201004/
t20100430_1545042.shtml）
上海东方体育中心
（http://www.xmjlw.com/Article/Industry/5744.html）
（http://www.shharborcity.com/news/news_pop.
asp?id=160）
上海张江高科技园产业园——创新园
（上海经纬建筑规划设计研究院有限公司提供）
临港新城皇冠假日酒店
（http://www.shharborcity.com/news/news_pop.
asp?id=160）
张江规划展示馆
（http://www.sh-jwjz.com/cgi/search-cn.cgi?f=product_cn_
1_&=Product_cn_1_&id=422023）

黄浦区
宁寿大厦
（http://www.ubceda.com/xinwen/hyzp_view2.asp?id=18）
黄浦区工人体育馆
（http://www.ecucg.com/project_detail/hpty/）
中汇大厦
（http://www.91zu.com.cn/html/office_398/）

卢湾区
锦江饭店锦南楼
（上海经纬建筑规划设计研究院有限公司提供）

上海文化广场
（http://tupian.hudong.com/s/%E4%B8%8A%E6%B5%B7
%E6%96%87%E5%8C%96%E5%B9%BF%E5%9C%BA/
xgtupian/1/3）
瑞金医院 8 号楼
（http://daj.luwan.gov.cn/view_0.aspx?cid=36&id=11&navind
ex=0）

徐汇区
上海电影博物馆
（http://www.ecucg.com:81/）
上海交响乐团音乐厅（上海矶崎新工作室．上海交响乐团音
乐厅．时代建筑．2009.06）

长宁区
中西女中景莲堂
（http://img.blog.163.com/photo/QLk5-
qOU7sb7syRkyFXb_Q==/1133499731214329619.jpg）
中西女中海涵堂
（http://china.eastday.com/epublish/big5/paper141/50/
class014100042/image/img931070_1.jpg）
武夷路比利时领事馆
（http://xmwb.xinmin.cn/xmwbfree/res/1/481/2008-06/14/
B15/res03_attpic_brief.jpg）

静安区
上海自然博物馆
（http://www.shanghai.gov.cn/shanghai/node2314/
node2315/node4411/userobject21ai346348.html）

上海市西中学
（http://www.114news/com.build/32/56932-122468.html）
静安寺交通枢纽
（http://byjs.baoyegroup.com/hrp/html/project/ProjectShow.
aspx?fid=gyjz）

普陀区
长城大厦
（http://www.guangshajs.com/gcyj/yizs.asp）
臣风大厦
（http://www.sh-jwjz.com/cgi/search-cn.cgi?f=product_c
n+company_cn_1_&t=product_cn&w=product_cn&terms
=%B3%BC%B7%E7%B4%F3%CF%C3&cate2=&Submi
t=%CB%D1%CB%F7）
汇银金融商务中心
（http://shop.sh.soufun.com/house/%C9%CF%BA%A3_
1210909608.htm）

闸北区
宝华国际广场
（http://www.baohuagroup.com/page/2009/6/200962152124
6872982.html）

虹口区
长峰虹口商城
（http://www.sunyat.com/news/show.php?itemid=67）
天宸玫瑰广场
（http://biz.myliving.cn/new/office/bizdetail_office_599.htm）
港运大厦
（http://www.ddmap.com/map/21/point-203751-
%B8%DB%D4%CB-.htm）

杨浦区
杨树浦电厂
（http://www.memoryofchina.org/bbs/read.php?tid=22400）

宝山区
美兰湖别墅
（上海经纬建筑规划设计研究院有限公司提供）

闵行区
上海万科假日风景社区中心
（庄慎，协奏与变奏——山水秀设计的上海万科假日风景社区
中心评述，时代建筑，2008.02）

嘉定区
嘉定保利大剧院（http://xmwb.news365.com.cn）

金山区
金山区公共服务中心
（http://www.investjs.gov.cn/Article-442.aspx）

松江区
复旦大学附属中山医院天马山分院
（http://www.sunyat.com/gallery/show.php?itemid=134）
佘山天主教堂
（http://www.ytrip.com/wiki/zuo-shan-sen-lin-gong-
yuan4298/knowledge/13206）
佳利特创异工房
（http://www.shcygf.com）
上泰绅苑
（上海经纬建筑规划设计研究院有限公司提供）

青浦区
青浦夏阳千禧商务中心 *

（http://www.world-architects.com/projects/
detail_thickbox/7081/plang:zh?TB_iframe= true&width=850）

崇明县
长江大桥

（http://baike.baidu.com/image/43e6c73390a0ac6dad4b5fc0）
（http://baike.baidu.com/image/5af4d7eadb6e43fdd439c974）

注：除以上建筑外，其余均为自拍。

后 记

记得 2002 年刚刚从日本留学回国来到上海时，就深深地被上海的名建筑所吸引。当时就曾有过要把上海的名建筑好好参观一番的愿望。这些年也陆续参观了一些，但苦于没有一本可带在身边的翔实的建筑地图，使得参观计划未能很好地落实。在日本留学期间，利用开学术会议或假期，参观了好多东京、大阪、京都等城市的建筑，当时就非常得力于《建筑 MAP 东京》等系列书籍。带着它很容易找到想看的建筑，并且许多信息也可获得。这套书不仅是我参观日本建筑时的好帮手，也是我这次编写此书的重要参考文献。编写过程中我参考了其中许多有益的做法，再结合自身感受，更多的是以一名参观者身份，从参观者的需求出发，尽量提供最全面实用的资料。实际参观过程中，也曾产生过一种冲动，"是否能编一本上海建筑地图！？"但因为一直忙于手头其他事情而没有行动，直到中国建筑工业出版社的王莉慧主任来电话询问我是否感兴趣做这项工作时，才又将我的这份热情激发起来。

我于 2009 年年底开始着手建立本书的框架，并组织了一个工作组，有计划地进行实地调研和查阅大量资料。本书编写过程中，王莉慧主任不时打来电话，关注本书的进展和细节，本书的顺利完成首先要感谢王主任将这项任务交给我们，并给予不断的鼓励和督促。

上海现代建筑设计集团有限公司邢同和总建筑师为本书提供了宝贵资料，在此表示衷心的感谢。上海经纬建筑规划设计研究院有限公司叶松青院长、上海市建筑学会信息部吕佳洋副主任也给予大力支持，谢谢你们！上海嘉定新城发展有限公司徐一大总建筑师也曾对嘉定区及青浦区的建筑选取提出许多宝贵意见，为本书准确收录有价值的建筑信息帮助很大。另外，还要感谢实际调研过程中给予帮助的设计者、使用者及管理者。本书所述建筑简介根据设计者或相关网站的介绍，结合作者自身调研过程中的感受而成，对于那些没有列出名字的帮助者致以深深的谢意！

参加本书编写工作的还有上海交通大学建筑学系研究生吴魁、刘莹、姚跃、林放、张柱庆，本科生金尚镇、张浩顿、周璐、赵浩林、李钊、付名扬、丁广吉。他们冒着酷暑严寒，对本书中收录的建筑作品逐一进行了实地调查和拍照，查阅大量资料和网站，有时为确切起见还直接与设计者或使用者进行资料核实，力求内容属实、详尽、实用。但由于时间紧、作者能力所限，本书也会有些遗漏，甚至错误之处，请广大读者批评指正。

蔡军

2011 年 4 月于上海